操作系统 BIOS 设计

杨立平　安旭阳　杨　延　编著

北京邮电大学出版社
www.buptpress.com

图书在版编目(CIP)数据

操作系统 BIOS 设计 / 杨立平,安旭阳,杨延编著. -- 北京:北京邮电大学出版社,2018.1(2023.1重印)
ISBN 978-7-5635-5318-1

Ⅰ. ①操… Ⅱ. ①杨… ②安… ③杨… Ⅲ. ①操作系统—程序设计 Ⅳ. ①TP316

中国版本图书馆 CIP 数据核字 (2017) 第 272399 号

书　　　名:操作系统 BIOS 设计
著作责任者:杨立平　安旭阳　杨　延　编著
责 任 编 辑:刘　颖
出 版 发 行:北京邮电大学出版社
社　　　址:北京市海淀区西土城路 10 号(100876)
发　行　部:电话:010-62282185　传真:010-62283578
E-mail:publish@bupt.edu.cn
经　　　销:各地新华书店
印　　　刷:北京九州迅驰传媒文化有限公司
开　　　本:787 mm×1 092 mm　1/16
印　　　张:16.75
字　　　数:440 千字
版　　　次:2018 年 2 月第 1 版　2023 年 1 月第 3 次印刷

ISBN 978-7-5635-5318-1　　　　　　　　　　　　　　　　　定价:48.00 元

操作系统是为离散设备打造数据通道,创建该系统工程的大数据平台。没有自己的操作系统,就没有自己的大数据平台。

(1) 操作系统的组成

操作系统是现代控制系统的核心,是以 BIOS 为内核的设备管理系统。操作系统由三部分组成:基本 BIOS、扩展 BIOS 和网架结构。

① 基本 BIOS。如显示器、磁盘、打印机、鼠标等。

② 扩展 BIOS。扩展 BIOS 面向对象,为谁服务就搭建谁的平台,选用谁的设备,如卫星、雷达、电机、银行的 POS 机等。

③ 网架结构。网架结构是 BIOS 的一种特例。

什么是 BIOS? BIOS 就是以设备表为核心,以域名为最小组成单位,与其他各种表项整合构成的逻辑电路设计系统。

设备表的操作过程受操作系统语言——原语控制,如通信机制原语。BIOS 属于底层设计,其存放的是与该设备的数据通道相关的各种参数,如 DMA、块、源地址与目标地址等。BIOS 支持块传和高速传输。

(2) 体系结构的设计理念

操作系统的设计是平台的设计,计算机体系结构是平台设计中的一种。平台必须分为三级架构:主板架构;I/O 板(即适配器,也叫 I/O 缓冲区)架构;设备架构。

保证数据从设备级内存到 I/O 级内存到主板级内存的数据通道的整体性、准确性。操作系统解决设备上的数据的来源问题,与软件无关。操作系统是体系结构的重要设计理念和基础。

操作系统是设备级管理,指令系统是用户级管理,操作系统与指令系统的接口是 INT 指令,即 BIOS 调用。

国外为我们提供的所谓操作系统往往是把 BIOS 调用外包的,存在着很多问题。

(3) 芯片设计理念

脱离了操作系统的 CPU 设计没有任何物理意义。CPU 设计必须满足体系结构的需求,体系结构由操作系统来定义,因此,它们的先后关系是:操作系统设计—体系结构设计—CPU 设计。

芯片设计是 PCB 印刷电路板的进步和延伸。

(4) 通信机制和进程调度

制定行业的通信协议及通信标准,用操作系统语言来描述,即 CPU 管理的通信机制与进程调度。这是非常重要、非常关键的问题。

我国的通信标准必须由自己建立,否则我们运行的数据将遵循其他国家的通信标准,那么我国的信息安全和国防安全将无法保障。

制定我国自己的通信标准是实现现代化的重中之重!

最后作者以本书理论为指引,以航空母舰战斗群为背景,探索研究了如何改造已有成熟商业操作系统,来创建军用大数据平台,并完成了一套包含200台设备、1 024个域名的操作系统模型机的理论设计工作,为各类军用设备打造数据通道,夯实理论基础。

在本书中,作者阐述了操作系统设计的来龙去脉,还操作系统以本来面目,解读操作系统到底是怎么回事,如何设计操作系统,为操作系统设计指明方向,引领道路。系统工程庞大而复杂的数据链条如何形成,如何处理,如何实现一个统一、完整、有效、快速的作战主体,这都是操作系统要解决的问题。

阅读本书的读者最好有一些自动控制专业的基础,从自动控制的角度来阅读、理解本书内容会容易些。另外,本书阐述的所有内容(从操作系统设计一直到底层的逻辑电路的实现)都是为工程实践服务的。因此,难免与有些教材的内容发生冲突,希望各位读者仁者见仁,智者见智。

作 者

目 录

第 1 章 系统概述

操作系统的核心是打造离散设备的数据通道,创建该系统工程的大数据平台,是现代控制理论的基础之一。

我国现代化工业的发展,科技的创新离不开计算机操作系统,计算机操作系统是一个对各类不同属性离散设备的控制系统。计算机本身就是一个将各类不同属性的离散的设备打造成一个大数据平台的控制系统。计算机操作系统是将各学科研究成果集成控制并整合到同一个数据平台上,是多学科的综合学术体。其中主要包括:自动控制原理、离散数学(群、环、域,图论)、拓扑学、数据结构、计算机体系结构等众多的学科。

现在时髦的语言是大数据,大数据需要大数据平台来存放。底层的数据从何处来,到何处去,谁给的,这些都是操作系统需要解决的问题。其中,很重要的是大数据的安全问题。

没有自己的操作系统,就没有自己的大数据平台,没有自己的现代控制系统。如何解决这些问题。

系统工程对设备的需求往往是按行业来划分的,创造行业的操作系统是要为该行业所需系统工程的离散的不同属性的设备制定标准化的、统一的通信协议及通信约定,以满足操作系统对设备跟踪、管理的需要。这个进程也是创建该设备进入大数据平台的通道过程。

制定行业的通信协议及通信标准,用操作系统语言来描述,即 CPU 管理的通信机制与进程调度,这是非常重要、关键的问题之一。

操作系统是一个控制系统,目的是控制设备,核心是管住设备上的数。站在系统工程的角度上,体系结构是一个最大的系统工程,下设四个子系统:操作系统、指令系统、编译系统和人机界面系统。操作系统是一个小的系统工程,包含多个子系统:自动控制原理、离散数学、拓扑学、数据结构、计算机体系结构、网络架构等。

操作系统设计就是围绕自控原理中的环和域,开环、闭环(即 PID)调节,离散数学中的群、环、域,拓扑学中的图论(有向图和无向图),网架结构中的规则网络和随机网络及有源网络和无源网络,数据结构中的表、树、图等几方面来阐述如何为设备打造数据通道,创建数据平台。

操作系统、数据结构不是软件,离散数学也不是纯数学。那么,什么是操作系统?什么是离散数学?什么是数据结构?

操作系统是为设备打造数据通道,创建数据平台,并制定设备统一的通信标准。根据系统工程的需求,将不同属性的设备集中控制在一个数据平台上。

自动控制原理的核心是 PID 调节,PID 调节包括开环控制调节和闭环控制调节,目的是打造一个大系统工程的控制平台,属于现代控制理论的核心。

离散数学的核心是群、环、域,环和域是操作系统所管辖的设备级,群是系统级,若干个设备级构成系统级,即群。群也是属于打造大数据平台的核心理念之一。

群就是系统环,系统环包含多个设备环,设备环对应一个域名,域名指的是设备的控制参数,对应着设备传感器。自控原理中的环和域就是离散数学中的环和域,离散数学是工程数学,是现代控制理论的基础数学之一。

数据结构的核心是表、树、图,表、树、图属于大规模集成电路设计的基础理论之一,主要作用是为该设备打造进入大数据平台的数据通道,为设备分配各级通道的内存空间。

拓扑结构主要解决的就是路径问题,包括网架结构。根据图的节点、链路、映射函数为设备打造数据通道,创建数据平台。节点、链路、映射函数构成一条路径,路径就是数据通道。

网络架构的重点就是规则网络和随机网络,有源网络和无源网络,无论是哪种网络架构,都要符合电工学原理。

操作系统设计是体系结构的设计理念,是大规模集成电路的设计理念,是PCB印刷线路板的设计理念,是芯片的设计理念,目的是为设备制定统一的通信标准,并根据系统工程的需求,将不同属性的设备集中控制在同一个大数据平台上。

下面主要介绍三方面内容:①我国计算机发展的基本情况以及国内高等教育的现状;②操作系统、指令系统、编译系统、人机界面系统各自功能、内容的介绍;③操作系统、自动控制原理、离散数学、数据结构这四个学科之间的因果关系。

1.1 国内的研究状况和教育现状

(1)理论体系:我国计算机界大部分认为操作系统、数据结构、编译系统都是软件内容,均是从软件编程的角度来研究。

(2)实际应用:我国计算机发展主要以软件开发为主,而控制系统的底层芯片大量需要进口,脱离操作系统的CPU设计没有任何物理意义。

这些理论将计算机的发展道路引向软件编程,导致大部分人认为计算机就是软件的开发和应用,而计算机的真正价值在控制系统。因为控制系统是自动化的核心,是国防现代化的关键,对国家安全起到至关重要的作用。

计算机在控制系统中的应用就是数字化的应用,而这种应用的本质是硬件及其管理,本书研究的是硬件电路,从硬件的角度分析CPU、操作系统、编译系统、指令系统和总线结构,并已经具备了相对成熟的基于硬件的科研理论,按照该理论深入研究就能够解决我国存在的上述问题,进而实现从硬件上设计分析CPU、操作系统等,最终改变计算机发展过于依赖国外的现状,使计算机回归到控制系统的本源上来。

系统工程按行业来划分,设备往往属于系统工程的需要,是面向对象的,不同的行业有不同的需求。例如,电力系统的操作系统和石油化工系统的操作系统在设备上以及数据平台上各有各的设备,各有各的系统工程的需求。

"面向对象"的设计是为特定设备服务的,是计算机结构的设计,此处的对象指的是计算机的控制对象,比如显示器、鼠标、键盘、打印机、电机等。对它们的控制是各不相同的,需要根据设备的特点设计不同的计算机硬件结构和与之配套的操作系统,以发挥这些系统的最佳性能,具有最高的使用效率。这绝不是靠软件开发可以实现的,它是实实在在的硬件电路设计。

20世纪80年代以前,经典控制论主导整个控制理论领域。经典控制理论的研究对象是单输入、单输出的自动控制系统,特别是线性定常系统,限于对标量的控制。随着控制对象扩展为多输入多输出、非线性、时变、离散的系统,则必须站在现代控制论的基础上来分析、研究。

现代控制论的核心是计算机系统。现代控制论以离散数学、数据结构、线性代数为理论基础,以计算机操作系统、逻辑电路为实现基础。离散数学为现代控制论提供数学模型,将离散的多个相关标量综合考虑进行处理,即对向量进行控制,从而能够从全局对被控对象进行自动调节。这与经典控制论不同,经典控制论只能做到标量控制。

我国高等教育存在以下几个问题:

(1)离散数学当作纯数学来讲,偏离了离散数学作为工程数学对工程设计的指导意义。

(2)把数据结构理解为软件,而事实上软件只能对数据结构进行描述,而不是其本质,数据结构为硬件设计提供指导。

(3)认为计算机操作系统是软件,设计计算机操作系统看成了软件开发。

(4)把编译系统完全看作软件,忽略了编译系统的硬件支持。

(5)计算机专业的所有学科我们都学了,别人说起某些内容我们也有印象。但是,我们不知道学了这些课程用来做什么,应用于工程上的哪些方面。我们一直在把计算机专业当作文科来记忆、背诵,而忽略了它实际的工程应用。

计算机的发展是一个庞大的系统工程,它是一门综合性的学科,必须在现代控制理论的指导下完成对体系结构的设计理念,在这个架构中应该包括系统工程所需的各种设备,如在航母上,这个设备的架构就应该是满足航母整个作战指挥平台的需求,即扩展BIOS,这个架构必须自己设定,因为没有人给你。

这个架构主要是指各类设备进入操作系统底层数据通道的芯片设计,只有该设备的数据进入该系统的数据平台之后,怎么处理这些数据才是软件编程的事情。所以说,操作系统与软件无关,操作系统传输数据。也就是说,为该设备怎么分配内存地址是操作系统要解决的事情。

操作系统是自动控制原理进一步的理论延伸,自动控制原理体现的是环和域的理念,操作系统将离散的环和域集成控制在同一个大数据平台上,体现的是群的理念。

市面上流行的UNIX源代码,它的局限性很大,它提供的设备非常狭窄,无法满足我国现代控制操作系统设计的需要。

除了基本的管理设备(如鼠标、键盘、显示器、磁盘等)之外,我们设计了一款由200台设备、1 024个域名组成的操作系统模型,将在后面分成几个章节全部展开。

操作系统设计是以设备表为核心的一系列表操作的展开过程,复杂而清晰,路径简单而明了,域名是操作系统设计的最小单元,一个域名对应着一个设备号的一个入口参数。例如,INT xxH,入口参数是nnH。

每台设备都对应着相应的设备号,都有固定的中断类型码,在该台设备的若干个子功能调用中,每个最小的子功能调用就是它的域名。入口参数nnH即代表它的域名。例如,在设备表中,雷达的设备号为10,中断类型码为200,域名(入口参数)为002,即表示雷达的接收功能。

域名是操作系统中的最小单位,每个域名对应着一个设备号,一个中断类型码,一个设备表的入口地址,一个设备的控制参数,一个DCT表,一个PCB表,一个文件表,一个TSS表,一个内存分配表(PAT 表),一个通道控制表,形成了该设备的一个数据通道,在各级的内存地址里一定放着该域名对应的数,其中包括大数据平台的存储空间。即不仅将该雷达设备的数据域名的通道划分好,并且把该雷达接收数据的大数据平台的存储空间也已经规划好。

自控原理的环和域就是离散数学中的环和域,这就证明了离散数学是工程数学。操作系统是自动控制原理的理论延伸,两者是一脉相承,不可分割的整体。操作系统的核心是形成数据链,解决数的存储及传输问题。

设备数据以文件的形成存在,文件是数据结构重要的表现形式,数据结构的核心是表、树、图,表中存放地址用来给文件分配内存地址和磁盘地址。文件包括顺序文件、索引文件和散列文件,顺序文件是线性结构,索引文件是树型结构,而散列文件是图型结构。

设备就是文件,数以文件的形式进行存储,所以说设备属性决定文件属性。例如,光盘只支持顺序文件。操作系统是控制设备的,以文件结构的形式对设备进行管理,设备的总线统称为外部总线,数据通道指的是外部总线、I/O 总线和系统总线三级总线通道之间的关系,该通道分为三级管理:系统级、I/O 缓冲级和设备级。各有各的 CPU,各有各的内存空间,各有各的专属接口。

操作系统是体系结构的设计理念,体系结构是在离散数学和数据结构共同指导下的逻辑电路的设计,是由硬件实现的,其中,离散数学提供数学模型,数据结构体现各部件之间的逻辑关系,操作系统是把各设备提供的数据集成到同一个数据平台上。

操作系统是计算机体系结构的设计理念,体系结构是操作系统的物理支撑和实现形式。操作系统设计是逻辑电路的设计理念,与软件无关,与指令无关。

操作系统是规则的制定者,规则指的是设备的统一通信标准。软件只是操作系统设定的规则之内的舞者,它不能超越于规则而存在。体系结构用三级的设计理念来体现操作系统的逻辑设计思想,此三级设计包括 CPU 设计、I/O 卡设计和设备 CPU 设计。主要设计三级CPU 中各自的功能和作用以及它们之间的通信,最终目的就是控制外部设备。

本书的几个主要论点:

(1) 操作系统是通过自控原理的开环、闭环,离散数学的群、环、域,数据结构的表、树、图将离散的不同属性的设备集成控制到同一个大数据平台上,并为设备打造数据通道,制定设备统一的通信标准。

(2) 操作系统不是软件,它是一个数据控制系统,是自动控制原理的理论延伸,是大规模集成电路的设计理念。操作系统只管数据,保障数据链的形成。

(3) 没有通用的操作系统,也没有通用的 CPU,操作系统设计是面向对象的设计,面向对象即面向设备,面向对象的属性不同,操作系统也会不同。任何游离于操作系统之外的,单一某种 CPU 的设计没有任何物理意义。

(4) 离散数学是计算机专业的基础课程,是工程数学,它是自动控制原理的理论基础,为现代控制论提供理论指导和依据。

(5) 数据结构指的是数的存储结构,核心解决的问题是通过表给设备分配内存空间和磁盘空间,表中存放着大量的地址,由表给计数器(SI、DI)赋值。归根结底,数据结构是对各个计数器的设计,数据结构的本质是大规模集成电路的设计理念,是印刷线路板的设计理念,是芯片的设计理念,与指令无关,与软件无关,与高级语言(C 语言、Java 语言)无关。

本书的几个目标,解决的几个问题:

(1) 建立我国各行业自己的操作系统的通信协议及通信标准,将各离散的设备纳入该行业的数字化管理当中来,这是数字化建设的重大措施和步骤。

(2) 建立我国自己的操作系统标准。实际上操作系统设计包括了核、高、基、设计,包括了大规模集成电路设计,包括了网架结构设计,包括了数控设计,它们是四位一体的关系,属于一个不可分割的统一的研究课题。

(3) 设计我国自己的以操作系统理论为指导的,系统工程需求为目标的"系列中国芯"。单一的、游离于操作系统之外的芯片设计没有任何物理意义。

(4) 我国计算机的面向对象仍然局限于软件开发,扩大面向对象在国防、工业上的应用,以保障我国自己的国防信息安全。

当底层的逻辑电路是我们自己设计的时候,就不会存在后门问题、加固问题等。此时,信息就是安全的。信息安全问题指的就是数据安全问题,信息即数据。当我们对数来源于哪里,数据链是如何形成的,数是如何传输的等一系列问题都搞明白的时候,信息安全问题自然也就解决了。

在当今如此复杂的国际环境下,国防事业显得尤为重要,在国防上,我国必须要有自己的操作系统标准和工业总线标准,这些标准规则的设计的最终体现是逻辑电路的设计。例如,航母战斗群,它本身就是一个系统工程,是一个群,包括驱逐舰、护卫舰、潜艇、天上的卫星、舰上的雷达及各武器装备之间的因果关系,庞大而复杂的数据链条如何形成,如何处理,如何达到一个统一、完整、有效、快速的作战主体,这都是操作系统要解决的问题。

阅读本书应具备的专业知识:

读者最好有一些自动控制专业的基础,从自动控制的角度来阅读、理解本书内容会比较容易些。另外,本书阐述的所有内容都是为工程实践服务的,从操作系统设计一直到底层的逻辑电路的实现。因此,难免与有些教材的内容发生冲突,希望各位读者仁者见仁,智者见智,使我国的操作系统事业全面地提升和发展。

1.2 体系结构的四个子系统

站在系统工程的学科角度上,计算机体系结构是最大的一个系统工程。如图 1.1 所示,计算机体系结构下设四个子系统:操作系统、指令系统、编译系统、人机界面系统。操作系统又是一个小的系统工程,下设三个子系统:自动控制原理、离散数学、数据结构。

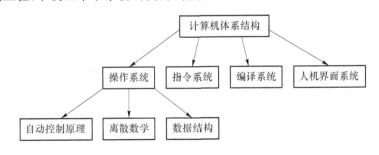

图 1.1 各学科间的因果关系

下面主要介绍两方面内容:一是操作系统、指令系统、编译系统、人机界面系统各自的功能作用是什么,主要解决哪些问题,包含哪些内容。这样,在层次上有个清晰的界定。二是操作系统、自动控制原理、离散数学、数据结构四者之间的拓扑关系。

1.2.1 计算机体系结构下设的四个子系统

1. 操作系统

操作系统是控制许多离散设备,为设备打造数据通道,创建数据平台,制定统一的通信标准。根据系统工程的需求,将不同属性的设备集成控制在同一个数据平台上。

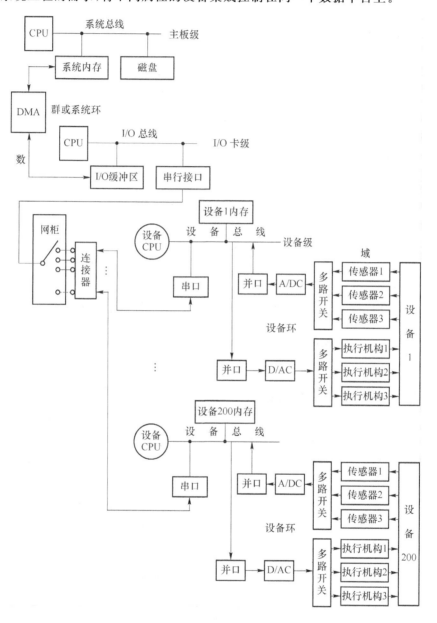

图 1.2 系统结构示意图

如图 1.2 所示,操作系统的核心是给设备分配内存空间和磁盘空间,并打造数据通道,数据通道的核心是 DMA。其中 DMA、内存、总线是数据通道的重要组成部分。

操作系统是一个控制系统,因为操作系统在整个数据链的形成过程中各模块上 CPU 的功能定义不同。操作系统是系统级设计,包括四个及四个以上功能模块,各模块都有自己的

CPU、内存及接口,数据链的形成就是对各模块上内存队列的划分,首指针、尾指针的赋值。

操作系统要想保证数据链的形成,首先要解决的是四大模块上的内存分配问题。操作系统通过数据结构中的表、树、图完成对各级内存的分配及队列首、尾指针的赋值。进程调度和通信机制来保证哪台设备、哪个文件、哪个域名、哪个逻辑块号对应数据链的形成。数据链的操作是对各模块上内存队列的操作,在各自模块之内为数据流,各模块之间为数据链,数据链把各模块队列的首、尾指针链接到一起。所以说,操作系统是以内存分配为核心的,即为各个设备提供的数据链条分配各自不同的内存空间,即大数据平台。

操作系统没有军用、民用和商用之分,操作系统就是个控制系统,根据系统工程的需求,由设备属性决定操作系统的性质。

没有通用的操作系统,也没有通用的 CPU,操作系统设计是面向对象的设计,面向对象即面向设备,设备的属性不同,操作系统也会不同。例如,磁盘设备的属性要求将磁盘内存的空间转换成台面号、柱面号、盘面号、扇区号,从而找到扇区地址;显卡设备的属性要求将显卡内存的空间转换成块号、行号、列号,从而找到像素点地址。操作系统要满足设备的工艺流程的需求,满足系统工程的需求。

所谓没有通用的操作系统,是因为操作系统本身对设备的管理分为两部分:一部分是基本块,如磁盘、显示器、打印机等,也叫基本 BIOS;另一部分是操作系统的扩展部分,即面向对象,如卫星、雷达、电机等。因面向对象不同及系统工程的需求不同,支持该系统的设备属性也就不同,由设备属性提供的数据链条也不同,所以,没有通用的操作系统。

没有通用的 CPU,是因为在操作系统整个数据链的形成过程中各模块上 CPU 的功能定义不同。操作系统包括四个功能模块:CPU 模块、通道模块、I/O 卡模块和设备模块。各模块都有自己的 CPU,因为各模块 CPU 的功能不同,数据结构也就不一样,表、树、图也不一样。因为,各模块上的 CPU 必须要满足进程调度和通信机制的需求和支持。

所以,游离于操作系统之外的 CPU 设计都没有任何物理意义。

操作系统设计应包括核、高、基、理论的研究,大规模集成电路设计,网络设计和数控四个方面,它们是四位一体的关系,是一个统一的整体,不要再把这个统一的整体划分成不同的研究课题。

操作系统是一个控制系统,最终目标是:管数。通信机制和进程调度都是为数服务的。

数据结构的最终目标是:解决数在内存中的存储问题,为数据文件分配内存地址。

计算机体系结构的最终目标是:根据系统工程的需求定义网架结构的拓扑结构,网架结构指的是路径,是拓扑结构。

操作系统形成的数据链包括通信链和调度链,通信机制是一系列的表展开过程,由原语保障实施。通信链如图 1.3 所示。

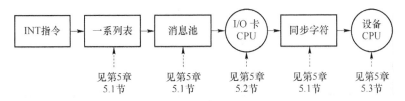

图 1.3　通信路径示意图

进程调度是队列操作,核心是过桥理论,即谁管 DMA。系统 CPU、I/O 卡、IOP 都可以管

DMA。调度链如图 1.4 所示。

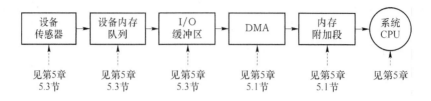

图 1.4　进程调度路径示意图

2. 指令系统(指令框架结构集)

操作系统解决了数的问题后,指令系统解决的问题是如何处理这些数据。指令系统是围绕数怎样处理来进行指令的定义和设计,没有数据,指令也就没有任何物理意义。先有数据再有指令,指令是为数服务的。指令系统与操作系统的接口是设备管理指令(INT 指令)。前提是操作系统必须先有此设备,才能有相应的设备管理指令,编程过程不可能凭空产生,因此,指令系统设计也是需要面向对象的。

指令系统是用户级的,指令的设计由方框语言来描述,一条汇编指令对应着一段微程序,一条微指令对应着若干种微操作,按 CPU 周期来划分。

指令系统的本身要解决的问题是将内存数据段的数对 CPU 内部各寄存器进行分配,如何分配由指令的寻址方式决定。指令系统的内容应包括两大部分:用户级指令和系统级指令。用户级指令包括:①高级语言指令;②宏汇编;③汇编指令;④伪指令;⑤微程序、微指令、微操作。系统级指令就是原语指令,如进程控制类原语、资源管理类原语等。原语是属于操作系统语言,对用户是不透明的。

一条高级语言指令(如 C 语言指令)对应一段宏汇编,是一段汇编指令的集合;一条汇编指令对应一段微程序,是一段微指令的集合;一条微指令是一段微操作的集合,微程序对应着计算机可以执行的机器码,是一个控制块,决定数据该进行何种操作。

指令系统的核心是微程序控制器,整个计算机的运作是由指令控制的,不管什么指令,最后都是微操作级的。因此,要想设计指令系统,需要对 CPU 的体系结构以及 CPU 内的各个寄存器非常熟悉才可以设计指令系统。整个时序进行分配时,在哪一个 CPU 周期里面,各个寄存器要达到怎么样的目的,实现什么功能等一系列问题都需要由微操作来控制。

指令系统设计也是面向对象(设备)的设计。例如,建立一个动态的、智能化的、高等级的大型数据库,也必须要有底层数据链的支持及指令之间的相互组合。因此,它也必须是面向对象的,与操作系统一样,也没有通用的数据库。数据库的建立也需要多台设备来支持它的文件组织结构。在保证数据链的执行过程中,不存在兼容不兼容的问题。

指令系统是编译系统的底层,没有指令系统就没有编译系统。

3. 编译系统

首先要加以区分的是:编译系统是编译系统,支撑软件是支撑软件。支撑软件是面向对象的,如 VC++6.0、CVF 6.6、Oracle Database 11g 等。

用户可以直接调用各种设备,实质上真正的高级语言可以调用操作系统所定义的各种设备,编译系统的核心是如何对操作系统的底层设备进行编译,包括大型数据库,数据库编程能直接调用哪些数据,在调用数据时就是直接调用哪些设备。大型数据库的编译系统将支持对200 台设备,1 024 个域名直接进行调用的数据库语言。

编译系统要想将用户程序变成可执行的，则必须为用户程序分配内存空间和磁盘空间，将用户级程序的逻辑地址转换成可执行的代码级的物理地址。该物理地址给 CS、DS、SS 和 ES 寄存器赋值。

编译系统与原语级操作有关，因为编译系统涉及资源分配。原语操作对用户是不透明的，它取决于状态，分配内存空间就必须要用到原语级的操作。有限的自动机制和半自动机制都跟原语有关，原语是用来赋值的，为各种表、树、图来赋值。

构建操作系统的大数据平台，就是构建大型数据库。

编译系统是面向对象的，此对象指的是高级语言，是对大型数据库进行编译的过程，数据库语言就是高级语言。编译系统是个过程，这个过程应该包含对操作系统的调用过程。一个大的数据平台往往由不同类型的大型数据库构成，许多台设备组成一个大型数据库，大型数据库如何调用这些设备，将是编译系统要解决的重大问题之一。只有这样，才能使大型数据库管辖的各种数据动态起来，智能起来。编译系统的核心功能是把大型数据库和操作系统连接起来，从而使大型数据库面向操作系统，面向设备，面向对象，成为真正意义上的大数据平台，使操作系统各设备调用进来的数据和用户级的需求达到了完美的结合和统一。

4. 人机界面系统

编译系统和指令系统之上是人机界面系统，人机界面系统包括一些键盘指令、鼠标指令等系统级命令字，用户编程时可以直接调用这些命令字。

人机界面系统就是一个壳，是外包，很多人把人机界面系统命令字分为内部命令字和外部命令字。常用的内部命令字有：MD 建立子目录、CD 改变当前目录、RD 删除子目录命令等。常用的外部命令字有：DELTREE 删除整个目录命令、FORMAT 磁盘格式化命令、DISK-COPY 整盘复制命令等。

内部命令随着人机界面系统的启动同时被加载到内存且长驻内存，因此，只要启动了人机界面系统，用户就可以使用内部命令；外部命令是储存在磁盘上的可执行文件，执行这些外部命令需要从磁盘将其文件调入内存，因此，外部命令只有该文件存在时才能使用。

现今的 Windows Server 2003、Windwos XP 系统、Windows 7 系统等是作用在人机界面系统之上的软件外包，它们将人机界面系统上的命令字进行软件外包，对用户屏蔽掉其具体的实施细节，是在人机界面系统之上披上一层软件外衣。这样，使用户操作变得更加方便，界面更加友好。

下面重点介绍的是第二部分——操作系统设计。

1.2.2　各学科之间的结构关系

操作系统是一个控制系统，是现代控制理论的核心与基础。什么是操作系统，操作系统解决的问题是什么，如果解决不了这个问题，就根本没法解决大数据问题。

操作系统是为设备打造数据通道，创建数据平台，制定统一的通信标准。根据系统工程的需求，将不同属性的设备集中控制在一个数据平台上。

① 数据平台：根据系统工程的需求选择不同属性的设备，设备以数据文件的形式存在。

② 数据通道：从 INT 指令进来，一直到设备出去。

③ 通信标准：通信机制是通信标准的最底层，解决三个问题。一是怎么找到设备。二是如何给设备分配各级内存地址空间。三是该设备进入数据平台的先后次序，即进程调度。

自控原理的开环、闭环，离散数学的群、环、域，数据结构的表、树、图都是为了给设备打造数据通道,创建数据平台。

1. 自动控制原理与操作系统

现代控制论的核心是计算机,计算机的核心价值体现在控制系统。控制系统包括两大部分:自动控制原理(数的处理过程)和操作系统(数据的传输过程)。操作系统是一个数据控制平台,它将数据从外部设备的传感器传送到系统 CPU(控制中心)。之后,系统 CPU 运用 PID 调节算法完成对数据的处理并反馈给外部执行机构,PID 调节是自动控制原理的核心内容。

PID 调节是用户通过编程,对该设备采集来的数据进行加工处理,此过程需要有运算器的支持。

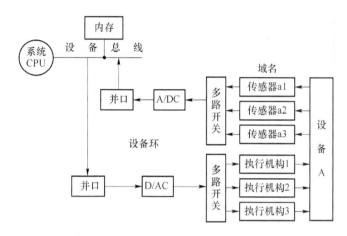

图 1.5 PID 调节数据环示意图

控制理论分为经典控制论和现代控制论。

经典控制论的核心是 PID 调节,PID 调节包括开环调节和闭环调节。如图 1.5 所示,设备上的每个传感器表示一个域名,传感器将采集到的数据经过 A/D 转换后传送给系统 CPU(控制中心)。PID 调节是一个负反馈调节,信号经过编码器反馈给 CPU,CPU 利用一些复杂的PID 调节算法计算、处理后,经过 D/A 转换向执行机构(如伺服电机)发送相应的指令以达到控制外部设备的目的。

当 PID 调节是一个闭环调节时,设备环 a1 的数据路径是:设备 A→传感器 a1→多路开关→A/DC→并口→设备 CPU→并口→D/AC→多路开关→执行机构 1→设备 A。

当设备环 a1 没有反馈时,设备环 a1 是一个开环,数据路径是:设备 A→传感器 a1→多路开关→A/DC→并口→设备 CPU。

自控原理的环和域就是离散数学的环和域,离散数学是工程数学,是现代控制论的基础理论之一。设备的每个传感器对应一个域名,一个域名对应一个设备环,一个设备环对应设备的一个控制参数。每台设备包含多个设备环。

经典控制论只能做到控制环和域,并没有出现群的概念,因此经典控制论只能控制离散的、单一的属性设备,而不能将各种不同属性的设备整合到一起,无法做到对群的控制,无法构成一个由所需多种设备支撑的大数据平台。

群就是系统环,一个群对应着一个系统环。群是许多设备的整合,即许多计算机的整合。

20 世纪 80 年代以前,经典控制论主导整个控制理论领域。经典控制理论的研究对象是单输入、单输出的自动控制系统,特别是线性定常系统,限于对标量的控制。随着控制对象扩展为多输入多输出、非线性、时变、离散的系统,则必须站在现代控制论的基础上来分析、研究。

此时,引入了群的概念,群是大数据平台的核心理念。

工业控制的基础是自动控制原理,自动控制系统是为实际的工程需求而服务的,着重于工程实践。计算机操作系统是自动控制的进一步理论延伸,是对整个控制系统理论上的整合、规范、提高,为自动控制系统的设计提供理论支撑,是整个工业机械自动控制的集大成者,是现代控制论的核心。

2. 离散数学与操作系统

离散数学的核心是群、环、域,环和域是操作系统所管辖的设备级,群是系统级,若干个设备级构成系统级,即群。群也是属于打造大数据平台的核心理念之一。

离散数学是工程数学,为现代控制论提供数学模型,将离散的多个相关标量综合考虑进行处理,即对向量进行控制,从而能够从全局对被控对象进行自动调节。

如图 1.6 所示,设备独自成环,是一个设备环,PID 调节是一个负反馈调节形成的一个环,一个传感器对应着一个域名,一个域名对应一个设备环,一个系统环包含多个设备环。群就是一个系统环,设备环对应着设备上的控制参数。

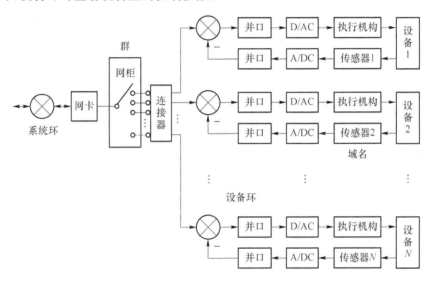

图 1.6　群、环、域示意图

经典控制论只能做到控制环和域还没有出现群的概念,而群、环、域又是离散数学中图论的主要内容,所以说离散数学是工程数学,它和自动控制理论紧密联系、不可分割。

在系统中,每台设备都包含一个 ID 号和多个入口参数,也即一台设备是个向量,每个向量包含多个标量。向量和标量用矩阵的形式来表示,这些都是工程代数的主要内容。工程代数又称为离散数学一,离散数学二主要是图论和代数结构的内容,它主要阐述了群、环、域之间的关系。当系统在同一时序下控制多台外部设备时,便形成一个群,群中包含多个环,每个环又对应一个域名,每个域名对应着设备的一个参数,参数的状态信息通过编码器反馈给 CPU,CPU 利用 PID 调节算法对这些数据进行计算、处理后向执行机构发送指令,所以说,自动控制理论离不开离散数学,它们是不可分割的整体。

在操作系统这个系统工程的数据平台上,各个功能模块、设备模块、I/O 卡模块、网架结构模块、IOP 模块和每条数据通道构成一个图。各个功能模块是图中的顶点,数据通道是边的集合。

离散数学中的群对应着数据结构中的图,群中的一台外部设备相当于图中的一个节点,图中各节点之间的有无联系表示了群中对应的外部设备之间是否能够相互调用。例如,如果群中设备 A 能调用设备 B,但设备 B 不能调用设备 A,那么,系统用有向图来表示这种关系;如果设备 A 和设备 B 可以互相调用,它们的地位是平等的,那么,系统用无向图来表示这种关系。所以说,离散数学和数据结构同样有紧密联系、不可分割。

每台设备包含多个传感器,每个传感器对应一个域名,每个域名又对应一个 PID 调节环,当系统在同一时序下控制多台外部设备时,便形成一个群,群是由多个环和域组成的。离散数学的一个重要内容就是群、环、域,也即图论。所以说,自动控制理论离不开离散数学,它们是不可分割的整体。

离散数学是操作系统最高层面的理论指导,它自始至终贯穿于整个操作系统设计,关乎操作系统的各个功能模块的设计,起到一个纲举目张的作用。

3. 数据结构与操作系统

数据结构的核心是表、树、图,表、树、图是属于大规模集成电路设计的基础理论之一,主要作用是为该设备打造进入大数据平台的数据通道,为设备分配各级通道的内存空间。

数据结构指的是数的存储结构,目的是为设备分配各级内存地址和磁盘地址,打造数据通道,创建数据平台,核心是表、树、图。

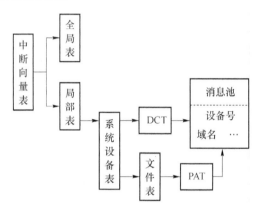

图 1.7　数据结构下的表、树、图

如图 1.7 所示,操作系统传输设备的数据文件,数据文件属于数据结构重要的组成部分。数据结构描述该设备域名的一系列的表、树、图的操作流程,给该设备的数据文件分配整个通道的内存地址。对表的一系列操作都是由原语级的微程序控制器完成的,原语操作是操作系统语言,CPU 内部有原语级指令控制器,原语指令控制器就赋值对表的操作,这里的原语主要指通信机制原语和进程调度原语。

数据结构是自动控制原理环和域的实现过程,数据结构指的是数的存储结构,通过表、树、图为外部设备分配各级内存地址空间。

结论:科学技术的发展依赖于计算机的发展,计算机的真正价值在于控制系统,控制系统的目的是控制外部设备(如键盘、鼠标、雷达、导弹、电机等),计算机通过数来控制外部设备,而操作系统只管数据,是一个数据控制平台。要想控制外部设备就离不开 PID 调节,PID 调节是自动控制理论的核心,PID 调节形成环和域,而离散数学的核心是群、环和域。所以说离散数学是自动控制理论的指导思想,两者之间紧密联系,不可分割。

操作系统是现代控制理论的核心与基础,它提供一个数据控制平台,目的是控制各种类型的外部设备;要想控制设备就离不开计算机,计算机是一个综合性学科,它涵盖了自动控制理论、离散数学、数据结构、操作系统、体系结构等多门课程,各课程之间紧密联系构成一个有机结合的整体。

没有自己的操作系统,就没有自己的大数据平台,没有自己的现代控制系统。

制定行业的通信协议及通信标准,用操作系统语言来描述,即 CPU 管理的通信机制与进程调度,这是非常重要、关键的问题之一。

操作系统是通过自动控制原理的开环、闭环,离散数学的群、环、域,数据结构的表、树、图,将不同属性的设备集成控制整合到同一个大数据平台上,并为各个设备打造数据通道,制定设备统一的通信标准。

下面我们分别围绕自动控制原理的开环、闭环,离散数学的群、环、域,数据结构的表、树、图来介绍它们是如何为设备打造数据通道,构建大数据平台的。

第 **2** 章 操作系统与自动控制原理

> 自动控制原理的核心是 PID 调节,PID 调节包括开环控制调节和闭环控制调节,目的是打造一个大系统工程的控制平台,属于现代控制理论的核心。
>
> 自动控制原理是经典控制论,是操作系统的设备级,核心是环和域。自动控制原理的环和域是离散数学的重要组成部分。操作系统是将自控原理中许多离散的、设备级的环和域集成控制到同一个数据平台上,形成一个群,并为群中的每台设备打造数据通道。
>
> 现代控制系统的核心是操作系统,操作系统是控制许多离散设备,为设备打造数据通道,创建数据平台。操作系统是自动控制原理的进一步理论延伸。

➢ 关键词

开环、闭环、域、PID 调节。

➢ 主要内容

PID 调节的开环控制和闭环控制指的是设备环,每个设备环对应一个域名,每个域名对应一个设备传感器,每个传感器对应一个设备控制参数。

➢ 技术路线

- 闭环:设备→域名传感器→A/DC→并口→队列→设备 CPU→PID 调节→并口→D/AC→执行机构→设备。
- 开环:设备→域名传感器→A/DC→并口→队列→设备 CPU→PID 调节。

国家现代化建设离不开高等教育,计算机学科在整个高等教育中占有很重的地位,因此要对该学科进行深入、细致的研究和探讨。在现代控制理论中信息(数据)控制的核心是计算机操作系统,计算机操作系统是自动控制原理的理论延伸。计算机学科本身是一个复杂的系统工程,而系统工程要有现代控制理论的支持,所以说,中国实现现代化的速度很大程度上依赖于计算机学科的发展。

操作系统是控制许多离散设备,为设备打造数据通道,创建数据平台。操作系统是自动控制原理理论上的进一步延伸,自控原理体现的是环和域的理念,操作系统在环和域的基础上,进一步体现了群的理念。

操作系统主要解决的问题,用一个字概括就是"数",众多不同设备的不同域名的数据文件所形成的数据链和数据流。在整个计算机学科上讲,自动控制原理、离散数学、数据结构都属于是操作系统的基础课程,如图 2.1 所示。

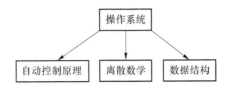

图 2.1　操作系统的系统工程示意图

　　下面先介绍自动控制原理。自动控制原理的核心内容是 PID 调节,PID 调节包括开环控制调节和闭环控制调节,环指的是设备环。每个设备环对应一个域名,每个域名对应设备的一个控制参数。自动控制原理中的环和域就是离散数学中的环和域,离散数学是工程数学,是现代控制论的基础理论之一。

　　自动控制原理:指在没有人直接参与的情况下,利用外加的设备或装置(称控制装置或控制器),使机器、设备或生产过程(统称被控对象)的某个工作状态或参数(即被控制量)自动地按照预定的规律运行。

2.1　环和域

　　自动控制原理的主要内容是环和域。自控原理中的环和域就是离散数学中的环和域。环指的是设备环,域指的是设备的控制参数,一个设备环对应着一个域名。一个传感器对应着一个域名,一个域名对应着一个文件名,一个文件名对应着逻辑块号和域名。每个域名对应着 INT 指令中的一个入口参数,对应着操作系统数据平台上的一条数据通道。

　　域名是操作系统设计的最小单元,一个域名对应着一个 DCT 表,一个 PCB 表,一个文件表,一个 TSS 表,一个内存分配表,一个通道控制表。这些表都属于系统级 CPU 与挂在网络总线上众多设备级 CPU 进行数据交流时所必备的约定条件,即通信机制与进程调度。

　　自控原理的核心内容是 PID 调节,PID 调节包括开环控制调节和闭环控制调节。

　　闭环控制是控制系统的主要控制方式之一,群、环、域是离散数学的重要概念,所以说,自动控制理论是离散数学的一种重要的变现形式。

　　计算机是为设备服务的,而不是设备服务于计算机。

　　闭环控制是最常用的控制方式,我们所说的控制系统,一般都是指闭环控制系统。

　　图 2.2 所示为一个简单的闭环调节示意图。

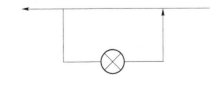

图 2.2　闭环调节示意图

　　图 2.3 所示是一个典型闭环控制系统的基本组成。图中的每一个方框,代表一个特定功能的元件。除被控对象外,控制装置通常是由给定元件、测量元件、比较元件、放大元件、执行元件以及校正元件组成。这些功能元件各司其职,共同完成控制任务。

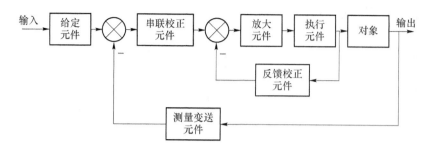

图 2.3　闭环控制系统基本组成

被控对象：自动控制系统需要进行控制的工作机械或生产过程。被控对象要求实现控制的物理量就是被控量或输出量。

给定元件：主要用于给出与期望的被控量相对应的系统输入量（即给定量）。例如，直流电动机转速控制闭环系统中的电位器。

测量元件：用于检测被控量，产生反馈信号。如果测出的物理量属于非电量，一般要转换成电量以便处理。

比较元件：用来比较输入信号和反馈信号之间的偏差，如电位器、电桥等。

放大元件：用来放大微弱的偏差信号的幅值和功率，使之能够推动执行元件调节被控对象。放大倍数越大，系统的反应越敏感。一般情况下，只要系统稳定，放大倍数应适当大些。

执行元件：用于直接对被控对象进行操作，使被控量达到期望值的元件，如阀门、伺服电机等。

校正元件：用来改善或提高系统的性能，也称为调节器。

如图 2.3 所示，用"$\otimes$"代表示比较元件，它将测量元件检测到的被控量与给定量进行比较，"－"号表示两者符号相反，即负反馈；"＋"号表示两者符号相同，即正反馈。信号从输入端沿箭头方向到达输出端的传输通路称为前向通路；系统输出量经测量元件反馈到输入端的传输通路称为主反馈通路。由主反馈通路与前向通路两部分共同构成主回路。此外，还有局部反馈通路以及由它构成的内回路。只包含一个主反馈通路的系统称单回路系统；有两个或两个以上反馈通路的系统称多回路系统。

闭环控制系统中包含了两个进程：一个进程调度形成的数据链是从输入的给定量传送到被控对象（外部设备）；另一个进程调度形成的数据链是中间经过调节器反馈回来的数据链。每个进程对应一个域名，对应一条数据通道。

闭环控制系统中的校正元件一般是 PID 调节器，它采用 PID 调节算法对反馈的信号量进行运算处理。测量元件一般是传感器，传感器对应着域，回路又称为环。

1. 环

设<R,+,·>是具有两个二元运算的代数系统，如果满足以下条件：

（1）<R,+>构成 Abel 群；

（2）<R,·>构成半群；

（3）R 中的·对+适合分配律。

则称<R,+,·>是环，并称+和·分别为环中的加法和乘法。

先定义了群，再定义环，最后定义域。

说明：

（1）若群中运算满足交换律，则称 G 为 Abel 群。

（2）设 o 是集合 S 上的二元运算，若 o 运算在 S 上是可结合的，则称代数系统 $V=<S,o>$ 是半群。

如图 2.4 所示，设备 A 包含一个传感器 a1，传感器对应一个域名 a1，域名 a1 对应着一个设备环 a1。

设备环 a1 是一个闭环，数据路径是：设备 A→传感器 a1→A/DC→并口→设备 CPU→并口→D/AC→执行机构→设备 A。

当设备环 a1 没有反馈时，设备环 a1 是一个开环，数据路径是：设备 A→传感器 a1→A/DC→并口→设备 CPU。

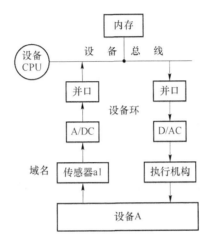

图 2.4　单环单回路的结构示意图

上面介绍的是单道单回路系统，下面我们介绍多道多回路系统。

如图 2.5 所示，设备 A 包括三个传感器 a1、a2、a3，每个传感器对应一个域名 a1、a2、a3，每个域名对应一个设备环 a1、a2、a3。

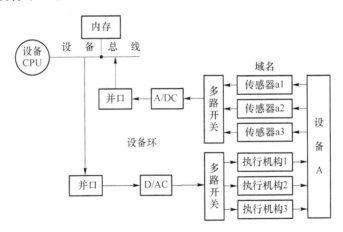

图 2.5　多环多回路的结构示意图

下面以动力系统中的锅炉为例，介绍一个多环多回路的控制系统，如图 2.6 所示。

锅炉、燃气轮机、变压器、电动机等都属于中国的大船事业所必需的支持设备，属于动力系统的范畴。

命题:操作系统中包含200台设备,1 024个域名中,定义锅炉的设备号是设备号100,锅炉的域名包括温度参数、流量参数和压力参数。过程就是控制温度、流量和压力。

（1）温度域的控制过程

当控制温度参数时,包括一次过程和二次过程。

一次过程:温度传感器用热电偶,热电偶根据被测温度不同采用不同的等级,热电偶是由不同金属材料焊接到一起的热传感装置,是测热量的传感装置,在受热面积相等的情况下,产生热电势差,热电势差的变化反映了温度的变化,是线性关系。

二次过程:一般一次指的是传感器,二次指的是变送器。温度变送器的主要功能是将热电势差转换成相应的标准电流,热电偶的工作电流一般是毫安级 mA 的。如果外接一个标准的电阻,就形成电压 U_{ab},如果 b 点接地,则 $U_{ab}=U_a$。U_a 点就代表了温度的变化,此变化都处于线性段。

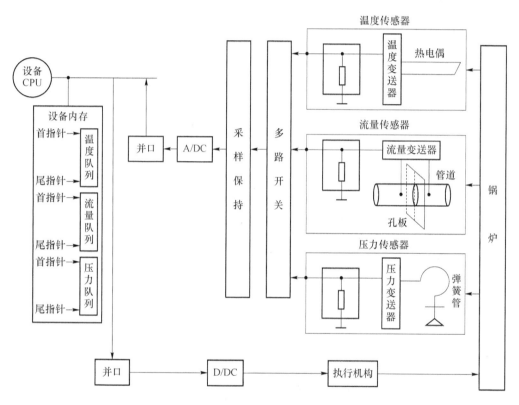

图 2.6　锅炉控制系统示意图

把 U_a 点连接到多路开关上,并启动导通开关,启动采样保持,使其工作在保持状态下,同时,启动 AD 转换,当转换完毕后,通知并口,并口向设备 CPU 请求中断,将数从该并口取走,送入该设备级计算机内存中的温度队列。队列操作是尾指针进,首指针出,队列是属于数据结构线性表的一种特例,此时,该温度队列中所有的数代表着温度在某一时刻的变化曲线。

（2）流量域的控制过程

锅炉设备还有其他参数的控制,如流量和压力。流量域是针对管道而言,对管道里流量的检测。

当控制流量参数时,包括一次过程和二次过程。一次元件为标准孔板或文丘里,在此以标准孔板为例,在两根管道的连接阀栏处,插入标准孔板,当管内流量流经该孔板时,将产生一个流量压差。在孔板两端分别将这个压差引入二次元件即流量变送器中。

当流量经过该标准孔板时,将在孔板两端产生一个流量压差,孔板前如果用 $\Delta\Phi1$ 表示,孔板后用 $\Delta\Phi2$ 表示,这个流量压差的大小 $\Delta\Phi=\Delta\Phi1-\Delta\Phi2$,这个压力值的变化就代表着流量的变化。之后,流量变送器将 $\Delta\Phi$ 转换成一个位移来切割所辖线圈当中的磁场,此时,磁场的变化就代表着流量的变化。二次元件又把这个磁场变化转换成一个电流变化,并将这个电流串上电阻,形成一个电压 U_{ab},如果 b 点接地,则 $U_b=0$,$U_{ab}=U_a$。例如,假设输出电流是 0～20 mA,则需要电阻大小为 250 Ω,用 0～5 V 的电位变化来表示流量的变化。

把 U_a 点连接到多路开关上,并启动导通开关,启动采样保持,使其工作在保持状态下,同时,启动 AD 转换,当转换完毕后,通知并口,并口向设备 CPU 请求中断,将数从该并口取走,送入该设备级计算机内存中的流量队列。队列操作是尾指针进,首指针出,队列是属于数据结构线性表的一种特例,此时,该流量队列中所有的数代表着流量在某一时刻的变化曲线。

对流量的处理采用的是伯努利方程。

(3)压力域的控制过程

当控制压力参数时,包括一次过程和二次过程。一次:压力是用高压弹簧管,高压弹簧管是测压力的传感装置。当压力变化时,管也在变,压力大时,管往外伸;压力小时,管向里缩,管的伸和缩反映压力的变化,两者呈线性关系。弹簧管的头部有顶针,用于切割磁场,此时,磁场的变化就代表着压力的变化。

二次元件压力变送器将磁场变化转换成一个电流变化,如果外接一个标准的电阻,就形成电压 U_{ab},如果 b 点接地,则 $U_{ab}=U_a$。U_a 点代表了压力的变化,此变化都处于线性段。

把 U_a 点连接到多路开关上,并启动导通开关,启动采样保持,使其工作在保持状态下,同时,启动 AD 转换,当转换完毕后,通知并口,并口向设备 CPU 请求中断,将数从该并口取走,送入该设备级计算机内存中的压力队列。队列操作是尾指针进,首指针出,队列是属于数据结构线性表的一种特例,此时,该压力队列中所有的数代表着压力在某一时刻的变化曲线。

在经典控制理论中,温度域、流量域、压力域这三者是各控制各的,是单独控制的。但在现代控制体系中,调节一下流量就会引起温度和压力的变化,不管是重油还是煤都是靠管道流速来解决锅炉的燃烧问题,靠管道内的风的流速来调节温度。如何把温度和压力控制到最佳,是算法要解决的事情,采用的是伯努利方程。

龙格-库塔和泰勒公式都是解决常微分方程的计算方法,根据工程需求来选择相应的计算方法,即我们追求的是速度还是精度,龙格-库塔精度大,速度慢,泰勒公式是速度快,精度差。无论哪种计算方法都必须有运算器的支持。

锅炉的出率往往受下一级设备需求的控制,比如,当燃气轮机用气量大时,即输出功率比较大时,锅炉会跟着变。变压器需求的大小决定了燃气轮机输出功率的大小。如何使锅炉、燃气轮机、变压器、电动机等能够统一协调的工作,使各自的性能达到最佳,这是一个动力操作系统要解决的问题之一。

对管道流量的控制指的是对能源的控制。例如,电厂中通过风将煤粉带入锅炉,风速的大小决定送入煤粉的多少,体现的是对能源的控制。

2. 域

设 R 是一个环,

(1)若 R 中至少含有两个元素,令 $R*=R-\{0\}$,且 $<R*,\cdot>$ 构成群,则称 R 是一个除环;

（2）若 R 是一个交换的除环,则称 R 是域。

设备的每个传感器对应着一个域名,一个域名对应着一个文件名,对应着一个域名文件。每个域名对应着 INT 指令中的一个入口参数,对应着操作系统数据平台上的一条数据通道。

域是操作系统的最小控制单元,有多少个域名,操作系统数据平台上就要有多少条数据通道。通信标准的制定也是由设备域来决定的。

本节我们主要证明自控原理中的环和域就是离散数学中的环和域。离散数学是工程数学,是操作系统设计的理论指导,是现代控制论的基础理论之一。自动控制原理、操作系统都是在围绕离散数学的群、环、域来进行阐述。

数学是自控原理的基础,离散数学是现代控制理论的基础。PID 调节是闭环调节,这个环就是离散数学的核心群、环、域中的环。域名压力变送器、域名流量变送器、域名温度变送器等指的就是离散数学当中描述的域。这样,一台设备的三个域名就可以用多回路来描述。

系统工程要把各种不同类型的设备搭成一个操作平台,各设备之间是一个离散的群的概念,它不是解决单道单环,而是解决多道多环内很多设备之间的因果关系。这是现代控制理论的基础。

如图 2.7 所示,操作系统是自动控制的进一步理论延伸,整个自动控制过程包括两部分:一是数的传输过程(数据链的形成过程);二是数的处理过程(PID 调节过程)。只有先将数传送到计算机后,才能进一步对数进行处理。

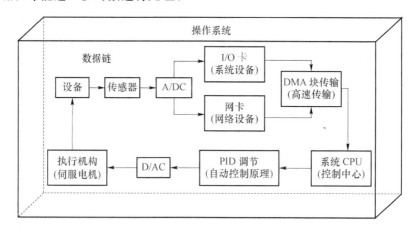

图 2.7　自动控制原理与操作系统的关系

操作系统只管数,它是一个控制平台,也是一个数据平台。操作系统核心解决的问题是将数从设备数据文件传送到系统 CPU(计算机控制中心),保障数据链的形成。因此,只有将操作系统与自动控制结合起来,才能完成整个控制流程,实现对各种不同属性外部设备的精准、快速、稳定的控制。

如图 2.8 所示,数据链由不同的传感器提供,每个传感器对应一个域名,也就有了不同的域名。设备以文件的形式管理,文件不是软件,文件是管数的单元,是数据链。数据链的形成过程也是文件系统的执行过程。所以,任何设备要想加入该操作系统中来,首先必须完成在系统设备表 SDT 中的登记注册。系统以文件的形式来给设备分配内存空间和磁盘空间。

设备文件的构成主要有三项:文件名、逻辑块号和域名。一个闭环由两个开环组成,所谓的实时操作系统就是在一个设备调用过程中同时完成两个开环的调用,但传输方向不一样,一个是数据采集过程,一个是控制过程。这也就是离散数学中环和域的概念。

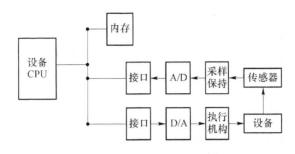

图 2.8 设备环的体系结构示意图

对于逻辑块号而言,怎么分配逻辑块号是文件结构的重要形式,逻辑块号经 PAT 表转换成物理地址,用于 DMA 数据传输时的基地址寄存器赋值。设备文件的传输过程一定是队列操作,设备内存的分配必须是两个或两个以上的队列才能支持。队列操作包括四个要素:①首址针(出队列),尾指针(进队列);②队列状态标识(队空/队满);③传输方向(输入/输出);④队列长度。

2.2 PID 调节

PID 调节也称为 PID 控制,是控制单元对输入数据(给定、反馈)进行数学处理的常用算法,它是对偏差信号 $e(t)$ 进行比例、积分和微分运算变换后形成的一种控制规律,核心就是"利用偏差,消除偏差"。

PID 控制器的输入输出关系为

$$U(t) = K_p e(t) + K_I \int_0^t e(t) \mathrm{d}t + K_D \frac{\mathrm{d}e(t)}{\mathrm{d}t}$$

相应的传递函数为

$$G(S) = \frac{U(S)}{E(S)} = K_p + \frac{K_I}{S} + K_D S$$

1. P 调节(比例调节)

在 P 调节中,调节器的输出信号 u 与偏差信号 e 成比例,即

$$U = K_c e$$

其中,K_c 称为比例增益。

P 调节的显著特点是有差调节,当 $K_c > 1$ 时:

① 开环增益加大,稳态误差减小;

② 幅值穿越频率增大,过渡过程时间缩短;

③ 系统稳定程度变差。

当 $K_c < 1$ 时:与 $K_c > 1$ 时,对系统性能的影响正好相反。

比例调节反应速度快,输出与输入同步,没有时间滞后,其动态特性好。比例调节的结果不能使被调参数完全回到给定值,而产生静差。

2. I 调节(积分调节)

调节器的输出信号的变化速度 $\mathrm{d}u/\mathrm{d}t$ 与偏差信号 e 成正比。

积分调节是无差调节,当被调量偏差 e 为零时,积分调节器的输出保持不变,调节器的输

出可以停在任何数值上。被控对象在负荷扰动下的调节过程结束后,被调量没有残差,而调节阀则可以停在新的负荷所要求的开度上。

采用积分调节的控制系统,其调节阀开度与当时被调量的数值本身没有直接关系,积分调节也称为浮动调节。

积分调节的另一特点是它的稳定作用比 P 调节差,采用积分调节不可能得到稳定的系统。

比例调节和积分调节的比较:

如图 2.9 所示,积分调节可以消除静差。但对比例调节来说,当被调参数突然出现较大的偏差时,调节器能立即按比例地把调节阀的开度开得很大,但积分调节器就做不到这一点,它需要一定的时间才能将调节阀的开度增大或减小,因此,积分调节会使调节过程非常缓慢。

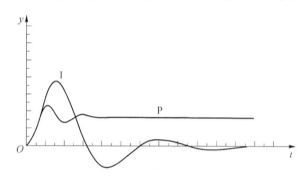

图 2.9　P 与 I 调节过程的比较

3. D 调节(微分调节)

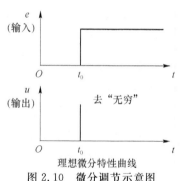

理想微分特性曲线

图 2.10　微分调节示意图

微分调节器的输出与被调量或其偏差对于时间的导数成正比,即与输入偏差速度成正比。

如果调节器能够根据被调量的变化速度来移动调节阀,而不要等到被调量已经出现较大偏差后才开始动作,那么调节的效果将会更好,等于赋予调节器以某种程度的预见性,这种调节动作称为微分调节。

微分调节是根据偏差信号的微分,即偏差变化的速度而动作的,微分调节只能起辅助的调节作用,与其他调节动作结合成 PD 和 PID 调节动作。

4. PID 调节算法

PID 调节算法是一种计算方法,它的目的是对数值问题进行求解。同时,PID 调节算法是运算器的设计理念,即运算器必须支持这些算法的运算。

数值问题就是对给定的问题或模型,给出计算机上可以实现的算法或迭代公式,或利用已知数据求出另一组结果数据,使得这两组数据满足预先指定的某种关系。而得到的这一组结果数据就是数值解,得出数值解的过程或方法就称为数值算法。

我们通常说的利用 CPU 强大的运算能力,指的就是运算器利用数值算法对数值问题求出数值解的运算过程。所以,运算器必须支持数值算法(如 PID 调节算法),数值算法是运算器的设计理念。

在 PID 调节中,算法公式会大量地应用到微分方程,微分方程一般包括常微分方程和偏微分方程。微分方程体现了要找的函数及其导数的关系,微分方程建立后,对它进行研究,找出未知函数来,这就是解微分方程。

下面以伯努利方程为例,简单介绍一下微分方程。

伯努利微分方程是形式如 $y' + P(x)y = Q(x)y^n$ 的常微分方程。

当 $n=0$ 或 $n=1$ 时,伯努利方程就是一阶线性方程。

当 $n \neq 0, n \neq 1$ 时,伯努利方程不是线性的,但通过变量替换,可以把它化为一阶线性方程。

事实上,用 $w = y^{1-n}$ 伯努利微分方程一因子去除方程的两端,可得伯努利微分方程-变式:

$$\frac{w'}{1-n} + P(x)w = Q(x)$$

此一阶常微分方程可用积分因子求解。

微分方程的解法有牛顿迭代法、龙格-库塔法等。牛顿迭代法是求方程根的重要方法之一,其最大优点是在方程 $f(x)=0$ 的单根附近具有平方收敛,而且该法还可以用来求方程的重根、复根,此时线性收敛,但是可通过一些方法变成超线性收敛。

龙格-库塔法具有精度高,收敛,稳定(在一定条件下),计算过程中可以改变步长,不需要计算高阶导数等优点,但仍需计算在一些点上的值,例如,四阶龙格-库塔法每计算一步需要计算四次的值,这给实际计算带来一定的复杂性,因此,多用来计算"表头"。

数值计算方法有好多种,如插值法、数据拟合法、直接法和迭代法等。我们以牛顿迭代法和龙格-库塔法为例,阐述求得数据解的过程。

牛顿迭代法(Newton's method)又称为牛顿-拉夫逊方法(Newton-Raphson method),它是牛顿在 17 世纪提出的一种在实数域和复数域上近似求解方程的方法。牛顿迭代法使用函数 $f(x)$ 的泰勒级数的前面几项来寻找方程 $f(x) = 0$ 的根。

设 r 是 $f(x)=0$ 的根,选取 x_0 作为 r 初始近似值,过点 $(x_0, f(x_0))$ 作曲线 $y=f(x)$ 的切线 L, L 的方程为 $y=f(x_0)+f'(x_0)(x-x_0)$,求出 L 与 x 轴交点的横坐标 $x_1=x_0-f(x_0)/f'(x_0)$,称 x_1 为 r 的一次近似值。过点 $(x_1, f(x_1))$ 作曲线 $y=f(x)$ 的切线,并求该切线与 x 轴交点的横坐标 $x_2=x_1-f(x_1)/f'(x_1)$,称 x_2 为 r 的二次近似值。重复以上过程,得 r 的近似值序列,其中 $x(n+1)=x(n)-f(x(n))/f'(x(n))$,称为 r 的 $n+1$ 次近似值,上式称为牛顿迭代公式。

解非线性方程 $f(x)=0$ 的牛顿法是把非线性方程线性化的一种近似方法。把 $f(x)$ 在 x_0 点附近展开成泰勒级数 $f(x)=f(x_0)+(x-x_0)f'(x_0)+(x-x_0)^2 * f''(x_0)/2! + \cdots$ 取其线性部分,作为非线性方程 $f(x)=0$ 的近似方程,即泰勒展开的前两项,则有 $f(x_0)+f'(x_0)(x-x_0)=0$。设 $f'(x_0) \neq 0$ 则其解为 $x_1=x_0-f(x_0)/f'(x_0)$。这样,得到牛顿法的一个迭代序列:$x(n+1)=x(n)-f(x(n))/f'(x(n))$。

迭代法也称辗转法,是一种不断用变量的旧值递推新值的过程,它利用运算器运算速度快、适合做重复性操作的特点,让计算机对一组指令(或一定步骤)进行重复执行,在每次执行这组指令(或这些步骤)时,都从变量的原值推出它的一个新值。

利用迭代法求解数值问题时,要注意三点内容:

① 确定迭代变量。在可以用迭代算法解决的问题中,至少存在一个直接或间接地不断由旧值递推出新值的变量,这个变量就是迭代变量。

② 建立迭代关系式。所谓迭代关系式,指如何从变量的前一个值推出其下一个值的公式

（或关系）。迭代关系式的建立是解决迭代问题的关键，通常可以使用递推或倒推的方法来完成。

③ 对迭代过程进行控制。即在什么时候结束迭代过程。

龙格-库塔法（Runge-Kutta）是一种在工程上应用广泛的高精度单步算法。由于此算法精度高，采取措施对误差进行抑制，所以其实现原理也较复杂。该方法主要是在已知方程导数和初值信息，利用计算机仿真时应用，省去求解微分方程的复杂过程。

对于一阶精度的欧拉公式有

$$y_i+1 = y_i+h*K_1$$
$$K_1 = f(x_i, y_i)$$

用点 x_i 处的斜率近似值 K_1 与右端点 x_i+1 处的斜率 K_2 的算术平均值作为平均斜率 K^* 的近似值，可得到二阶精度的改进欧拉公式：

$$y_i+1 = y_i+h*(K_1+K_2)/2$$
$$K_1 = f(x_i, y_i)$$
$$K_2 = f(x_i+h, y_i+h*K_1)$$

依此类推，如果在区间 $[x_i, x_i+1]$ 内多预估几个点上的斜率值 $K_1, K_2, \cdots, K_m$，并用它们的加权平均数作为平均斜率 K^* 的近似值，显然能构造出具有很高精度的高阶计算公式。经数学推导、求解，可以得出四阶龙格-库塔公式，也就是在工程中应用广泛的经典龙格-库塔算法：

$$y_i+1 = y_i+h*(K_1+2*K_2+2*K_3+K_4)/6$$
$$K_1 = f(x_i, y_i)$$
$$K_2 = f(x_i+h/2, y_i+h*K_1/2)$$
$$K_3 = f(x_i+h/2, y_i+h*K_2/2)$$
$$K_4 = f(x_i+h, y_i+h*K_3)$$

经典龙格-库塔方法的优点是：

① 一步法，在给定初值以后可以逐步计算下去，可以自开始；

② 精度较高，经典龙格-库塔方法是 $O(h^4)$；

③ 便于在计算过程中改变步长。

经典龙格-库塔方法的缺点是计算量较大，每计算一步需要计算 4 次函数值。

数值计算方法决定了运算器是定点的还是浮点的，决定了运算器的精度等一系列问题，运算器要满足这些计算方法的要求。所以说，计算方法（PID 调节算法）是运算器设计的理论指导。

龙格-库塔和泰勒公式都是解决常微分方程的计算方法，根据工程需求来选择相应的计算方法，即我们追求的是速度还是精度，龙格-库塔和泰勒公式一个是速度快，精度差；一个是精度大，速度慢。无论哪种计算方法都必须有运算器的支持。

操作系统将数在内存中安排好以后，用户通过编程将这些数据进行 PID 调节处理，软件编程是对数安排好以后，对数进行计算、处理的过程。

自动控制原理的环和域就是离散数学的环和域，自控原理主要介绍的是设备环，离散数学主要介绍系统环，系统环也就是群。群中包含多个设备环和多个域名。第 3 章将介绍离散数学。

第 **3** 章　操作系统与离散数学

离散数学是现代控制系统的基础理论之一,为离散的,群、环、域的设备打造数据通道,创建数据平台。

离散数学是工程数学,自动控制原理中的环和域就是离散数学中的环和域,离散数学是自动控制原理的理论基础,为现代控制论提供理论指导和依据。

离散数学的核心是群、环、域,环和域是操作系统所管辖的设备级,群是系统级,若干个设备级构成系统级,即群。群也是属于打造大数据平台的核心理念之一。

拓扑结构是离散数学中图论内容的进一步理论延伸,是网络操作系统设计的最高理论指导。拓扑结构是根据图论的内容,在数据求通的基础之上,来分析、计算如何布局这些数据通道的效率是最高的、最安全的。

> 关键词

群、环、域、排序、矩阵。

> 主要内容

离散数学是现代控制系统的基础理论之一,为离散的,群、环、域的设备打造数据通道,创建数据平台。离散数学的核心是群、环、域,环和域是操作系统所管辖的设备级,群是属于打造大数据平台的核心理念之一。

离散数学的一个重要内容是群、环、域,自动控制原理的环和域就是离散数学的环和域。上一章介绍了自控原理的设备环和域,本章主要介绍群,也即系统环。

数据结构的表、树、图,操作系统的数据通道、数据平台都是围绕离散数学的群、环、域来进行阐述。

群就是系统环,系统环包含多个设备环,设备环对应一个域名,域名指的是设备的控制参数,对应着设备传感器。

自动控制论是离散数学的一个重要分支,离散数学是研究离散量的结构及其相互关系的学科,研究的领域包括:集合论、图论、代数结构、组合数学和数理逻辑等。其中,群、环、域是代数结构的主要内容,代数结构也称为代数系统,它用代数的方法从不同的研究对象中概括出一般的数学模型并研究其规律、性质和结构,一个代数结构包含集合及符合某些公理的运算或关系。

离散数学是工程数学,是现代控制系统的基础理论之一,是操作系统最高层面的理论指导,它自始至终贯穿于整个操作系统设计,关乎到操作系统的各个功能模块的设计,起到一个纲举目张的作用。

1. 群

$<G,o>$ 是含有一个二元运算的代数系统,如果满足以下条件:

(1) o 运算是可结合的;

(2) 存在 $e \in G$ 是关于 o 运算的单位元;

(3) 任何 $x \in G$,x 是关于 o 运算的逆元 $x' \in G$。

称 G 是一个群。

群是一个系统环,群中包含多个设备环,每个设备环对应一个域名,每个域名对应一个传感器。每个传感器对应设备的一个控制参数。群的一个重要理念就是排序,排序是给各个设备环分配 DMA,打造数据通道。

如图 3.1 所示,图中共有 8 台设备,每台设备对应一个传感器,每个传感器对应一个设备环。则有 8 个域名 a1、a2、a3、a4、a5、a6、a7、a8,有 8 条设备环 a1、a2、a3、a4、a5、a6、a7、a8。

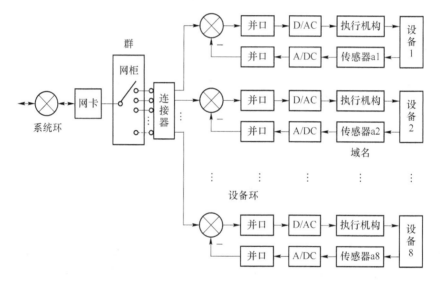

图 3.1　离散数学群的示意图

系统工程要把各种不同类型的设备搭起一个数据操作平台,各设备之间是一个离散的群的概念,它不是单道单环而是要解决多道多环很多设备之间的因果关系,这是操作系统设计的基础。

如图 3.2 所示,操作系统数据平台上有 8 台设备,定义为设备 a1、a2、a3、a4、a5、a6、a7、a8。每台设备有三个域名传感器,则该数据平台上包含 24 个域名,定义为域名 b1、b2、b3、…、b24。

那么此数据平台上有 1 个系统环,群就是系统环。共有 24 条设备环,我们需打造 24 条数据通道,每台设备包含 3 条数据通道。

综上所述,该操作系统数据平台有一个群,群就是系统环,包含 1 个系统环,24 个设备环,24 个域名。

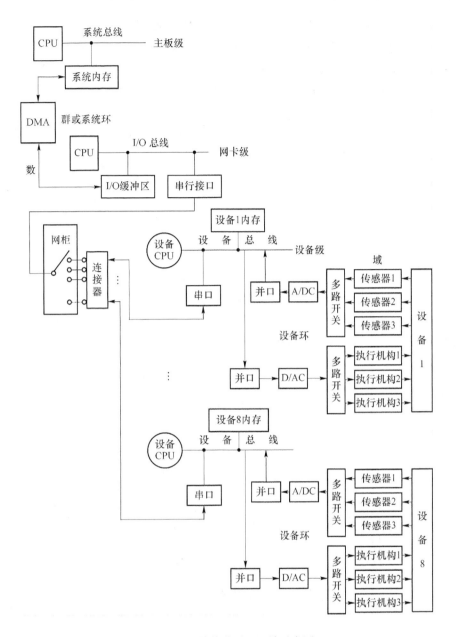

图 3.2　离散数学群、环、域示意图

群可以用矩阵来表示,假设由 $m \times n$ 个数 a_{ij} 排成的 m 行 n 列的数表称为 m 行 n 列的矩阵,简称 $m \times n$ 矩阵。记作:

$$A = \begin{bmatrix} a_{11} & a_{12} & \cdots & a_{1n} \\ a_{21} & a_{11} & \cdots & a_{2n} \\ \vdots & \vdots & & \vdots \\ a_{m1} & a_{mn} & \cdots & a_{mn} \end{bmatrix}$$

DMA 数据传输一次代表了一次二元运算过程,系统内存用矩阵 A 表示,I/O 缓冲区用矩阵 B 表示。矩阵中每一行 a_i 代表一个队列,此队列是输入队列或者输出队列。矩阵中的每个

元素项 a_{ij} 是一个数组,a_{ij}＝[块地址 1,块地址 2,…,块地址 n]。

矩阵 A 中的每个 a_i 对应一个域名,操作系统中有 1 024 个域名,矩阵 A 就有 1 024 行。矩阵 A 中的每一列 a_j 代表一个数据块,数据块的大小是 512 个字节,对应着一个磁盘扇区。矩阵中的每个元素项 a_{ij} 代表的是操作系统中第 i 个域名的第 j 个数据块,块长度是多大,j 就是多大,就有多少列。

假设数从系统内存经 DMA 传输到 I/O 缓冲区,则记作:矩阵 A · 矩阵 B。系统内存与 I/O 缓冲区间的二元运算过程如图 3.3 所示。

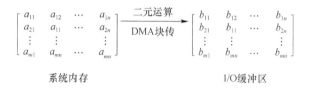

图 3.3　系统内存与 I/O 缓冲区间的二元运算过程

矩阵 A 中的数组 a_{ij}＝[块地址 1,块地址 2,…,块地址 n]给 DMA 的 SI 寄存器赋值,矩阵 B 中的数组 b_{ij}＝[块地址 1,块地址 2,…,块地址 n]给 DMA 的 DI 寄存器赋值。

封闭的二元运算代表着地址谁的就是谁的。例如,矩阵 A 中的地址是系统内存地址,矩阵 B 中的地址是 I/O 缓冲区地址。

说明:

(1) 二元运算:设 A 为集合,函数 $f:A\times A\rightarrow A$ 称为 A 上的一个二元代数运算,简称为二元运算。

如图 3.4 所示,集合 A 中的元素是队列,DMA 代表集合 A 上的一种二元运算,DMA 运算的结果是数据从队列 1 传送到队列 2 或者从队列 2 传送到队列 1。

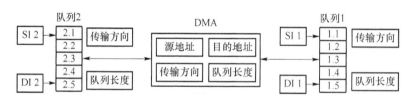

图 3.4　二元运算的体系结构示意图

(2) 逆元和单位元

如图 3.5 所示,队列集 A 中关于 DMA 运算的单位元是队列,此队列既可以是输入队列也可以是输出队列。

队列集 A 中,队列 1 关于 DMA 运算的逆元是队列 3,队列 2 关于 DMA 运算的逆元是队列 4,各级内存中的输入队列与输出队列互为逆元。

逆元定义了设备属性,如果逆元存在,则称该设备既是输入设备又是输出设备,采用双缓冲方式,属于闭环控制;如果逆元不存在,则称该设备只能是输入设备或者输出设备,采用单缓冲方式,属于开环控制。

当操作系统中有 200 台设备,1 024 个域名。定义锅炉的设备号是 100,域名参数包括温度域、流量域和压力域。

以大船上的动力系统中的锅炉为例介绍什么是群,什么是环,什么是域。

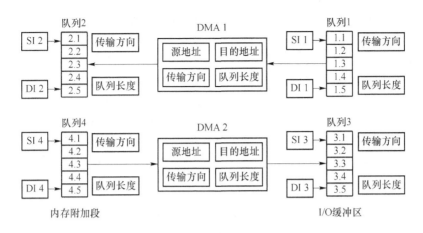

图 3.5 逆元在数据传输中的应用

如图 3.6 所示,设备的表现形式是文件,对文件的管理即对设备的管理,文件的结构包括文件名、逻辑块号和域名,在 CPU 的通信机制和进程调度过程中,所有的工作都是在围绕着该设备文件的逻辑块号和域名展开。一个域名对应着一个设备表,一个 DCT,一个文件表,一个 PCB 表,一个 PAT 表,一个 TSS 表,一个通道控制表。

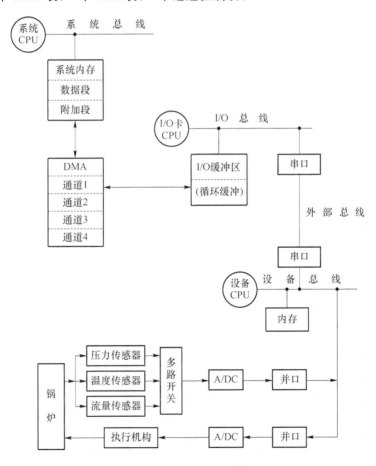

图 3.6 锅炉控制的体系结构示意图

围绕文件表展开的最终目的是给 DMA 赋值,DMA 出现后,DMA 将两种总线 I/O 总线和系统总线所管辖的内存紧密的连接到一起,形成数据通道。DMA 体现了群的理念,没有 DMA,就形不成群,形不成数据通道。

锅炉设备号是 100,包含三个域名文件:温度域、流量域和压力域。假设每个域名文件的块大小是 512 个字节,块长度是 8 块,传输方向是从 I/O 缓冲区将 DMA 到系统内存附加段。

系统内存附加段用矩阵 A 表示,矩阵 A 中有三行,分别对应着温度域、流量域、压力域。矩阵 A 中有八列,分别对应着 8 个数据块的块首指针。例如,矩阵 A 中的第一行代表温度域,第一行中的 8 个元素项分别记录了温度域名文件中 8 个数据块的块首指针。此时,指针指的是系统内存附加段的地址。

$$A = \begin{bmatrix} \text{FFC00000H} & \text{FFC00200H} & \text{FFC00400H} & \text{FFC00600H} & \text{FFC00800H} & \text{FFC00A00H} & \text{FFC00C00H} & \text{FFC00E00H} \\ \text{FFC01000H} & \text{FFC01200H} & \text{FFC01400H} & \text{FFC01600H} & \text{FFC01800H} & \text{FFC01A00H} & \text{FFC01C00H} & \text{FFC01E00H} \\ \text{FFC02000H} & \text{FFC02200H} & \text{FFC02400H} & \text{FFC02600H} & \text{FFC02800H} & \text{FFC02A00H} & \text{FFC02C00H} & \text{FFC02E00H} \end{bmatrix}$$

系统内存是 4GB,用 32 位表示。内存分成了 1 024 个段,每段大小是 4 MB,每段分成了 1 024 个页,每页大小是 4KB,每页分成了 8 个块,每块大小是 512 个字节。

此时,锅炉的设备号是 100,锅炉文件放在第 1 024 个段上,段号=1111 1111 11,温度域、流量域、压力域分别占用一个页,即每个域名文件的大小是 4KB,温度域的页号=0000 0000 00,流量域的页号=0000 0000 01,压力域的页号=0000 0000 10。

例如,锅炉设备的温度域的域名文件中第一块在系统内存附加段中的块首地址=1111 1111 1100 0000 0000 0000 0000 0000,即 FFC00000H,即为矩阵 A 中第一行的第一个元素项。

I/O 缓冲区用矩阵 B 表示,矩阵 B 中有三行,分别对应着温度域、流量域、压力域。矩阵 B 中有一列,分别对应着 8 个数据块中第一块的块首指针。例如,矩阵 B 中的第一行代表温度域,第一行中的元素项记录了温度域名文件中 8 个数据块中第一块的块首指针。此时,指针指的是 I/O 缓冲区的地址。

$$B = \begin{bmatrix} \text{000H} \\ \text{200H} \\ \text{400H} \end{bmatrix}$$

I/O 缓冲区采用的循环缓冲,温度域、流量域和压力域分别对应着一个队列,队列大小是 512 个字节,域名文件中包含 8 块,则此队列循环使用 8 次。

$$A = \begin{bmatrix} \text{FFC00000H} & \text{FFC00200H} & \text{FFC00400H} & \text{FFC00600H} & \text{FFC00800H} & \text{FFC00A00H} & \text{FFC00C00H} & \text{FFC00E00H} \\ \text{FFC01000H} & \text{FFC01200H} & \text{FFC01400H} & \text{FFC01600H} & \text{FFC01800H} & \text{FFC01A00H} & \text{FFC01C00H} & \text{FFC01E00H} \\ \text{FFC02000H} & \text{FFC02200H} & \text{FFC02400H} & \text{FFC02600H} & \text{FFC02800H} & \text{FFC02A00H} & \text{FFC02C00H} & \text{FFC02E00H} \end{bmatrix}$$

如图 3.7 所示,通道 0 完成对 I/O 缓冲区的读操作,通道 1 完成对系统内存附加段的写操作。以温度域为例,矩阵 B 中的 000H 完成对通道 0 中的基址寄存器赋值,当前地址寄存器保存 DMA 传送期间所用的地址值,每次 DMA 传输后该寄存器自动加 1。

通道 0 中的基地址寄存器指的是 I/O 缓冲区内温度队列的首指针,在 DMA 数据传输过程中,基地址寄存器的内容不变,即源地址不变。例如,此次温度域名文件 DMA 需传送 8 块,那么,CPU 要对 DMA 内的寄存器赋值 8 次,但是,通道 0 中的基地址寄存器内容是不变的。也就是说,I/O 缓冲区内的温度队列循环使用 8 次。

以温度域为例,矩阵 A 中的 FFC00000H 完成对通道 1 中的基址寄存器赋值,FFC00000H 表示温度域名文件中第一块的块首地址。当前地址寄存器保存 DMA 传送期间所用的地址值,每次 DMA 传输后该寄存器自动减 1。

DMA 传完第一块后,当前地址寄存器的内容给基地址寄存器赋值,此时,当前地址寄存器的内容是 FFC00200H,即温度域名文件的第二个块的块首地址,开始传送第二块。

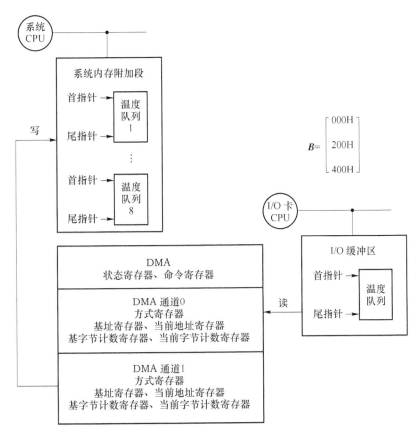

图 3.7 矩阵与 DMA 寄存器的关系示意图

依此类推,DMA 传完第二块后,当前地址寄存器的内容给基地址寄存器赋值,此时,当前地址寄存器的内容是 FFC00400H,即温度域名文件的第二个块的块首地址,开始传送第三块,直到传完第八块为止。传完第八块后,表示此次温度域的域名文件传输完毕,进程调度结束。

DMA 是群理念的重要体现形式,没有 DMA 就形不成群,形不成系统环。如何分配 DMA 以及进程调度策略(先来先服务、短则优先、时间片轮转等)都是在描述成环的过程。交换律、结合律、分配律都是针对 DMA 而言,体现了设备域名数据通道的属性,也体现了设备的属性。例如,设备是输入设备还是输出设备,是专属设备还是公有设备,体现了设备之间的因果调度关系。DMA 的数据传输方式代表着二元运算。

操作系统是离散数学的具体应用形式之一,离散数学是工程数学,是现代控制论的基础理论之一。

2. 环

设 $<R,+,\cdot>$ 是具有两个二元运算的代数系统,如果满足以下条件:

(1) $<R,+>$ 构成 Abel 群;

(2) $<R,\cdot>$ 构成半群;

(3) R 中的 $\cdot$ 对 $+$ 适合分配律。

则称 $<R,+,\cdot>$ 是环,并称 $+$ 和 $\cdot$ 分别为环中的加法和乘法。

说明:

(1) 若群中运算满足交换律,则称 G 为 Abel 群。

交换律:数据在适配器内存和主内存之间可以相互传送,交换律保证形成的环是闭环。

（2）设 o 是集合 S 上的二元运算，若 o 运算在 S 上是可结合的，则称代数系统 $V=<S,o>$ 是半群。

（3）分配律

群中包含多个不同属性的数据环，分配律决定了进程调度时打通哪条数据通道。

如图 3.8 所示，中断向量表、全局表和局部表之间满足分配律，分配律体现了一种树形结构。

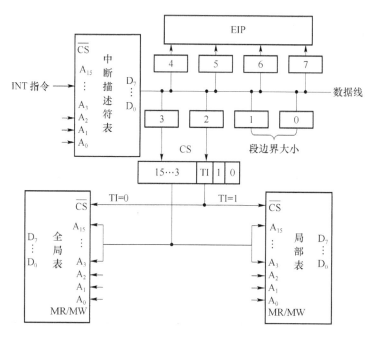

图 3.8　分配律示意图

数据环是图中一条起点和终点重合的路径，是一条数据链。数据环包括开环和闭环，自动控制论最常用的控制方式是闭环控制，我们所说的控制系统，一般都是指闭环控制系统。下面介绍几种不同属性的数据环的形成过程。

一个闭环控制系统是由一条数据调度链（进程 1）和一条数据反馈链（进程 2）构成的，每条数据链对应着一个进程，一条数据通道。

（1）数据调度通道

如图 3.9 所示，设备采用的是双缓冲方式，所以，对设备的控制是闭环控制。I/O 缓冲区内有两个队列：输入队列和输出队列。三位地址线 $A_2 A_1 A_0$ 是队列选择，当 $A_2 A_1 A_0 = 001$ 时，选中队列 1，队列 1 的状态为队空时，数据就可以进入队列 1。数据来源于传感器，传感器对应域名。数据经过 AD 转换后通过接口传送到输出队列中去，数据文件是以队列形式进行传输的，一个队列中包含多个数据块。SI 1 和 DI 1 代表了队列 1（输出队列）的首地址和尾地址，队列长度寄存器表示有多少数据块，传输方向表示数据是输入还是输出。

数据从设备内存传送到 I/O 卡缓冲区的过程如下：当 $A_2 A_1 A_0 = 011$ 时，选中队列 3，队列 1 的状态为队满且队列 3 的状态为队空时，数据从队列 1 经接口传送到队列 3 中去，并存储在队列 3 中。

数据从 I/O 卡缓冲区传送到内存附加段的过程如下：当 $A_2 A_1 A_0 = 101$ 时，选中队列 5，队列 3 的状态为队满且队列 5 的状态为队空时，数据从队列 3 经 DMA 1 传送到队列 5 中去，并存储在队列 5 中。

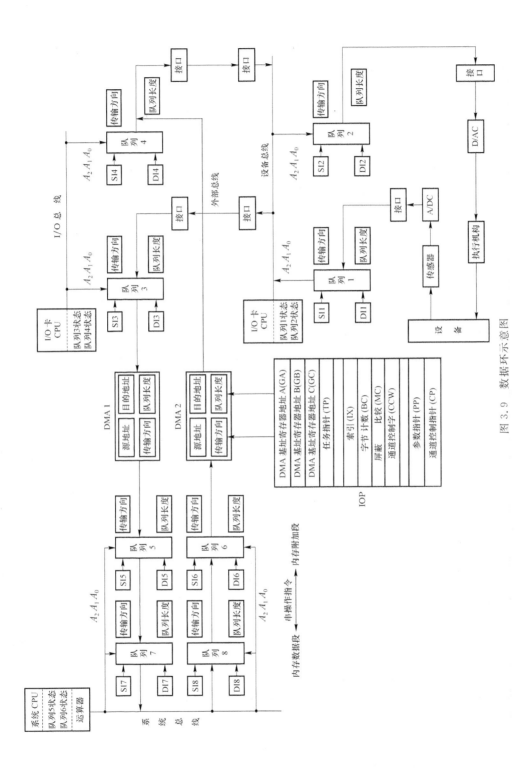

图 3.9 数据环示意图

没有 IOP 时,由 CPU 完成对 DMA 的初始化,初始化的内容包括:源地址、目的地址、队列长度和传输方向。当 IOP 出现后,由 IOP 来管理 DMA,CPU 将 DMA 初始化的内容放入信箱,IOP 定时的将内容从信箱中取出。

数据从内存附加段传送到内存数据段的过程如下:当 $A_2 A_1 A_0 = 111$ 时,选中队列 7,队列 5 的状态为队满且队列 7 的状态为队空时,CPU 执行串操作指令将数据从队列 5 块搬到队列 7 中去,并存储在队列 7 中。

数据从内存数据段取出,进入 CPU,运算器利用 PID 调节算法处理这些数据,处理完毕后,将数据又返回设备缓冲区。

(2) 数据反馈通道

数据经过处理后放入队列 8 内,数据从内存数据段传送到内存附加段的过程如下:当队列 8 的状态为队满且队列 6 的状态为队空时,CPU 执行串操作指令,将数据从队列 8 块搬到队列 6 中去,并存储在队列 6 中。

数据从内存附加段传送到 I/O 卡缓冲区的过程如下:队列 6 的状态为队满且队列 4 的状态为队空时,数据从队列 6 经 DMA 2 传送到队列 4 中去,并存储在队列 4 中。

数据从 I/O 卡缓冲区传送到设备内存的过程如下:当队列 4 的状态为队满且队列 2 的状态为队空时,数据从队列 4 经接口传送到队列 2 中去,并存储在队列 2 中。

设备 CPU 执行程序将队列 2 中处理好的数据通过接口进入 D/A 转换器,并将转换好的数据送入执行机构完成对设备的控制。

以上对设备的控制是一个闭环控制,下面介绍一个开环的数据链。其实,不论是闭环还是开环,我们都是在叙述数据路径、数据通道,即道怎么走,这与后面章节提到的网架结构有紧密关系。

如图 3.10 所示,数据从磁盘经主内存传送到显示器缓冲区而形成开环,其过程如下:三位地址线 $A_2 A_1 A_0$ 是队列选择,当 $A_2 A_1 A_0 = 001$ 时,选中队列 1,队列 1 的状态为队空时,数据就可以进入队列 1。数据来源于磁盘设备,数据经过 AD 转换后通过接口传送到输出队列的数据线上,并将数据存储到输出队列 1。

数据从设备内存传送到磁盘卡缓冲区的过程如下:当 $A_2 A_1 A_0 = 010$ 时,选中队列 2,队列 1 的状态为队满且队列 2 的状态为队空时,数据从队列 1 经接口传送到队列 2 的数据线上,并存储在队列 2 中。

数据从磁盘卡缓冲区传送到内存附加段的过程如下:当 $A_2 A_1 A_0 = 011$ 时,选中队列 3,队列 2 的状态为队满且队列 3 的状态为队空时,数据从队列 2 经 DMA 1 传送到队列 3 的数据线上,并存储在队列 3 中。

数据从内存附加段传送到显卡缓冲区的过程如下:当 $A_2 A_1 A_0 = 100$ 时,选中队列 4,当队列 3 的状态为队满且队列 4 的状态为队空时,数据从队列 3 经 DMA 2 传送到队列 4 的数据线上,并存储在队列 4 中。

数据从显卡缓冲区传送到显示器内存的过程如下:当 $A_2 A_1 A_0 = 101$ 时,选中队列 5,当队列 4 的状态为队满且队列 5 的状态为队空时,数据从队列 4 经接口传送到队列 5 的数据线上,并存储在队列 5 中。

数据从队列 5 传出后,经过接口进入 DA 转换器,数据经过 DA 转换后进入执行机构,通过执行机构完成对显示器的控制。

开环指的是一条数据链,闭环是由一台设备上的不同域名对应的两条数据链组成的,其中一条是 AD 过程形成的是数据采集链,另一条是 DA 过程形成的数据反馈链。

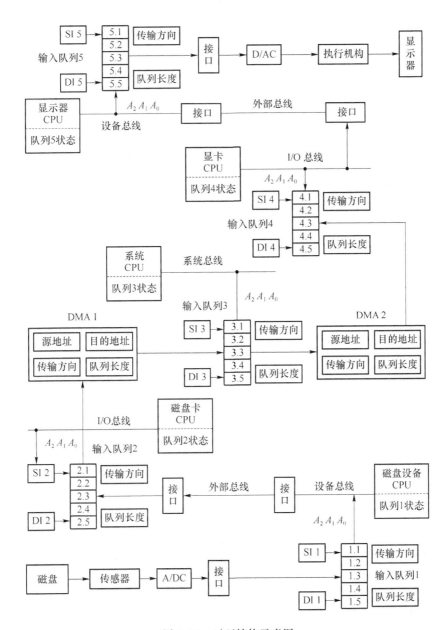

图 3.10　开环结构示意图

3. 域

设 R 是一个环，

（1）若 R 中至少含有两个元素，令 $R*=R-\{0\}$，且 $<R*,\cdot>$ 构成群，则称 R 是一个除环；

（2）若 R 是一个交换的除环，则称 R 是域。

域名是操作系统设计的最小单元，一个域名对应着一个 DCT 表，一个 PCB 表，一个文件表，一个 TSS 表，一个内存分配表，一个通道控制表。

域名与文件系统相关联，以磁盘为例，磁盘的域名对应着索引文件，文件结构是对 I/O 卡的设计理念。域名如图 3.11 所示。

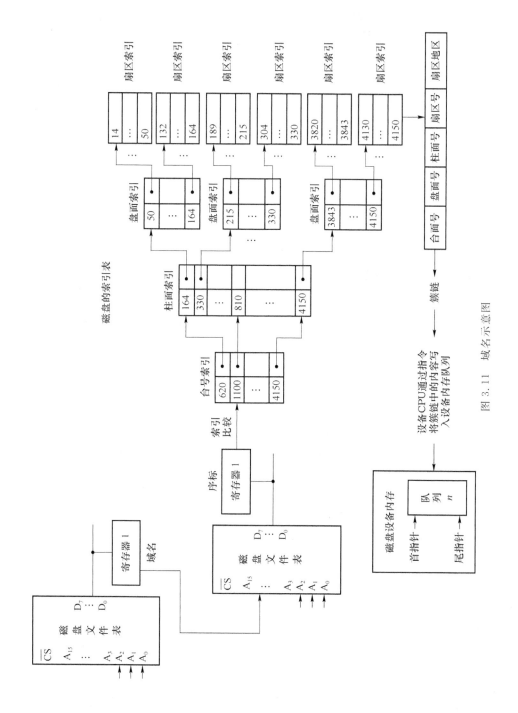

图 3.11　域名示意图

　　离散数学是计算机专业的基础课程,是工程数学,它是自动控制原理的理论基础,为现代控制论提供理论指导和依据。离散数学的主要内容包括群、环、域、图论等,它的功能和作用也是为了保证数据链的形成。

　　在经典控制论里,普遍存在一台设备,一个环,一个域,经典控制理论的研究对象是单输入、单输出的自动控制系统,特别是线性定常系统,限于对标量的控制。但当存在多台设备,多个环,多个域并且它们相互之间存在因果关系时,各台设备之间是离散的相互独立的,则必须通过现代控制论的基础上来分析、研究。

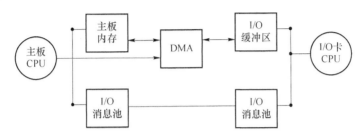

图 3.12　主板 CPU 与 I/O 卡的关系示意图

　　现代控制论引入了群的概念,一个群中包含多台设备,各台设备之间都有逻辑关系,只有在群的理念下才能满足系统工程的需求。数据链的关键是 DMA,如图 3.12 所示,DMA 完成数据在适配器内存和主内存之间的相互传输。DMA 把系统总线和外部总线连接起来,因此 DMA 又称作桥。

　　当多台设备同时竞争 DMA 时,就出现了排序。排序最终要解决的问题是哪台设备先过桥,即哪台设备先占用 DMA,这时候把群的理念引出来了,群的理念说的是一个封闭的二元运算,DMA 是内存到内存的数据传输,那么,系统必须给出两个内存的物理地址,即主内存地址和适配器内存地址。

　　群是以矩阵的形式描述,矩阵在时间片作用下有效,矩阵是一个向量,矩阵中的元素是数组,数组中的内容是实际的内存地址,地址是标量。DMA 数据传输时,两个矩阵就进行某种二元运算,如果 **A** 矩阵做加法运算,**B** 矩阵就做减法运算。

　　DMA 数据传输包含两路通道:一路是数据从主内存到 I/O 缓冲区;另一路是数据从 I/O 缓冲区到主内存。这两路必须互斥,只能一路有效,因为 DMA 具有掌管系统总线和 I/O 总线的功能,在调用 I/O 缓冲区的时候必须把 I/O 卡的 CPU 阻塞,由 DMA 掌管适配器的内存。同理,DMA 在掌管系统内存时也要把系统 CPU 封锁起来,使其处于 I/O 等待状态。

　　图论是网络设计重要的理念,图是结点和路径的集合。结点是图和树的转换关系,一条路径代表了一条数据链,图中的路径就体现了系统中包含哪些数据链以及设备之间的主从关系,主从关系是动态的,主设备要完成进程调度,从设备必须要满足通信机制的要求。

　　ISA 总线下的计算机体系结构图是一个平面图,当引入 PCI 总线后,就不再是平面图而是一个立体图。

　　离散数学的群、环、域把系统工程下的,离散的,不同属性的设备集成控制在同一个数据平台上,为设备打造数据通道。数据结构是通过表、树、图为设备打造数据通道,创建数据平台,数据结构的表、树、图也是围绕离散数学的群、环、域来为设备打造数据通道。

　　第 4 章将介绍数据结构是如何通过表、树、图来给设备打造数据通道的。

第 **4** 章 操作系统与数据结构

离散数学是工程上的理论指导,数据结构是逻辑电路的具体实现手段,操作系统是具体工程上的应用。我们重点把逻辑电路设计放到数据结构上来介绍,数据结构的内容都需要用逻辑电路来描述。

数据结构的表、树、图是打造数据通道的重要手段,为设备分配各级内存空间,保障数据通道的唯一性。

数据结构是通过表、树、图为设备打造数据通道,将离散的不同属性的设备集成控制在同一个数据平台上。数据结构也是围绕离散数学的群、环、域来为设备打造数据通道的。

➢ 关键词

表、树、图、文件、插入、删除、修改。

➢ 主要内容

数据结构主要解决两个问题:①如何找到设备;②如何为设备分配各级内存空间。

➢ 技术路径

- 一去:INT 指令→中断向量表→局部表→SDT→DCT→PCB→消息池→适配器卡→适配器的同步字符→广播到外部总线→设备。

- 一回:设备→设备的同步字符(设备状态)→广集到外部总线→适配器→适配器状态、设备状态→消息池→系统 CPU→设备状态、适配器状态、DMA 状态→排序→进程调度→进程的状态队列。

数据结构指的是数据的存储结构,核心解决的问题是通过表给设备分配内存空间和磁盘空间,表中放着大量的地址。

操作系统设计是将数据结构的技术路线图展开,以设备表为核心,最终目的是通过数据结构的表、树、图创建一个设备模型化的大数据平台。

数据结构的核心是表、树、图,表、树、图是属于大规模集成电路设计的基础理论之一,主要作用是为该设备打造进入大数据平台的数据通道,为设备分配各级通道的内存空间。

操作系统是控制系统,目的是控制设备,设备以数据文件的形式进行控制,设备文件的结构包括逻辑块号与域名,所有的工作都是围绕逻辑块号和域名来展开。

数据结构是逻辑电路的设计理念,表是由计数器和存储体构成,计数器是由触发器构成的,下面以同步 JK 触发器为例作简单介绍。

图 4.1 所示为同步 JK 触发器的电路组成。当 CP$=0$ 时,$R=S=1$,$Q^{n+1}=Q^n$ 触发器的状态保持不变;当 CP$=1$ 时,将

$$R=\overline{K\cdot CP\cdot Q^n}=\overline{KQ^n},\quad S=\overline{J\cdot CP\cdot \overline{Q^n}}$$

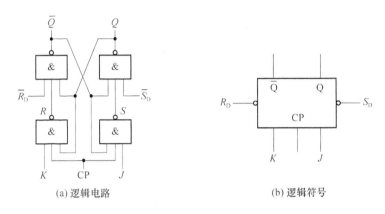

(a) 逻辑电路　　　　　　　　　　(b) 逻辑符号

图 4.1　同步 JK 触发器的逻辑电路和逻辑符号

代入 $Q^{n+1}=\overline{S}+RQ^n$

可得特征方程:

$$Q^{n+1}=J\,\overline{Q^n}+\overline{KQ^n}Q^n=J\,\overline{Q^n}+\overline{K}Q^n$$

在同步触发器功能分析基础上,得到 JK 触发器的功能表如图 4.2 所示。

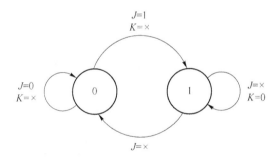

图 4.2　JK 触发器的状态图

由图 4.3 可知:

CP	J	K	Q^{n+1}	功能
1	0	0	Q^n	保持
1	0	1	0	置0
1	1	0	1	置1
1	1	1	$\overline{Q^n}$	翻转(计数)

图 4.3　JK 触发器的状态表

① 当 $J=0,K=1$ 时，$Q^{n+1}=J\,\overline{Q^n}+\overline{K}Q^n$，置"0"。

② 当 $J=1,K=0$ 时，$Q^{n+1}=J\,\overline{Q^n}+\overline{K}Q^n$，置"1"。

③ 当 $J=0,K=0$ 时，$Q^{n+1}=Q^n$，保持不变。

④ 当 $J=1,K=1$ 时，$Q^{n+1}=\overline{Q^n}$，翻转（也称为计数）

触发器的应用：寄存器和计数器。

（1）用作寄存器

一个触发器只存储一位二进制数，若并行存储 n 位二进制数，则需要 n 个触发器。这 n 个触发器按并行方式连接就构成并行数据寄存器，简称寄存器。

寄存器是数字系统中用来存储代码或数据的逻辑部件。它的主要组成部分是触发器。

一个触发器能存储 1 位二进制代码，存储 n 位二进制代码的寄存器由 n 个触发器组成。寄存器实际上是若干触发器的集合。

寄存器按功能可划分为基本寄存器和移位寄存器。基本寄存器只能并行输入、并行输出数据。移位寄存器可分为左移、右移和双向移位，数据可以并入并出、并入串出、串入串出和串入并出等。

数码寄存器——存储二进制数码的时序电路组件，具有接收和寄存二进制数码的逻辑功能。

单拍工作方式数码寄存器，如图 4.4 所示。

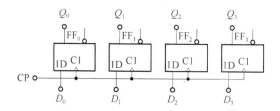

图 4.4 单拍数码寄存器示意图

$$Q_3^{n+1}Q_2^{n+1}Q_1^{n+1}Q_0^{n+1}=D_3D_2D_1D_0$$

双拍工作方式数码寄存器，如图 4.5 所示。

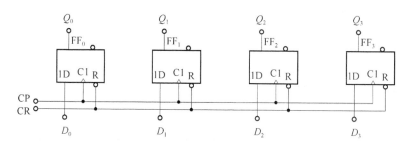

图 4.5 双拍数码寄存器示意图

① 异步清零 $Q_3^nQ_2^nQ_1^nQ_0^n=0000$。

② 送数 $Q_3^{n+1}Q_2^{n+1}Q_1^{n+1}Q_0^{n+1}=D_3D_2D_1D_0$。

③ CR=1、CP 上升沿以外的时间，寄存器保持。

（2）用作计数器

1 个触发器用作计数器时，可记忆两个状态；2 个触发器按串行方式连接成 2 位计数器时，

可记忆 2^2 个状态;n 个触发器按串行方式连接成 n 位计数器时,可记忆 2^n 个状态。这 2^n 个状态数对应了 2^n 个时钟脉冲 CLK。换句话说,计数器记忆时钟脉冲 CLK 的个数。

所谓计数就是触发器状态翻转的次数与 CP 脉冲输入的个数相等,以翻转的次数记录 CP 的个数,波形如图 4.6 所示。

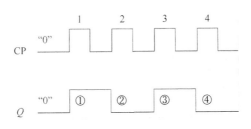

图 4.6 $J=K=1$ 波形图

图 4.7 所示十六进制计数器引出端符号如下。

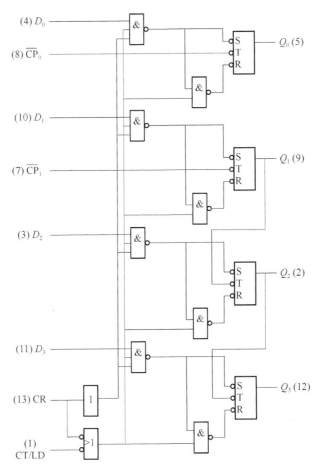

图 4.7 十六进制计数器

- $\overline{CP_0}$:二分频时钟输入端(下降沿有效)。
- $\overline{CP_1}$:八分频时钟输入端(下降沿有效)。
- $\overline{CR}$:异步清除端(低电平有效)。
- $CT/\overline{LD}$:计数控制端(低电平有效)/异步并行置入。

- $D_0 \sim D_3$：并行数据输入端。
- $Q_0 \sim Q_3$：输出端。

输入							输出			
$\overline{CR}$	$CT/\overline{LD}$	$\overline{CP}$	D_0	D_1	D_2	D_3	Q_0	Q_1	Q_2	Q_3
L	X	X	X	X	X	X	L	L	L	L
H	L	X	d_0	d_1	d_2	d_3	d_0	d_1	d_2	d_3
H	H	↓	X	X	X	X	加计数			

计数	输出			
	Q_3	Q_2	Q_1	Q_0
0	L	L	L	L
1	L	L	L	H
2	L	L	H	L
3	L	L	H	H
4	L	H	L	L
5	L	H	L	H
6	L	H	H	L
7	L	H	H	H
8	H	L	L	L
9	H	L	L	H
10	H	L	H	L
11	H	L	H	H
12	H	H	L	L
13	H	H	L	H
14	H	H	H	L

Q_0 和 CP_1 相连
H—高电平
L—低电平
↓—高到低电平跳变
X—任意
$d_0 \sim d_3$—$D_0 \sim D_3$ 稳态输入电平

图 4.8　计数器功能表

时序电路的设计步骤：①根据要求生成状态转换图或者状态转换表；②写出特征方程；③生成激励表；④写出逻辑关系表达式；⑤化简（如卡诺图法），不化简也可以；⑥最后设计逻辑电路图。

4.1　表、树、图

1. 表

数据结构指的是数据的存储结构，核心解决的问题是通过表给设备分配内存空间和磁盘空间。

数据结构的功能就是分配地址，表中存放着大量的地址，由表给计数器(SI、DI)赋值，计数器是由多个触发器组合而成的，是一个时序电路。

归根结底,数据结构是对各个计数器的设计,数据结构的本质是大规模集成电路的设计理念,是印刷线路板的设计理念,是芯片的设计理念,与指令无关,与软件无关,与高级语言(C 语言、Java 语言)无关。

数据结构是为设备分配链表,此链表由设备内存一直链接到系统主内存的数据段,因此,数据结构也是为数据链服务的。

(1) 线性表

线性表是 $n \geqslant 0$ 个数据元素 $a_1, a_2, \cdots, a_n$ 的有限序列。其中数据元素的个数 n 定义为表的长度。当 $n=0$ 时称为空表。当 $n>0$ 时通常记为

$$(a_1, a_2, \cdots, a_i, \cdots, a_n)$$

其中,$a_i (1 \leqslant i \leqslant n)$ 只是一个抽象的符号,其具体含义在不同情况下是不同的。它可以是一个数或者是一个符号,也可以是一页书,甚至是其他更为复杂的信息。

表是一种特殊的存储结构,由计数器和存储体构成。中断描述符表、堆栈、队列属于线性表的一种特殊形式。

如图 4.9 所示,中断描述符表是一个线性表,每台设备对应一条 INT 指令,每条 INT 指令对应一个中断类型码,中断类型码成为中断向量表的入口地址。

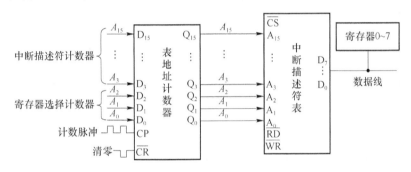

图 4.9 中断描述符表示意图

开机启动计算机时,将中断描述符表的内容从 ROM BIOS 中取出,对中断描述符表执行写操作,完成对它的初始化。通信机制过程中,对中断描述符表执行读操作,将表展开,表中的所有元素项送入各个寄存器中去。

如图 4.10 所示,每个中断描述符由 8 个字节组成,共 64 位。图中 0~7 是 8 个寄存器,每个寄存器有 8 位,$A_2 A_1 A_0$ 三根地址线通过地址译码器提供 8 种选择,将 8 个字节的中断描述符内容分别送到 0~7 八个寄存器中,其中寄存器 0 和寄存器 1 组成段长,与段框进行比较,要求用户程序必须在段框内,如果越界就会发生越界中断;寄存器 4~寄存器 7 四个寄存器为EIP;寄存器 2 和寄存器 3 组成 CS 代码段寄存器,CS 作为局部表或者全局表的入口地址。

操作系统中每台设备对应一条 INT 指令,INT 指令派生出中断类型码,中断类型码成为中断描述符表的入口地址。当 CS 中的 TI=1 时,选择局部表,CS 成为局部表的入口地址。局部表提供 ROM BIOS 的地址,ROM BIOS 提供设备表的入口地址。设备表的入口地址加上入口参数(域名)成为系统设备表的入口地址,其中,设备表的入口地址相当于基地址,入口参数相当于偏移量。

堆栈用来保存程序的断点地址和状态信息,堆栈由一个计数器和一块存储体构成,计数器是可逆的,支持双向运算,具有先进后出的特性,即计数器既可以进行加 1 运算,也可以进行减 1 运算。

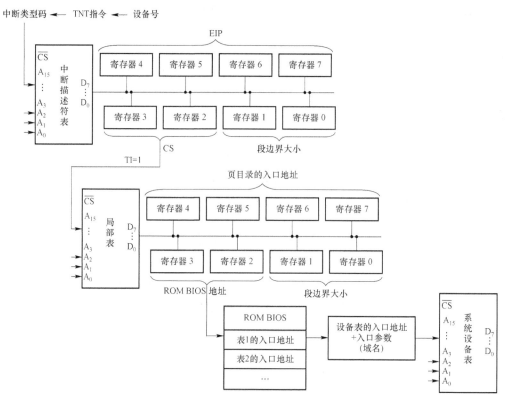

图 4.10　中断描述符表展开示意图

如图 4.11 所示,系统支持 8 级中断,每级中断后,程序的断点地址、状态信息和 INT 指令中断的断点地址、状态信息都需要入堆栈,所以,堆栈应该是 16 级的。

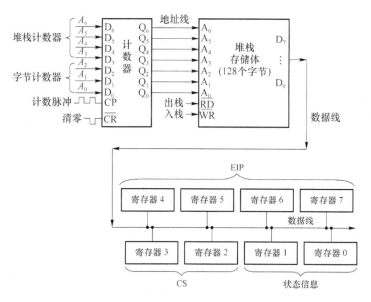

图 4.11　堆栈结构示意图

如果断点地址用 4 个字节表示,状态信息用 4 个字节表示,则每级堆栈是 8 个字节,16 级堆栈就是 128 个字节,用 7 位地址线表示。

$A_2A_1A_0$ 表示一个三位的字节计数器,用来选择每级堆栈中 8 个寄存器的哪一个。$A_6A_5A_4A_3$ 表示一个四位的堆栈地址计数器,用来选择 16 级堆栈中的哪一级堆栈。

当中断产生后,将断点地址和状态信息入栈,入栈是对堆栈存储体进行写操作过程,出栈是对堆栈存储体进行读操作过程。

出栈时,$A_6A_5A_4A_3$ 表示一个四位的堆栈地址计数器,选择 16 级堆栈中的某一级堆栈。$A_2A_1A_0$ 表示一个三位的字节计数器,脉冲作用下,字节计数器从全 000 变到全 111,将该堆栈中的 8 个字节通过数据线一一送入相应的 8 个寄存器内,此过程需要 8 个计数脉冲。其中,4 个字节表示 EIP,2 个字节表示 CS,2 个字节表示状态。

队列用来保存设备域名的数,数在操作系统中以队列的形式进行传输。队列由两个计数器和一块存储体构成,一个计数器用来表示队列的首指针,一个用来表示队列的尾指针,指针代表着地址。

队列具有先进先出的特性,队列操作是尾指针进,首指针出。进队列时,尾指针是加 1 计数器,出队列时,首指针是减 1 计数器。首指针计数器和尾指针计数器是互斥的,不能同时工作。

如图 4.12 所示,队列的大小是 512 个字节,首指针计数器和尾指针计数器都是由两组计数器串联组合而成的,即字节计数器和字计数器。

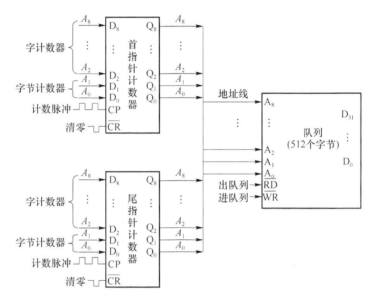

图 4.12　队列结构示意图

512 个字节是由 128 个 32 位的字组成,每个字是 4 个字节。队列操作是尾指针进,首指针出。进队列时,字计数器 $A_8 \sim A_2$ 共 7 位代表了字地址,选择的是 128 个字中的哪一个字。字节计数器 A_1A_0 共 2 位代表了字节地址,选择的是该字中 4 个字节中的哪一个字节。

例如,当尾指针的字计数器=0000 000,字节计数器=00 时,脉冲过来后,将第 0 个字的第 0 个字节写入队列;当尾指针的字计数器=1111 111,字节计数器=11 时,脉冲过来后,将第 127 个字的第 3 个字节写入队列。

进程调度的过程是队列操作,队列是一个链表,将数据块从头到尾通过指针链接到一起,指针就是地址。

如图 4.13 所示,操作系统中,锅炉的设备号是 100,温度域的文件大小是 4KB,文件中包含 8 块,每块是 512 个字节。

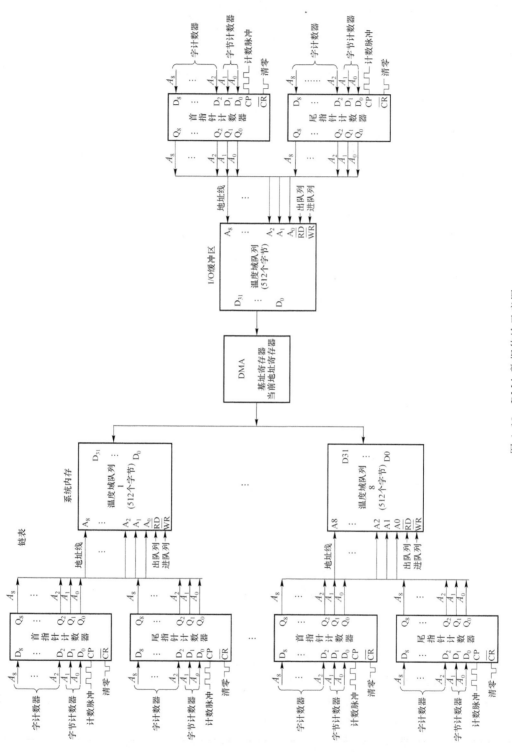

图 4.13　DMA 数据传输示意图

当传输方向是从 I/O 缓冲区经 DMA 到系统内存时,I/O 缓冲区内的温度域队列的首指针地址计数器给 DMA 的通道 0 中的基地址寄存器赋值,系统内存中的温度域队列 8 中尾指针地址计数器给 DMA 的通道 1 中的基地址寄存器赋值。

DMA 数据传输过程是队列操作过程,队列是尾指针进,首指针出。锅炉的温度域的数据传输时,I/O 缓冲区内的温度域队列的首指针地址计数器是减 1 计数器,DMA 传一次,计数器减 1。系统内存中的温度域队列的尾指针地址计数器是加 1 计数器,DMA 传一次,计数器加 1。

I/O 缓冲区内的温度域队列是循环缓冲,温度域的文件包含 8 块,队列就循环使用 8 次,即 DMA 的源地址是不变的。

系统内存中的温度域队列形成一个链表,将温度域文件内的 8 个数据块通过首尾指针计数器链接到一起,当 DMA 数据传输完后,温度域队列 1 的首指针计数器提供文件的出口参数,用于指令的寻址。

表是由计数器和存储体过程,表都需要展开,一系列表的展开的最终目的是为 DMA 完全初始化寄存器赋值。表是围绕文件表的逻辑块号和域名进行展开。

(2) 广义表

广义表(lists,又称为列表)是线性表的推广。广义表是 $n \geqslant 0$ 个元素 $a_1, a_2, \cdots, a_n$ 的有限序列,其中 a_i 或者是单个元素或者是一个广义表。广义表通常记作 $LS = (a_1, a_2, \cdots, a_n)$。LS 是广义表的名字,$n$ 为其表的长度。若 a_i 是广义表,则称它为 LS 的子表。

广义表是表中套表,设备表、文件表、内存分配表等属于广义表。所有的表都需要展开,将表中元素项写入相应的表寄存器中去。如图 4.14 所示,操作系统设计就是一系列表的设计,其中,以设备表为核心。

广义表体现的是表与表之间的逻辑关系。例如,系统设备与 DCT 表、文件表的关系,DCT 表与通道控制表、PCB 表的关系等。

不论是线性表还是广义表,最终是找到通道控制表,通道控制表包含完全初始化 DMA 寄存器的所有内容,所有表的展开最终都是为 DMA 服务的,而 DMA 是打造数据通道的核心。

中断描述符表给出系统设备表的入口地址,所有的设备都要在系统设备表中登记、注册。

如图 4.15 所示,系统设备表给出消息池、文件表和 DCT 表的入口地址,文件表给出 PAT 表的入口地址,DCT 表给出通道控制表和 PCB 的入口地址。

下面分别介绍广义表中的每一个表内容。

操作系统数据平台上的每台设备都要在系统设备表中登记注册,系统设备表展开后包含四个元素项:DCT 驱动程序的入口地址、设备类型、DCT 的指针、设备属性。

设备类型元素项成为消息池的入口地址,消息池是系统 CPU 与 I/O 卡之间的通信机制。

设备属性元素项成为文件表的入口地址,设备属性决定文件性质,在操作系统中,设备以文件的形式存在,设备就是文件,文件是数据结构的重要表现形式,设备表进入文件表。

DCT 的指针元素项成为 DCT 表的入口地址,DCT 表是设备表的核心。

如图 4.16 所示,文件表包含两个元素项:域名和逻辑块号。怎么分配逻辑块号是文件结构的重要形式,域名是最小的分配单元。域名送入消息池中的消息头,逻辑块号经 PAT 表转换成实际的物理地址。当系统 CPU 管 DMA 时,此物理地址送入通道控制表。此物理地址指的是系统内存附加段地址,用于对 DMA 初始化时的源地址 SI/目标地址 DI 寄存器赋值。

至此,通道控制表的内容已经齐全,包括:传输方向、块大小、块长度、I/O 缓冲区地址和系统内存附加段地址。

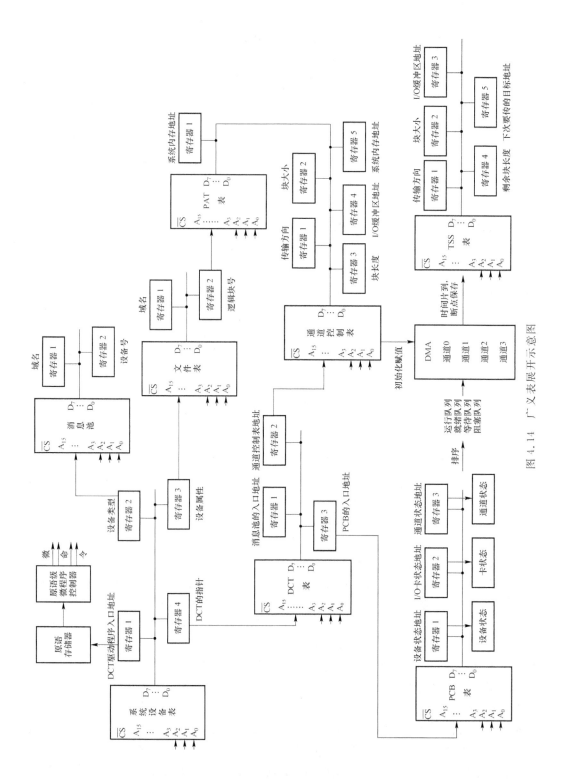

图 4.14 广义表展开示意图

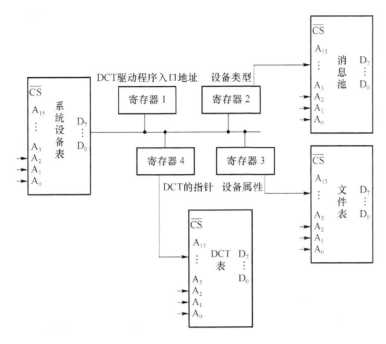

图 4.15 系统设备表展开示意图

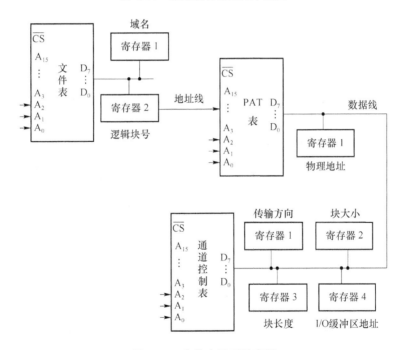

图 4.16 文件表展开示意图

操作系统设计以设备表为核心,DCT 表是设备表的核心。如图 4.17 所示,DCT 表包含三个元素项:通道控制表的地址、消息池的入口地址、PCB 的入口地址。

通道控制表的内容已经叙述清楚,当系统 CPU 管 DMA 时,通道控制表的内容用于对 DMA 完全初始化寄存器赋值。

消息池是系统内存的一块共管区,由系统 CPU 与 I/O 卡交互管理。操作系统中有 200 台设备,1 024 个域名,相应的消息池中有 1 024 个消息头与每个域名一一对应。

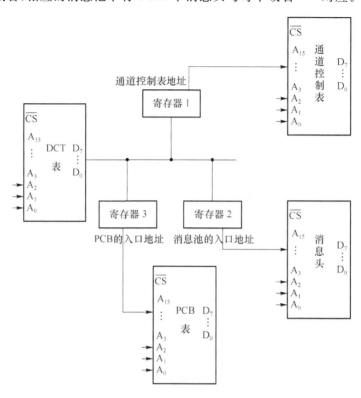

图 4.17　DCT 表展开示意图

如图 4.18 所示,当系统 CPU 管 DMA 时,系统 CPU 将设备号、域名定时写入消息头,I/O 卡定时将消息头内容取出,并将设备状态和 I/O 卡状态写入消息头。系统 CPU 将状态信息取出,并根据这些状态信息决定进程调度的先后次序。

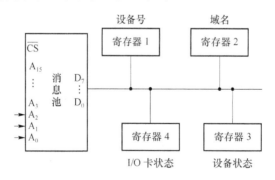

图 4.18　消息头的展开示意图

消息头属于通信接口,消息头中也是地址,每个地址中放什么,什么时候放,系统 CPU 与 I/O 卡都已经约定好了,这就是通信约定。通信约定是操作系统设计的最底层、最核心部分。

如图 4.19 所示,PCB 表包括设备状态、I/O 卡状态和通道状态。系统 CPU 根据 PCB 中三者的状态信息来决定进程调度的先后次序,为设备分配 DMA 通道,并将进程放入相应的就绪队列、等待队列或者阻塞队列。

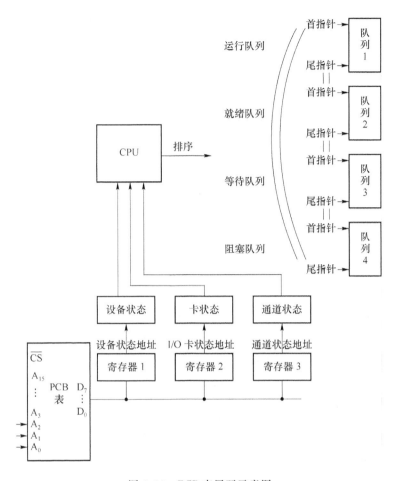

图 4.19　PCB 表展开示意图

如图 4.20 所示,进程调度过程中,系统 CPU 根据 PCB 的内容进行排序,排序指的是对通道控制表进行排序,排序的目的是决定通道控制表对 DMA 初始化的先后次序。

通信机制和进程调度核心就是在叙述 PCB、通道控制表和 DMA 三者之间的因果关系。

DMA 数据传输被中断时,将 PCB 的内容保存到 TSS 表内,即断点保护,如图 4.21 所示。

设备表进入文件表,文件表提供域名,一个域名对应设备的一个传感器,对应一个设备控制参数,对应一个设备环。文件类型决定此设备文件是顺序文件、索引文件还是散列文件。传输方向指的是读操作或者写操作。块长度指的是此设备文件共有多少个数据块。

表都要展开,例如,一个表包含 8 个表项,则需要三位地址线进行译码选择,通过数据线将每个表项读出,并写入相应的寄存器。表中包含多少个表项,就需要有多少个寄存器与之相对应。

2. 树

树由一个包含 n 个结点的有穷集合 $K(n>0)$ 以及该集合上定义的一种关系 N 构成,关系 N 满足下述条件:

(1) 有且仅有一个结点 $k_0 \in K$,它对于关系 N 来说没有前趋,结点 k_0 称作树的根。

(2) 除结点 k_0 外,K 中每个结点对于关系 N 来说都有且仅有一个直接前趋。

(3) 除结点 k_0 外的任何结点 $k \in K$,都存在一个结点序列 $k_0, k_1, \cdots, k_s$,使得 k_0 就是树根,

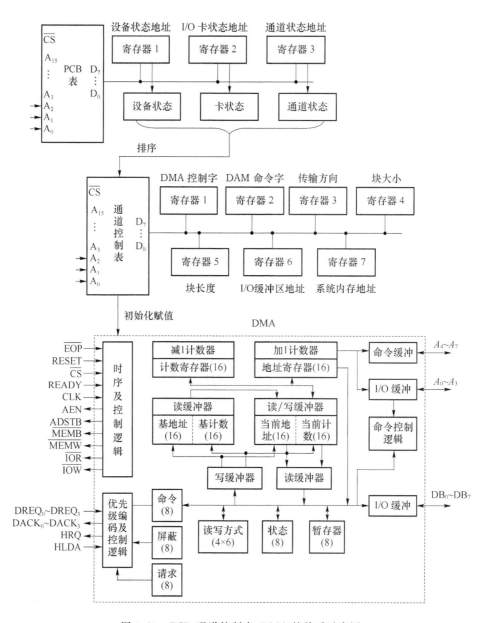

图 4.20　PCB、通道控制表、DMA 的关系示意图

且 $k_s=k$,有序对 $\langle k_i-1,k_i\rangle \in N(1\leqslant i\leqslant s)$。这样的结点序列称为从根到结点 k 的一条路径。

如图 4.22 所示,中断描述符表 IDT 与全局表、局部表之间是一个二叉树的关系,CS 寄存器的 TI 位作为二叉树的选择位,当 TI=1,CS 寄存器成为局部表的入口地址;当 TI=0,CS 寄存器成为全局表的入口地址。

3. 图

在散列文件中,数据元素间不再是线性关系和树形关系,而是图形结构。在图形结构中,结点之间的关系可以是任意的,图中任意两个数据元素之间都可能相关。

（1）有向图

一个有向图是一个有序的二元组 $<V,E>$,记作 D,其中,

① $V\neq\phi$ 称为 D 的顶点集,其元素称为顶点或结点;

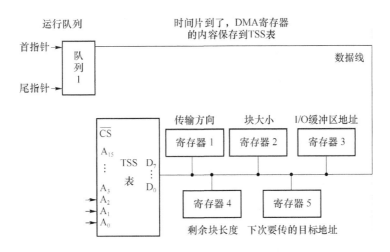

图 4.21 TSS 表展开示意图

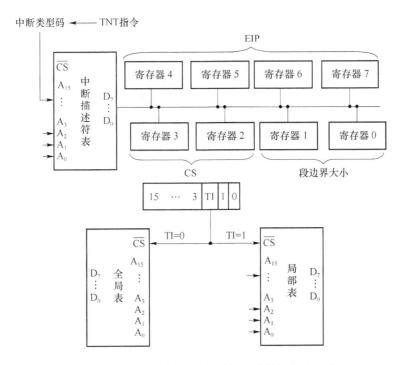

图 4.22 IDT 与局部表、全局表的二叉树结构示意图

② E 称为边集,它是卡氏积 $V \times V$ 的多重子集,其元素称为有向边,简称边。

当设备 1 能调用设备 2,而设备 2 不能调用设备 1 时,即设备 1 是主设备,设备 2 是从设备时,我们采用十字链表的存储结构,十字链表是有向图的一种链式存储结构,如图 4.23 所示。

(2) 无向图

一个无向图是一个有序的二元组 $<V,E>$,记作 G,其中,

① $V \neq \phi$ 称为 G 的顶点集,其元素称为顶点或结点;

② E 称为边集,它是无序积 $V \& V$ 的多重子集,其元素称为无向边,简称为边。

如果设备 1 和设备 2 可以互相调用,即不同时钟周期时,设备 1 和设备 2 既可以作为主设备也可以作为从设备,那么我们采用邻接多重表的存储结构,邻接多重表是无向图的一种链式

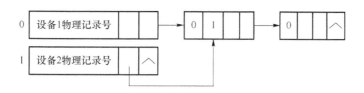

图 4.23　十字链表的逻辑示意图

存储结构,如图 4.24 所示。

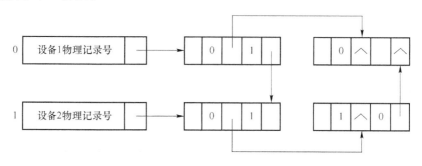

图 4.24　邻接多重表的逻辑示意图

　　在操作系统这个系统工程的数据平台上,各个功能模块设备模块、适配器模块、网架结构模块、IOP 模块和每条数据通道构成一个图。各个功能模块是图中的顶点,数据通道是边的集合。

　　下面介绍路径。

　　在无向图 $G=(V,E)$ 中,若存在一个顶点序列 $V=V_{i0},V_{i1},V_{i2},\cdots,V_{in}=V'$,使得 $(V_i,V_{ij-1},V_{ij})\in E,1\leqslant j\leqslant n$,则称顶点 V 到顶点 V' 存在一条路径。

　　路径是一条数据通道,起点和终点重合的一条路径就是一个闭环。在数据结构中,此闭环指的是系统环。群就是系统环,群中包含着许多条数据通道。一个系统环管着多个设备环,系统环对应着设备,设备环对应着设备上的传感器,每个设备环对应着一个域名,每个域名对应着设备的一个控制参数。

　　操作系统只管数,数以文件的形式进行存储,文件是数的最终表现形式。数据结构指的是数的存储结构,通过表、树、图给设备数据文件分配各级内存地址空间。

　　操作系统设计核心是围绕数据结构的表、树、图在说,站在数据结构的角度来阐述操作系统设计的技术路线:路径是怎么走的,有哪些表,表的内容包含什么,表与表之间的因果关系,叉树结构,图中的路径。

　　每种设备属性对应一条 INT 指令,当设备有多个域名传感器时,对应设备的 INT 指令包含多个入口参数和出口参数。

　　一去:

　　如图 4.25 所示,INT 指令进入中断向量表,中断向量表进入局部表,局部表是为数服务的,全局表是为用户程序服务的。①局部表提供中断服务程序的入口地址,中断服务程序的作用:当 DMA 数据传输被中断时,将被中断进程的 PCB 内容存入 TSS 表,即保存断点信息。此中断服务程序是原语级的编程,由原语级微程序控制器执行。②局部表提供系统设备表的入口地址。

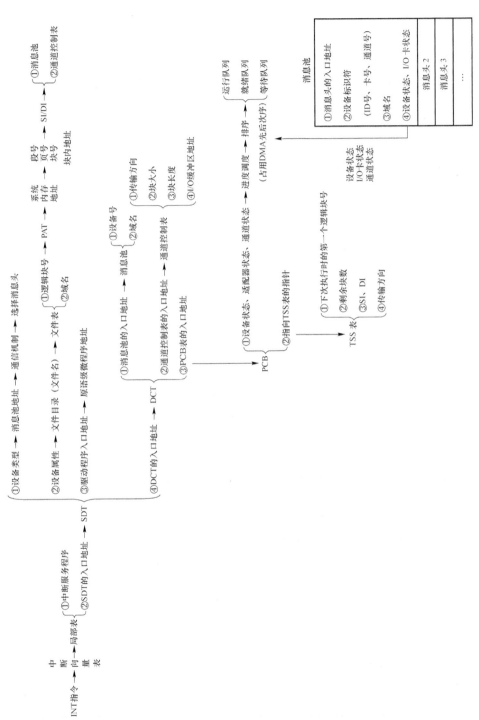

图 4.25 通信机制路线图（a）

系统设备表 SDT 包括四个元素项：①设备类型；②设备属性；③驱动程序的入口地址；④DCT 的入口地址。①设备类型决定通信机制，设备类型成为消息池的入口地址，选择相应的消息头。②设备属性成为文件目录表的入口地址，选择对应的文件名，文件名成为文件表的入口地址，选择相应的文件表。③驱动程序的入口地址选择相应的驱动程序，此驱动程序是原语级的驱动程序，是对一系列的表进行操作。④DCT 的入口地址选择相应的 DCT。

文件表包括两个元素项：①逻辑块号；②域名。其中，域名写入消息头。逻辑块号经过内存分配表 PAT 转换成实际的内存地址。此地址指的是系统内存地址，用于对 DMA 的 SI/DI 寄存器赋值。

DCT 表包括三个元素项：①消息池的入口地址；②通道控制表的入口地址；③PCB 的入口地址。

消息池的内容包括设备号和域名，由文件表提供。

通道控制表包括四个元素项：①传输方向；②块大小；③块长度；④I/O 缓冲区地址。

DCT 给出指向 PCB 的入口地址，PCB 包括三大项：①设备状态；②I/O 状态；③通道状态。系统 CPU 根据设备状态、I/O 卡状态和通道状态给设备进程进行排序，决定设备进程占用 DMA 通道的先后次序，排序后，将进程放入对应的运行队列、就绪队列、等待队列或者阻塞队列。

当设备进程被打断时，中断服务程序将 DMA 寄存器的内容保存到 TSS 表中，TSS 表的内容包括：①下次执行时的第一个逻辑块号；②剩余块数；③SI、DI；④传输方向。

系统 CPU 与 I/O 卡的通信机制是消息池，消息池中有消息头，每个域名对应一个消息头。系统 CPU 定时将设备号和域名写入消息头，I/O 卡定时将消息头的内容取出，并将设备状态和 I/O 卡状态写入消息头。

在时间片作用下，系统 CPU 将消息头中的设备状态和 I/O 卡状态取出，同时查询 DMA 的通道状态，根据这三者的状态信息来决定进程调度的先后次序。

操作系统设计以设备表为核心。

I/O 卡 CPU 定时地将消息头内容取出并初始化 I/O 卡自己的同步字符，I/O 卡将同步字符广播到外部总线上，I/O 卡自己的同步字符内容包括：①设备 ID 号；②域名、逻辑块号；③I/O 缓冲区地址；④传输方向（读/写）；⑤本块传输结束；⑥本次传输结束。

I/O 卡同步字符的设备 ID 号进行译码，外部总线上的网柜是一个一对多的电子开关，设备 ID 号译码后选通相应的数据通道，并闭合对应的电子开关。

在设备模块上，逻辑块号进入设备的内存分配表转换成实际的设备内存地址。例如，显示器地址（块号、行号、列号）；磁盘（台面号、柱面号、盘面号、扇区号）。

数从传感器定时采样，保存在设备内存，此过程是程序控制的。

一回：

如图 4.26 所示，命中设备接收到同步字符后，把设备域名自己的设备状态广集到外部总线上，此设备状态指的是队列状态（队空/队满）。

在 I/O 卡模块上，域名成为设备同步字符的入口地址，设备同步字符的内容包括：①域名；②设备 ID 号；③设备内存地址；④传输方向（读/写）；⑤设备状态（队空/队满）；⑥块长（队列长度）。

I/O 卡将设备状态和 I/O 卡状态写入消息头，CPU 定时将消息头内容取出并对 PCB 初始化。

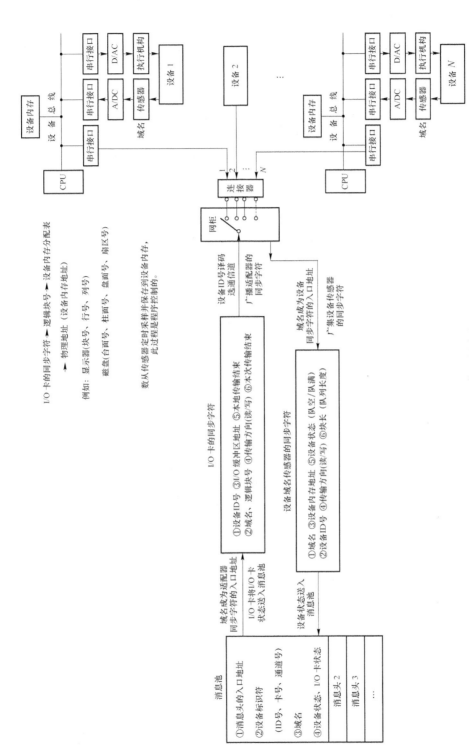

图 4.26 通信机制路线图（b）

CPU 根据设备状态、I/O 卡状态和 DMA 通道状态来给进程进行排序,排序的目的是为设备分配 DMA,打造数据通道。排序完成后,将进程放入相应的运行队列、就绪队列、等待队列或者阻塞队列。

至此,整个数据通道都已打通,并创建了一个简单的数据平台,制定了通信标准。这是操作系统设计的核心。

数据结构不是软件,不应该用高级语言来描述。数据结构是通过表、树、图为设备打造数据通道,表、树、图的实现过程是大规模集成电路的设计,是各级 CPU 的设计,是设备通信标准的设计。

排序是对通道控制表进行排序,为设备分配 DMA 通道。排序属于仲裁的范畴,排序也不是用软件来实现的。

如图 4.27 所示,二叉排序树是给各个队列(如就绪队列、阻塞队列等)中的通道控制表进行排序,排序的目的是为了过桥。两个寄存器 74LS374 中分别存放着链表长度 45 和 53,通过两块级联的 74HC85 比较器进行比较,比较器的输出是高电位有效。53 大于 45,因此将 53 放入 45 的右子树中。

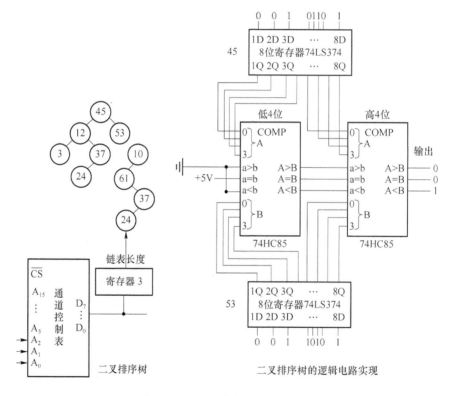

图 4.27 二叉排序树的电路示意图

所以说,数据结构是逻辑电路的设计,与软件无关,与指令无关,与高级语言无关。

数据结构核心要解决的问题是数据的存储结构,如数据来源于哪,数据存储在内存中的地址是什么,系统怎样分配内存地址等,分配内存的关键是谁给内存地址上送数,有两种可能:指令流和数据链。

指令流的形成一定和 PC 有关,一个 CPU 的模型,程序计数器 PC 送地址寄存器 AR,AR 送地址总线 ABUS,ABUS 送内存 M,M 送数据寄存器 DR,DR 送数据总线 DBUS,DBUS 送指令寄存器 IR,这就是指令流。

数据链的形成与 SI 和 DI 有关,谁给 SI、DI 赋值,怎么赋,不可能是程序赋值,是表、树、图在给 SI 和 DI 赋值,所以,数据结构的核心是分配地址,就是给 SI、DI 赋值,这是一个自动过程,与软件无关,由逻辑电路实现,是大规模集成电路的设计。

文件表提供逻辑块号,逻辑块号通过 PAT 表转换成物理地址,此物理地址是内存附加段地址,用于对 DMA 的 SI/DI 寄存器赋值。通道控制表提供 I/O 缓冲区地址,此 I/O 缓冲区地址用于对 DMA 的 SI/DI 寄存器赋值。

I/O 卡不同的时候,物理块号转换成的内存地址也不同。例如,磁盘卡将物理块号转换成台面号、盘面号、柱面号、扇区号,显卡将物理块号转换成行号、列号、块内地址,即每一个像素点对应的物理地址。

屏幕上的每个像素点对应一个内存地址,系统将其分为 80 列×25 行总共 2 000 块,每一块中有多个像素点,系统按照块来进行管理,每块对应着内存页号。

4.2 表的逻辑电路设计与实现

表是一种特殊的存储结构,由计数器和存储体构成。每个表的表项不同,大小也不相等。下面分别介绍操作系统中一系列表的逻辑电路实现过程,如图 4.28 所示。

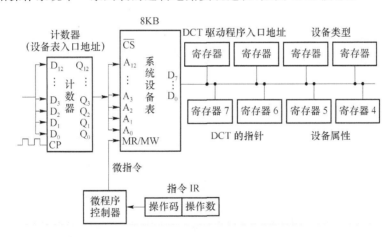

图 4.28 系统设备表的逻辑电路示意图

逻辑电路包括时序逻辑和组合逻辑,计数器属于时序逻辑的范畴。计数器大量应用于地址寄存器,队列设计、堆栈设计、地址寄存器设计、内存分配等都是计数器设计。

假设操作系统中有 200 台设备,1 024 个域名。系统设备表中包含四个元素项:DCT 驱动程序的入口地址、设备类型、设备属性、DCT 的指针。每个元素项占用两个字节,总共是 8 个字节。

也就是说,在系统设备表中,一个域名占用 8 个字节,那么,1 024 个域名,就占用 8KB,系统设备表的大小是 8KB。

8KB 的存储空间用 13 根地址线表示,$A_{12} \sim A_3$ 共 10 位来表示 1 024 个域名,$A_2 \sim A_0$ 共 3 位来表示系统设备表的四个元素项,八个字节。

表是一块存储体,当对表初始化是,对表进行写操作。当表展开时,对表进行写操作。读/

写操作是由指令(如 MOV 指令)经过微程序控制器派生出的微命令来控制的。

中断向量表给出设备表的入口地址后,设备表的入口地址寄存器是一个计数器,此计数器分两部分,$A_{12} \sim A_3 (D_{12} \sim D_3)$ 是域名地址,即调用的是哪台设备的哪个域名,此地址不变。当脉冲进来后(CP),$A_2 \sim A_0 (D_2 \sim D_0)$ 从全 0 变到全 1,一共需要 8 个脉冲,将系统设备表中对应域名的四个元素项的八个字节内容送入相应的 1~8 个寄存器,每个寄存器是 8 位。

例如,域名 1 的地址是 $A_{12} \sim A_3 = 0000\ 0000\ 01H$,域名 1 的设备类型元素项的地址是 $A_{12} \sim A_0 = 0000\ 0000\ 0101\ 0H$(第一个字节地址),$0000\ 0000\ 0101\ 1H$(第二个字节地址)。

系统 CPU、I/O 卡和 IOP 都可以管 DMA,以系统 CPU 管 DMA 为例,来叙述逻辑电路的实现过程。

如图 4.29 所示,每个域名对应一个消息头,当系统 CPU 管 DMA 时,消息头的内容包含四个元素项:设备号、域名、设备状态、I/O 卡状态。每个元素项占用两个字节,一个消息头占用 8 个字节,操作系统中有 1 024 个域名,那么,消息池中有 1 024 个消息头,每个消息头是 8 个字节,1 024 个消息头是 8KB。消息池的大小是 8KB。

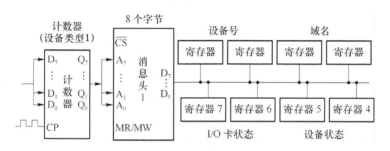

图 4.29　消息头的逻辑电路示意图

如图 4.30 所示,系统设备表的设备属性元素项成为文件表的入口地址,文件表包含两个元素项:域名和逻辑块号。每个元素项用 2 个字节表示,共 4 个字节。

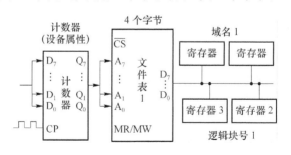

图 4.30　文件表的逻辑电路示意图

每个域名对应一个文件表,每个文件表占用 4 个字节,1 024 个文件表的大小是 4KB。

如图 4.31 所示,文件表的逻辑块号元素项成为 PAT 表的入口地址,PAT 表将逻辑块号转换成系统内存实际的物理地址。

系统内存是 4GB,PAT 表给出的物理地址用 4 个字节表示。每个域名对应着一个逻辑块号,每个逻辑块号对应一个物理地址,每个物理地址占用 4 个字节,1 024 个物理地址占用 4KB 的地址空间。

PAT 表的大小是 4KB。

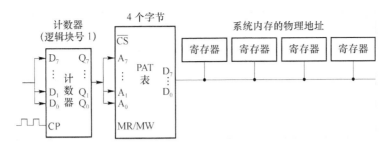

图 4.31 PAT 表的逻辑电路示意图

如图 4.32 所示,系统设备表的 DCT 的指针元素项成为 DCT 表的入口地址,DCT 表包含四个元素项:设备号、通道控制表的地址、消息池的入口地址、PCB 的入口地址。每个元素项占用 2 个字节,一个 DCT 表占用 8 个字节。

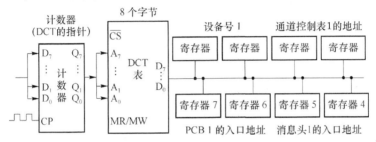

图 4.32 DCT 表的逻辑电路示意图

每个域名对应一个 DCT 表,每个 DCT 表是 8 个字节。1 024 个域名,就有 1 024 个 DCT 表,1 024 个 DCT 表的大小是 8KB。

如图 4.33 所示,DCT 的通道控制表的入口地址元素项成为通道控制表的入口地址,通道控制表包含五个元素项:传输方向、块大小、块长度、I/O 缓冲区地址、系统内存地址。传输方向、块大小元素项各占用 1 个字节,块长度、I/O 缓冲区地址、系统内存地址元素项各占用 2 个字节,一个通道控制表占用 8 个字节。

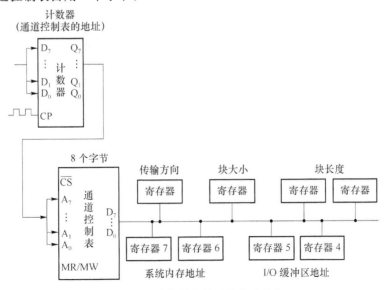

图 4.33 通道控制表的逻辑电路示意图

一个通道控制表占用 8 个字节,每个域名对应一个通道控制表,1 024 个域名就对应 1 024 个通道控制表。

1 024 个通道控制表的大小是 8KB。

如图 4.34 所示,DCT 表的 PCB 的入口地址元素项成为 PCB 的入口地址,PCB 表包含三个元素项:设备状态、I/O 卡状态、通道状态。每个元素项占用 2 个字节,一个 PCB 表占用 6 个字节。

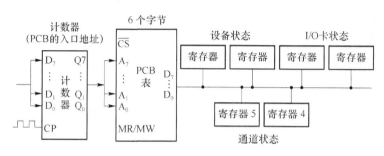

图 4.34　PCB 表的逻辑电路示意图

一个域名对应一个 PCB 表,1 024 个域名就对应 1 024 个 PCB 表,一个 PCB 表的大小是 6 个字节,1 024 个字节的大小是 6KB。

如图 4.35 所示,TSS 表包含五个元素项:传输方向、块大小、I/O 缓冲区地址、剩余块长度、下次要传的目标地址。传输方向、块大小元素项各占用 1 个字节,I/O 缓冲区地址、剩余块长度、下次要传的目标地址各占用 2 个字节,一个 TSS 表占用 8 个字节。

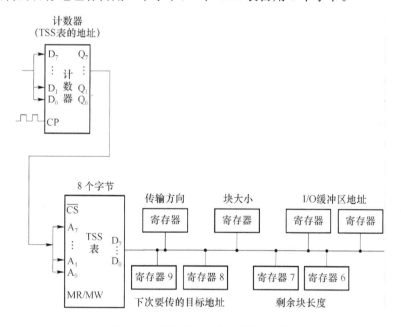

图 4.35　TSS 表的逻辑电路示意图

一个域名对应一个 TSS 表,1 024 个域名就对应 1 024 个 TSS 表,一个 TSS 表的大小是 8 个字节,1 024 个字节的大小是 8KB。

综上,系统设备表 8KB,消息池 8KB,文件表 4KB,PAT 表 4KB,DCT 表 8KB,通道控制表 8KB,PCB 表 6KB,TSS 表 8KB,总共是 54KB。

如图 4.36 所示,54KB 用 16 根地址线表示,$D_0 \sim D_{15}$ 用来表示 54KB 的表空间。$D_{16} D_{17} D_{18}$ 三位用于片选,经过 3-8 译码器进行译码,Y 引脚选择相应的表,与表的 CS 相连接。

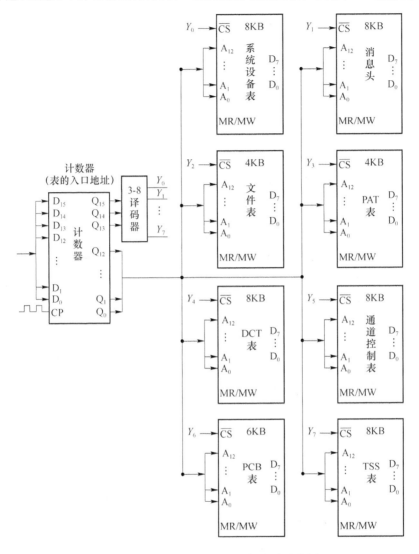

图 4.36　通信机制中表的逻辑电路示意图

每个表都是一块存储体,是一块芯片。以上我们叙述的是计数器、存储体和总线三者之间的关系,当表在 CPU 内部时,采用的是 CPU 总线。当表在内存时,采用的是系统总线。

这些表都在系统内存的接口卡 BIOS 使用的 128KB 存储空间内,表中的内容、地址都来源于 ROM BIOS。

如图 4.37 所示,每个表中的每个元素项都可以具体到实际的地址,例如,系统设备表中设备 1 的域名 1 的设备类型元素项的地址是 $A_{15} \sim A_0 = 000\ 0000\ 0000\ 0101\ 0H$(第一个字节地址),$000\ 0000\ 0000\ 0101\ 1H$(第二个字节地址)。设备类型元素项占用 2 个字节。

通道控制表中块大小元素项的地址是 $A_{15} \sim A_0 = 101\ 0000\ 0000\ 0100\ 1H$。块大小元素项占用 1 个字节。

操作系统设计中,有什么表,表的大小是多少,表中包含多少个元素项,每个元素项占用几个字节,每个元素项的地址是多少等内容都已经定义好了,这就是通信协议和通信约定的内容,属于通信机制的最底层,这些通信约定的内容放在了 ROM BIOS(128KB)内。

图 4.37　内存分配示意图

操作系统是控制许多离散设备,为设备打造数据通道,创建数据平台。

如图 4.38 所示,数在数据通道中以队列的形式进行传输,假设每个域名队列的大小是 512 个字节,那么,1 024 个域名队列总共占用的内存空间是 512KB。即 I/O 缓冲区的大小是 512KB。I/O 缓冲区和系统内存附加段中有各 1 024 个队列与 1 024 个域名一一对应。

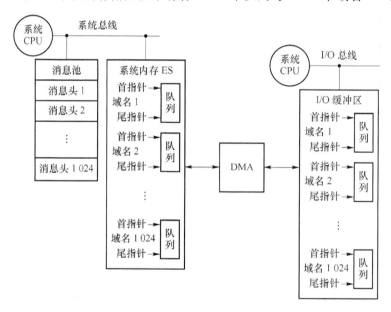

图 4.38　DMA 数据传输示意图

例如,设备 1 的域名 1 的 I/O 缓冲区队列的首指针 $A_{19} \sim A_0 = 0000\ 0000\ 0000\ 0000\ 0000H$,尾指针 $A_{19} \sim A_0 = 0000\ 0000\ 0001\ 1111\ 1111H$。队列大小是 512 个字节,对应着一个磁盘扇区。I/O 缓冲区内的队列是循环使用的,例如,域名 1 要传 8 块,总共 4KB。那么,I/O 缓冲区的队列就循环 8 次。

设备 1 的域名 2 的 I/O 缓冲区队列的首指针 $A_{19} \sim A_0 = 0000\ 0000\ 0010\ 0000\ 0000H$,尾指针 $A_{19} \sim A_0 = 0000\ 0000\ 0011\ 1111\ 1111H$。

域名的 I/O 缓冲区地址由通道控制表提供,系统内存附加段地址由 PAT 表提供。

操作系统是为设备打造数据通道的,核心是分配内存,内存分好了,数据通道也就打通了。如图 4.39 所示,系统内存是 4GB,采用段页式管理。分为 1 024 个段,每个段是 4MB,1 024 个页,每个页是 4KB,每个页分为 8 块,每块是 512 个字节,每块对应着磁盘扇区。

$A_{31}\cdots A_{22}$	$A_{21}\cdots A_{12}$	$A_{11}A_{10}A_9$	$A_8\cdots A_0$
段号	页号	页内块号	块内地址

图 4.39　系统内存地址寄存器示意图

有了 DMA 就有了附加段 ES,附加段只针对 DMA,附加段是 SRAM,不需要刷新。PAT 表给出内存附加段的地址,此地址是页号,每个页是 4KB,8 块,每块 512 个字节。

域名是按页在分,每个页只能分给一个域名,一个域名可以占用多个页,但一个页不能分给多个域名。

假设,1 024 个域名,每个域名占用 4KB 空间,即一个页。那么,1 024 个域名就占用 4MB。即附加段的大小是 4MB。

如图 4.40 所示,内存附加段和数据段的大小是相等的,数据段和附加段的队列是一一对应的,DMA 将数送入附加段后,系统 CPU 执行串操作指令,将数从附加段块搬到数据段。数据段是 DRAM,数据段是需要刷新的。

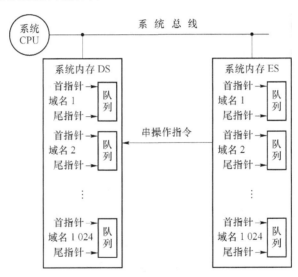

图 4.40　系统内存数据传输示意图

代码段 CS 存放的是中断服务程序,堆栈段 SS 用于保存程序的断点信息。有了中断,就有了堆栈段。

下面介绍数据通道的技术路线。

系统内存的代码段 CS、数据段 DS、堆栈段 SS、附加段 ES 都已经分好了,首先从代码段 CS 开始,程序中断后,将断点信息保存到堆栈段 SS。代码段中有大量的查询程序,看看是哪台设备的哪个域名,最终转入相应的 INT 指令。

INT 指令派生出中断类型码,开始通信机制和进程调度。数从传感器经过 A/D 转换进入设备内存,在从设备内存经外部总线进入 I/O 缓冲区,数从 I/O 缓冲区经 DMA 通道进入系统内存附加段。

之后,系统 CPU 执行串操作指令将数从附加段 ES 块搬到数据段 DS,程序返回断点处,并继续往下执行。

4.3　文件管理与计数器结构

操作系统只管数,数来源于设备,设备在操作系统中以数据文件的形式存在,文件是数的重要表现形式。系统工程的需求决定了设备属性,设备属性决定了文件结构。例如,磁盘是索引文件,网卡是散列文件。

操作系统中的内存分配指的是数在三级内存的地址分配,此三级内存指的是设备内存、适配器卡 I/O 缓冲区和系统内存。数据结构完成数在各级内存的地址划分,数据结构进行地址分配的工具是表、树、图。文件管理的过程就是通过文件表寻址的过程,寻址指的是查找数在各级内存的地址是多少,即数放在了内存中的什么地方。

数据链的形成与源地址 SI 和目的地址 DI 有关,谁给 SI、DI 赋值,怎么赋,不可能是程序赋值,是表、树、图在给 SI 和 DI 赋值,所以,数据结构的核心是分配地址,就是给 SI、DI 赋值,这是一个自动过程,与软件无关,由逻辑电路实现,是大规模集成电路的设计。

如图 4.41 所示,文件是表、树、图的最高表现形式,设备是文件,文件的核心就是给设备的数据链分配各级存储空间。文件不是软件,它是内存地址的一种组织结构。例如,索引文件指的是比较电路的设计,比较电路有大于、小于和等于三种情况,索引一定是等于,学体系结构一定学过 Cache 区,Cache 区支持块传,相联存储体就是一个标准的索引文件,是一个逻辑关系的设计。

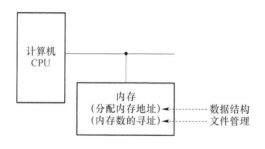

图 4.41　内存分配与文件管理的关系示意图

检索电路一定是一种等于比较电路,通过一个表(内存分配表)把块号转换成台号、盘面号、柱面号、扇区号,序标属于扇区号的扇区地址,块号指的是内存地址,扇区号指的是磁盘地址,通过索引关系把块号转换成台号、盘面号、柱面号、扇区号,是两个不同内存地址之间的相互转换。

在适配器内存中,如何给设备分配地址与该适配器采用的文件结构有关。常用的文件结构包括:顺序文件、索引文件、散列文件和流式文件。

设备以数据文件的形式存在,数据结构为每个文件分配内存空间和磁盘空间,数据结构的核心就是为每台设备的数据文件分配内存地址。

如图 4.42 所示,系统内存是 4GB,用 32 根地址线表示,地址寄存器是由四个计数器串联而成,每个计数器组内是并联的,四个计数器组间是串联的,四个计数器可以单独控制,单独计数。这四个计数器分别是：计数器 1—段地址计数器，计数器 2—页地址计数器，计数器 3—块号计数器，计数器 4—块内地址计数器。

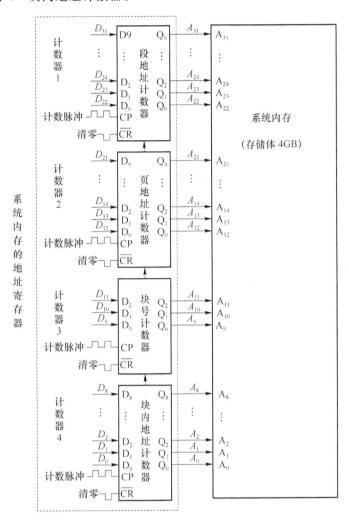

图 4.42　系统内存逻辑电路示意图

计数器 4 与计数器 3 之间，计数器 3 与计数器 2 之间，计数器 2 与计数器 1 之间，都有进位输出 Ci。

计数器 1—段地址计数器是 10 位，将内存分成 1 024 个段，每个段大小是 4MB，计数器 1 变化时，找的是 1 024 个段中的哪一个段，即找的是 1 024 个 4MB 大小的块中的哪一个块。

计数器 2—页地址计数器是 10 位，将每个段分成 1 024 个页，每个页大小是 4KB，计数器 2 变化时，找的是该段中 1 024 个页中的哪一个页，即找的是该段中 1 024 个 4KB 大小的块中的哪一个块。

计数器 3—块号计数器是 3 位，将每个页分成 8 块，每个块大小是 512 个字节，计数器 3 变化时，找的是该页中 8 个块中的哪一个块，即找的是该页中 8 个 512 个字节大小的块中的哪一个块。

计数器 4—块内地址计数器是 9 位，每个块大小是 512 个字节，512 个字节是最小的存储单元，对应着磁盘上的一个扇区，扇区的大小也是 512 个字节。

如图 4.43 所示,系统内存是 4GB,分为 1 024 个段,每个段大小是 4MB。每个段分成 1 024 个页,总共 1 024 * 1 024＝1 048 576 个页,每个页是 4KB。每个页分为 8 个块,总共 1 048 576 * 8＝8 388 608 个块,每个块是 512 个字节,512 个字节是操作系统的基本存储单元。

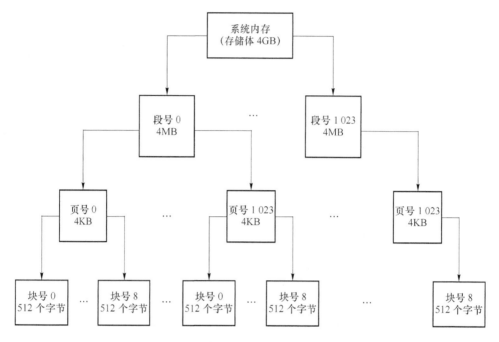

图 4.43　系统内存地址分配示意图

数据结构的核心是表、树、图,是为设备分配内存空间。即为每个设备域名文件分配这 8 388 608 个数据块,不同的分配策略代表了不同的计数器设计理念,对应着不同的文件结构。

文件结构包括顺序文件、索引文件和散列文件,文件结构是对计数器的设计,决定着系统内存地址寄存器中四个计数器如何变化,四个计数器的计数次序不同,代表的文件结构也就不同。系统内存地址寄存器逻辑电路示意图如图 4.44 所示。

计数器 1	计数器 2	计数器 3	计数器 4
$A_{31}\cdots A_{22}$	$A_{21}\cdots A_{12}$	$A_{11}\,A_{10}\,A_9$	$A_8\cdots A_0$
段号	页号	页内块号	块内地址

图 4.44　系统内存地址寄存器逻辑电路示意图

文件结构包含多种,计数器的设计也包含多种情况,下面一一介绍。

(1) 第一种情况

内存地址寄存器中的四个计数器都是加 1 计数器,其中,计数器 4—块内地址计数器,计数器 3—块号计数器,计数器 2—页地址计数器,计数器 1—段地址计数器,四个计数器依次从全 0 变到全 1,即内存分配从低端地址开始,向上依次、顺序地为设备分配地址空间。此时,文件结构是顺序文件。

例如,锅炉设备文件包含三个子文件:温度域文件、流量域文件、压力域文件。每个域名文件的大小是 4KB,8 个数据块,每块是 512 个字节。

当计数器 1 段号＝0000 0000 00 不变时,计数器 2 页号＝0000 0000 00 时,只是计数器 3 变,$A_{11} A_{10} A_9$ 从全 0 变到全 1,依次选中页号内的 8 个数据块,即将温度域文件放入页号 0000 0000 00 内。计数器 3 变成全 1 后,进位,此时,计数器 2 页号＝0000 0000 01。

当计数器 1 段号＝0000 0000 00 不变时,计数器 2 页号＝0000 0000 01 时,只是计数器 3 变,$A_{11} A_{10} A_9$ 从全 0 变到全 1,依次选中页号内的 8 个数据块,即将流量域文件放入页号 0000 0000 01 内。计数器 3 变成全 1 后,进位,此时,计数器 2 页号＝0000 0000 10。

当计数器 1 段号＝0000 0000 00 不变时,计数器 2 页号＝0000 0000 10 时,只是计数器 3 变,$A_{11} A_{10} A_9$ 从全 0 变到全 1,依次选中页号内的 8 个数据块,即将温度域文件放入页号 0000 0000 10 内。

此时,锅炉设备文件是顺序文件,它占用了第 0 段内的第 0、1、2 页,共三个页,锅炉文件大小是 12KB,每个域名文件大小是 4KB。

该情况下,锅炉设备文件分在了同一段内的不同页。

（2）第二种情况

内存地址寄存器中的四个计数器都是减 1 计数器,其中,计数器 1—段地址计数器,计数器 2—页地址计数器,计数器 3—块号计数器,计数器 4—块内地址计数器,四个计数器依次从全 1 变到全 0。

例如,当计数器 1 段号＝1111 1111 11 时,计数器 2 页号＝1111 1111 11 不变时,只是计数器 3 变,$A_{11} A_{10} A_9$ 从全 1 变到全 0,依次选中页号内的 8 个数据块,即将温度域文件放入段号＝1111 1111 11,页号＝1111 1111 11 内。

当计数器 1 段号＝1111 1111 10 时,计数器 2 页号＝1111 1111 11 不变时,只是计数器 3 变,$A_{11} A_{10} A_9$ 从全 1 变到全 0,依次选中页号内的 8 个数据块,即将流量域文件放入段号＝1111 1111 10,页号＝1111 1111 11 内。

当计数器 1 段号＝1111 1111 01 时,计数器 2 页号＝1111 1111 11 不变时,只是计数器 3 变,$A_{11} A_{10} A_9$ 从全 1 变到全 0,依次选中页号内的 8 个数据块,即将压力域文件放入段号＝1111 1111 01,页号＝1111 1111 11 内。

该情况下,锅炉设备文件分在了不同段内的同一个页。

（3）第三种情况

上述情况一是段计数器不变,页计数器变。情况二是段计数器变,页计数器不变。当段计数器变,页计数器也变时,情况如下。

内存地址寄存器中,计数器 1—段地址计数器是加 1 计数器,计数器从全 0 变到全 1；计数器 2—页地址计数器；计数器 3—块号计数器；计数器 4—块内地址计数器是减 1 计数器,三个计数器依次从全 1 变到全 0。

当计数器 1 段号＝0000 0000 00 时,计数器 2 页号＝1111 1111 11 不变时,只是计数器 3 变,$A_{11} A_{10} A_9$ 从全 1 变到全 0,依次选中页号内的 8 个数据块,即将温度域文件放入段号＝0000 0000 00,页号＝1111 1111 11 内。

当计数器 1 段号＝0000 0000 01 时,计数器 2 页号＝1111 1111 10 不变时,只是计数器 3 变,$A_{11} A_{10} A_9$ 从全 1 变到全 0,依次选中页号内的 8 个数据块,即将流量域文件放入段号＝0000 0000 01,页号＝1111 1111 10 内。

当计数器 1 段号＝0000 0000 10 时,计数器 2 页号＝1111 1111 01 不变时,只是计数器 3 变,$A_{11} A_{10} A_9$ 从全 1 变到全 0,依次选中页号内的 8 个数据块,即将压力域文件放入段号＝

0000 0000 10,页号=1111 1111 01 内。

该情况下,锅炉设备文件分在了不同段内的不同页。

本节以索引文件和散列文件为例,阐述文件的组织结构。

磁盘是索引文件,索引文件指的是磁盘卡的设计是按索引结构设计的,CPU 设计指的是文件结构的设计,是逻辑关系的设计,是大规模集成电路的设计,是芯片的设计,面向的对象(设备)不同,采用的文件结构也不同,因此,没有通用的 CPU,也没有通用的操作系统。

如图 4.45 所示,磁盘内存中的索引表就相当于系统内存中的内存分配表 PAT,它们都是一个 m 阶的二叉索引树结构,最终目的是找到磁盘的扇区。

索引表经过多级索引转换成台号、柱面号、盘面号、扇区号对应于磁盘上的序标,找到数据在磁盘上的地址。

索引文件是一个树形结构,散列文件是一个图形结构。

图应用在散列文件中,采用散列文件进行管理时,此时外部设备的智能化水平很高,外部总线也是智能总线,设备与设备之间可以直接互相调用,如果把每台外部设备看作一个结点,那么所有的外部设备构成了一个图。

在图中任意两个结点都可以发生关系,也即外部设备间可以直接进行数据传送而不必经 CPU。

散列文件采用存储桶的方法,每个存储桶里包含一个或多个页块,此时数据的存放形式不再是队列而是页块的形式,每个外部设备对应一个存储桶,有一个存储桶目录,存放指针,每个指针对应一个存储桶,每个指针就是所对应存储桶的第一个页块的地址,存储桶目录存放在CPU 中。

按桶散列方法的基本思想是:把一个文件的记录分为许多存储桶,每个存储桶包含一个或多个页块,一个存储桶的各页块用指针链接起来,每个页块包含若干记录。散列函数 H 把关键字 K 转换为存储桶号,即 $H(K)$ 表示具有关键字 K 的记录所在的存储桶号。

如图 4.46 所示,为一个具有 B 个存储桶的散列文件组织。有一个存储桶目录表,存放 B 个指针,每个存储桶一个,每个指针就是所对应存储桶的第一个页块的地址。当一个散列函数值 i 被计算出来时,首先调存储桶目录表中包含第 i 个存储桶目录的页块进入主存,从中查到第 i 个存储桶的第一个页块的地址,然后再根据这个地址调入相应的页块。

均匀的散列函数可以减少冲突,但不能避免冲突。通常用的处理冲突的方法有以下几种:①开放定址法;②再哈希法;③链地址法;④建立一个公共溢出区。其中,链地址法应用最为广泛。

散列文件的组织如图 4.46 所示。

在散列文件中,外部设备与外部设备间可以直接进行数据交换而不必经过 CPU,也即存储桶之间可以互相调用。此时,数据元素间不再是线性关系和树形关系,而是图形结构。在图形结构中,结点之间的关系可以是任意的,图中任意两个数据元素之间都可能相关。

数据结构通过表、树、图为设备打造数据通道,创建数据平台。那么,数据结构中包含哪些表,哪些树,哪些图,表、树、图是如何打造数据通道的,表与表之间的因果关系是什么。这些问题是操作系统设计的核心内容,数据结构为操作系统设计提供理论指导。

第 5 章将介绍操作系统,并将本章数据结构的技术路线图全部展开,详细介绍每个环节。

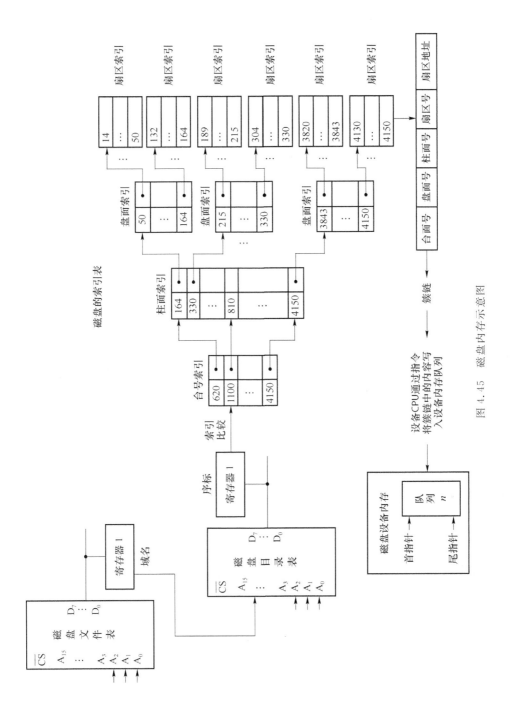

图4.45 磁盘内存示意图

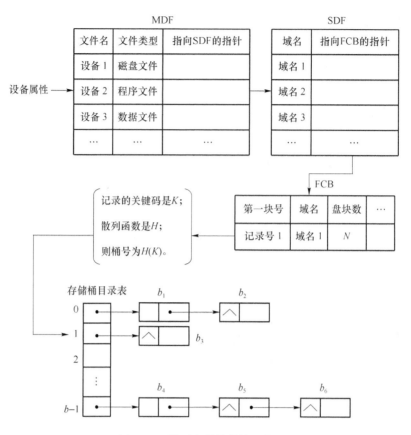

图 4.46　散列文件的结构示意图

第 **5** 章 操作系统

> 操作系统是控制许多离散设备，为设备打造数据通道，创建数据平台。
>
> 没有自己的操作系统，就没有自己的大数据平台，就没有自己的现代控制系统，就没有自己的数据库，就没有自己的通信标准，就没有自己的工业总线标准，就没有自己的编译系统，就没有自己的高级语言，就没有自己的芯片。
>
> 操作系统不是软件，操作系统是体系结构的设计理念，是大规模集成电路的设计理念，是 PCB 印刷线路板的设计理念，是 CPU 的设计理念。
>
> 没有通用的操作系统，操作系统设计是面向对象的设计，面向对象即面向设备，面向对象的属性不同，操作系统也会不同。因面向对象不同及系统工程的需求不同，支持该系统的设备属性也就不同，由设备属性提供的数据通道也不同，所以没有通用的操作系统。

> ➢ 关键词

设备、数据通道、数据平台、通信机制、消息池、同步字符、进程调度、PCB、过桥理论。

> ➢ 主要内容

将数据结构的技术路线图展开，详细介绍设备数据通道的打造过程。数据结构技术路线图展开的过程就是操作系统设计的过程，是各级 CPU 设计的过程，是设备统一的通信标准制定的过程。

> ➢ 技术路线

• 设备数据通道（数据调度链）：

设备模块→I/O 卡模块→DMA 通道→内存模块→系统 CPU 模块。

• 设备数据通道（数据反馈链）：

系统 CPU 模块→内存模块→DMA 通道→I/O 卡模块→设备模块。

操作系统不是软件，操作系统主要解决的问题，用一个字概括就是数，也就是数据流的问题，即数据链的问题，为设备打造数据通道，创建数据平台。数据链不是靠软件来描述的，而是由设备提供逻辑电路支持，所以，操作系统设计不是软件设计，是大规模集成电路的设计，是 PCB 印刷线路板的设计。

操作系统是控制许多离散设备，为设备打造数据通道，创建数据平台，制定统一的通信标准。根据系统工程的需求,将不同属性的设备集成控制在同一个数据平台上。

宏观系统上,按行业划分,各行业牵头单位为该行业关联的产品及设备制定标准化的、统一的通信协议及通信约定,以满足操作系统通信机制和进程调度的需要。这是必需的,非常重要,是重中之重,是操作系统设计的核心。

域名是操作系统设计的最小单元,一个域名对应着一个 DCT 表,一个 PCB 表,一个文件表,一个 TSS 表,一个内存分配表,一个通道控制表。这些表都属于通信协议和通信约定的内容,每个域名对应着一条数据通道。

国人对操作系统的认识存在很大偏差,认为操作系统设计就是软件设计,认为软件设计高于一切。其实不然,操作系统是体系结构的设计理念,是大规模集成电路的设计理念,是芯片的设计理念,是 PCB 印刷线路板的设计理念,是规则的制定者,是数据通道的打造者,是大数据平台的创建者。而软件是操作系统这个数据平台上的舞者,它不能超越规则而存在。

操作系统设计以数据结构的表、树、图为核心,将数据结构的技术路线图展开就是操作系统的设计过程,就是 PCB 印刷线路板设计的原理图,就是逻辑电路设计的函数方程式,就是 CPU 设计中的表、寄存器的设计。

数据结构是通过表、树、图为设备打造数据通道,将离散的不同属性的设备集成控制在同一个大数据平台上。

操作系统设计就是围绕数据结构的表、树、图构建的技术路线来依次展开。

每台设备对应一个设备号,每个设备号对应一条 INT 指令,每条 INT 指令派生出一个中断类型码,中断类型码成为中断描述符表的入口地址。中断描述符表的作用有两个:断点入栈和给出设备表的入口地址。

操作系统设计以设备表为核心,设备表又以 DCT 表为核心。操作系统的核心是通信机制和进程调度,通信机制和进程调度的过程就是为设备打造数据通道的过程。如图 5.1 和图 5.2 所示。

操作系统上的所有设备都要在系统设备表中登记注册,所有对表的操作过程都是由原语实现的,系统设备表中驱动程序的入口地址元素项成为原语程序的入口地址。

系统设备表的设备类型元素项成为消息池的入口地址,消息池是系统 CPU 与 I/O 卡之间的通信机制。

系统设备表的设备属性元素项成为文件表的入口地址,文件表给出域名和逻辑块号,域名送入消息池,逻辑块号经 PAT 转化成物理地址后,用于对 DMA 的源地址 SI/目标地址 DI 寄存器赋值。

系统设备表的 DCT 指针元素项成为 DCT 表的入口地址,DCT 表是设备表的核心,DCT 表包含的内容:通道控制表的指针、消息池的入口地址、PCB 的入口地址。

通道控制表包含对 DMA 完全初始化寄存器的所有内容,当系统 CPU 管 DMA 时,用于对 DMA 的寄存器初始化赋值。

进程调度的核心是 PCB,根据 PCB 的状态信息决定进程调度的先后次序,并将进程放入对应的运行队列、就绪队列、等待队列或者阻塞队列。为进程分配 DMA 通道,进行一系列的排序、插入等操作。

当时间片执行完后,此次 DMA 数据传输还没有传完,就执行阻塞原语将此进程放入阻塞队里,并将断点信息保存到 TSS 表中。

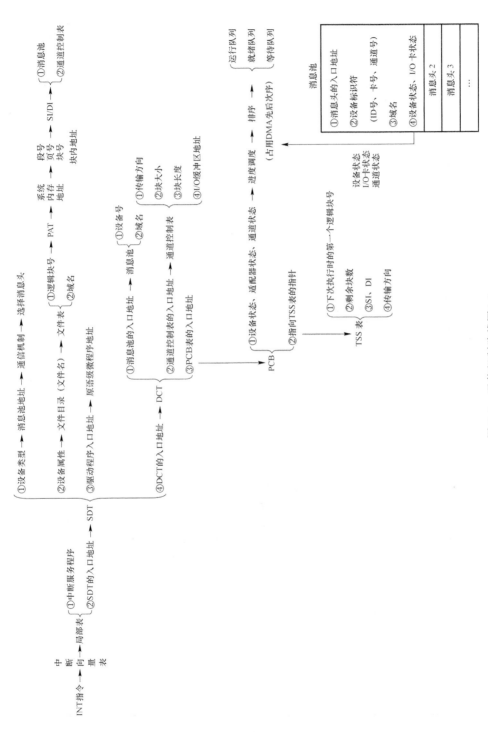

图 5.1 通信机制路线图（a）

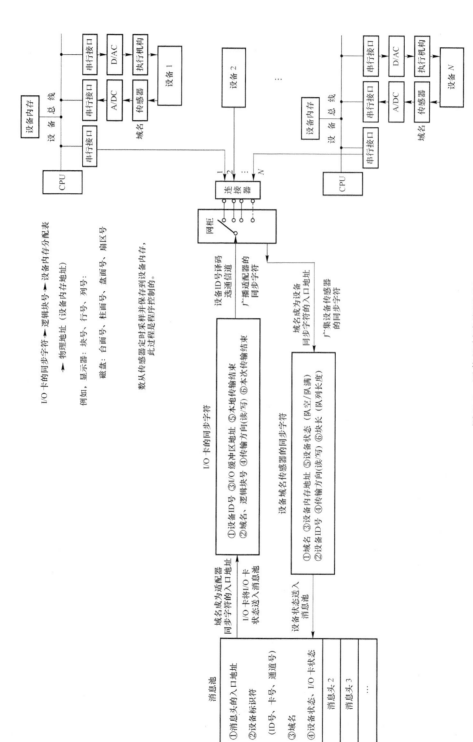

图 5.2 通信机制路线图（b）

操作系统设计永远追求的是速度和容量,DMA 的出现解决的是速度问题,操作系统设计的一个核心内容是:谁管 DMA。系统 CPU、I/O 卡和 IOP 三者都可以管 DMA,过桥理论是操作系统的一个重要内容,桥指的是 DMA 通道。

系统 CPU 和 I/O 卡管 DMA 时,系统 CPU 与 I/O 卡之间的通信机制是消息池。IOP 管 DMA 时,系统 CPU 与 IOP 之间的通信机制是信箱。

通信机制和进程调度都是为了给设备打造数据通道。通信机制解决的问题是:找谁(哪台设备的哪个域名)。进程调度解决的问题是:为设备分配 DMA 通道(过桥理论)。

I/O 卡与设备之间的通信是同步字符,I/O 卡将同步字符广播到外部总线上,设备 ID 号经过译码选择相应的信道,闭合网柜上相应的电子开关。设备接收到同步字符后,设备将域名在设备内存中的队列状态广集到外部总线上,I/O 卡接收到设备返回的设备状态,将设备状态和自己的 I/O 卡状态写入消息池。

系统 CPU 定时将消息池中的设备状态和 I/O 卡状态取出,并查询 DMA 的状态寄存器,根据设备状态、I/O 卡状态和通道状态(DMA 通道状态)来给进程排序,决定进程调度的先后次序,将进程放入相应的就绪队列、等待队列或者阻塞队列。

操作系统是控制系统工程下的许多离散设备,为设备打造数据通道,创建数据平台。

假设命题:操作系统中有 200 台设备,1 024 个域名。

操作系统是为设备打造数据通道,操作系统中有 1 024 个域名,就有 1 024 条数据通道,系统内存中就有 1 024 个队列,消息池中有 1 024 个消息头。I/O 卡上就有 1 024 个同步字符,1 024 个调子程序,1 024 个初始化程序,I/O 缓冲区中有 1 024 个队列。

数据通道包括数据调度通道和数据反馈通道,如图 5.3 所示。

(1) 数据调度通道以速度传感器域名为例,其路径如下:

设备 1→速度传感器→多路开关→A/DC→并口→设备总线→设备内存队列→串口→外部总线→串口→I/O 缓冲区队列→DMA→系统内存队列→系统总线→系统 CPU。

(2) 数据反馈通道以角度执行机构域名为例,其路径如下:

系统 CPU→系统总线→系统内存队列→DMA→I/O 缓冲区队列→串口→外部总线→串口→设备内存队列→设备总线→并口→D/AC→多路开关→角度执行机构→设备 1。

操作系统只管数,操作系统解决的是数据链的问题,为设备打造数据通道。此数据链从设备内存的队列一直链接到系统内存中的队列,数据链中间要经过 DMA。设备域名文件在各级内存的地址都已经分配好了。

操作系统是一个系统工程,可以分为四个子系统:CPU 模块、通道模块、I/O 卡模块和设备模块。操作系统的主要内容是进程调度和通信机制,它们都是为了保证数据链的形成,为设备打造数据通道。

操作系统是体系结构的设计理念,站在体系结构的角度上,操作系统设计包含七大主要部分:设备;定时计数器;中断;DMA 通道;内存;I/O 缓冲区;总线结构。操作系统通过对这七大部分的系统大布局,来创建系统工程层面所需求的大数据平台,为设备打造数据通道,如图 5.4 所示。

操作系统设计以设备为核心,为设备打造数据通道。定时计数器为各级 CPU 分配时间片,保障通信机制和进程调度的顺利执行。在时间片内,系统 CPU 干什么,I/O 卡干什么,设备干什么,都已经定义好了,这又称为约定,约定的内容是操作系统设计的最底层。

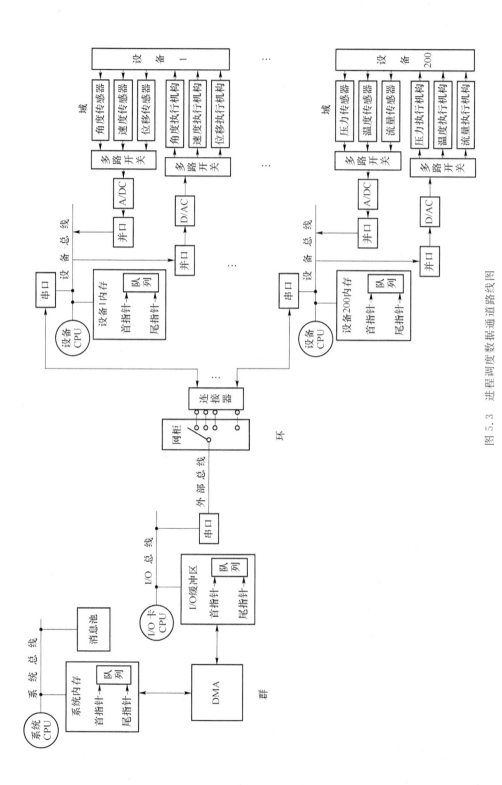

图 5.3 进程调度数据通路线图

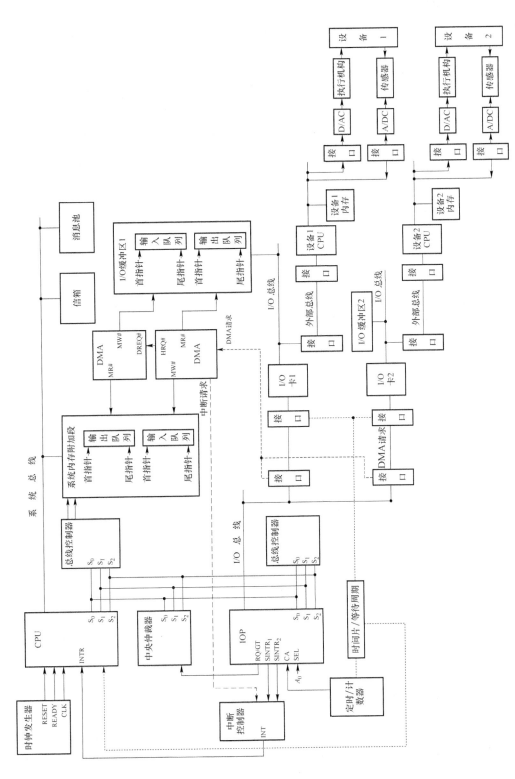

图 5.4　操作系统体系结构示意图

在这七大模块中,以定时计数器、中断和 DMA 三者尤为重要,操作系统是为设备打造数据通道,核心是:谁管 DMA,系统 CPU、I/O 卡和 IOP 都可以管 DMA。在管 DMA 的过程中,就伴随着定时计数器分配的各个时间片内,各级 CPU 干什么。中断发生后,一系列的读写操作、断电保护等。

DMA 使用的是 I/O 总线,I/O 卡是 I/O 缓冲区,是设备进入操作系统的 I/O 缓冲区。I/O 卡所配备的总线是 I/O 总线,它和 CPU 的系统总线通过 DMA 完成数在系统总线下的系统内存和 I/O 总线下的 I/O 缓冲区之间的相互传送。

当系统 CPU 或者 I/O 卡管 DMA 时,系统 CPU 与 I/O 卡之间的通信机制是消息池,I/O 卡与设备之间的通信是同步字符。

当 IOP 管 DMA 时,系统 CPU 与 IOP 之间的通信机制是信箱,IOP 与 I/O 卡之间的通信是接口对接口的。

消息池和信箱都属于系统内存的一块共管区。消息池由系统 CPU 和 I/O 卡在时间片内交互访问,信箱由系统 CPU 和 IOP 交互访问,通过中央仲裁器对系统总线进行仲裁,决定由谁掌握总线控制权。系统 CPU 和 IOP 谁掌握了总线控制权,谁将可以访问信箱,对信箱进行读写操作。

总线结构包括:系统总线、I/O 总线和外部总线,DMA 完成数在系统总线下的系统内存和 I/O 总线下的 I/O 缓冲区之间的相互传送。I/O 卡通过串行接口上带的外部总线完成与设备的通信和数据调度。设备有自己的设备总线,设备总线通过串行接口挂在外部总线上,设备总线属于外部总线的一种。

操作系统是控制许多离散设备,为设备打造数据通道,创建数据平台。设备是文件,文件是数据结构的最高表现形式。一个域名对应一个文件名,文件在各级内存中以队列的形式进行传送,域名文件在各级内存的地址空间和磁盘空间都已经分配好了。

操作系统是通过离散数学的群、环、域,数据结构的表、树、图,自动控制原理的开环、闭环将不同属性的设备集成控制整合到同一个大数据平台上,并为各个设备打造数据通道,制定设备统一的通信标准。

操作系统设计只有按着这样的道路走,才能有我国完全自主知识产权的操作系统,有我国自己的现代控制系统,我国自己的工业总线标准,我国自己的具有实际的物理意义的芯片,自己的高级语言,自己的大型数据库,自己的单片,自己的接口,自己的编译系统,自己的指令系统。实现我国具有完全自主知识产权的现代化建设。

我国实现现代化的关键就在于计算机的控制系统,核心是操作系统。离开了操作系统来谈离散数学、数据结构、体系机构、自动控制原理,都显得有些空,没有实际的工程上的物理意义。

近年来,有人提出"逆向研究"和"加固计算机"的概念,其具体实施是对进口芯片分析其原始电路设计,由此而产生的问题是没有安全保障,即存在"后门"导致信息和数据的泄露。为解决此问题又提出"加固计算机"的概念。如果控制系统设计具有完整的自主知识产权的话,就不会存在"加固"的问题。

在操作系统中,主从设备之间的关系是什么,哪台设备调用哪台设备,各设备之间的逻辑关系是什么,包含哪些路径,不同的文件该怎样设计,采用什么样的树,什么样的图,图和树之间的转换关系是什么等一系列问题,在本章中有详细的阐述。

为了更加详细、具体地阐述操作系统设计的整体流程,笔者将本章分为五个节:5.1 操作系统的 CPU 管理;5.2 操作系统的内存管理;5.3 操作系统的设备管理和 I/O 卡管理;5.4 网络操作系统;5.5 网架结构的逻辑电路设计与实现。

5.1 操作系统的 CPU 管理

> CPU 管理的核心是通信机制和进程调度,通信机制的核心是一系列表的展开过程,进程调度的核心是过桥理论,即如何管理 DMA。
>
> 通信机制和进程调度都是围绕 DMA 来展开叙述的,DMA 是打造数据通道的核心,没有 DMA,就形不成数据通道,也就形不成大数据平台,也就不存在通信机制和进程调度,也就没有现代操作系统设计。

> 关键词

通信机制、消息池机制、同步字符、进程调度、PCB、过桥理论、DMA。

> 主要内容
- 中断向量表、设备表、文件表、内存分配表之间的因果关系以及表的展开过程;
- 通信机制路径(表展开过程);
- 进程调度路径(如何管 DMA 过程)。

CPU 设计是操作系统设计的一部分,离开操作系统的通信机制和进程调度来谈 CPU 设计,没有任何实际的物理意义。必须在现代控制理论的指导下通过体系结构设计出操作系统,在操作系统的整体功能分配下设计出相应功能的芯片(CPU)来实现整个系统功能。而单独地从专门芯片入手来实现计算机的发展是不可能的(比如单独的 CPU 设计),也就是说游离于操作系统的整体设计之外的芯片设计没有任何物理意义。

没有通用的 CPU,是因为在操作系统整个数据链的形成过程中各模块上 CPU 的功能定义不同。操作系统包括四个功能模块:CPU 模块、通道模块、I/O 卡模块和设备模块。各模块都有自己的 CPU,因为各模块 CPU 的功能不同,数据结构也就不一样,表、树、图也不一样。因为,各模块上的 CPU 必须要满足进程调度和通信机制的需求和支持。

所以任何游离于操作系统之外的,单独的 CPU 设计没有任何物理意义。

数据结构是通过表、树、图为设备打造数据通道,将离散的不同属性的设备集成控制在同一个大数据平台上。数据结构也是围绕离散数学的群、环、域来为设备打造数据通道的,自控原理中的环和域就是离散数学的环和域,自控原理中的环指的是设备环,离散数学中的环指的是系统环,系统环包括多个设备环。

CPU 管理的核心是进程调度和通信机制,先有通信机制再有进程调度。通信机制的核心是:在消息池或信箱中放什么,怎么放,由谁提供内容。消息池或信箱的内容放什么与 CPU、I/O 卡、IOP 中谁管 DMA 有关系。三者中谁管 DMA 的区别和差异就在 DCT 表。

每个设备域名对应一个 DCT 表,每个 DCT 表对应一个 PCB 进程调度块,每个 PCB 块中的地址是独立的,随着进程调度的结束,PCB 块中的地址信息自动消失。设备状态、I/O 卡状态、通道状态等的地址都是定义好的,谁的就是谁的。

操作系统设计的核心是设备表,设备表的关键是 DCT 表。DCT 的功能作用有三部分:

（1）DCT 提供消息池的入口地址，文件表提供域名，将设备号、域名送入消息池，解决的问题是找谁（哪台设备的哪个域名）。

（2）DCT 表提供通道控制表的入口地址，其中，包括设备域名文件在 I/O 缓冲区中的地址，解决的问题是设备文件放在内存的什么位置。

通道控制表中包含完全初始化 DMA 所有寄存器的内容。例如，命令寄存器、方式寄存器、基地址寄存器、当前地址寄存器、基字节计数寄存器、当前字节计数寄存器等。当 CPU 管 DMA 时，CPU 完成对 DMA 的初始化定义并启动 DMA；当网卡管 DMA 时，网卡完成对 DMA 的初始化定义并启动 DMA。

（3）DCT 表中提供 PCB 的入口地址，PCB 提供设备状态、I/O 状态、DMA 通道状态的地址，CPU 根据三者的状态信息来给进程排序，决定各个进程占用 DMA 的先后次序。

每台设备要想进入操作系统这个数据平台，都必须在设备表中登记、注册。CPU 管理的核心是通信机制和进程调度，通信机制的内容是一系列表的展开过程，最终得到通道控制表，通道控制表包含完全初始化 DMA 寄存器的所有内容。进程调度是如何管理 DMA，即过桥理论，对各个进程对应的通道控制表进行排序，决定初始化 DMA 的先后次序。

CPU 管理主要就是如何分配、管理 DMA，有了 DMA，才有了数据通道，通信机制和进程调度也是围绕 DMA 来展开叙述的。

CPU 管理的核心是通信机制和进程调度，通信机制和进程调度都是在为设备打造数据通道。下面我们分别介绍通信机制和进程调度过程。

5.1.1　通信机制

通信机制的核心是表操作，由原语保障对表的操作。原语对用户是不透明的。

通信机制解决两个问题：①找谁（哪台设备的哪个域名）；②放在哪（给设备分配内存空间）。这两部分内容都是由表来完成的，是一系列的表操作过程。

表是一种特殊的、有序的存储空间，表中存放的元素项的内容是固定的。通信机制的过程是对一系列表的操作，中断向量表、设备表、文件表、内存分配表等保障了通信机制的顺利执行。

中断向量表、设备表、文件表等系统表都在 CPU 内部的 ROM 中，表都要展开，将表的每个元素项经地址总线和数据总线送入对应的寄存器中。表与寄存器的设计也属于 CPU 设计的一部分。

程序和数的接口是 INT 软中断指令，INT 软中断是数据中断，局部表给出中断服务程序的入口地址，中断服务程序保存的是数据断点信息，包括源地址、目的地址等，软中断的中断服务程序属于操作系统级的编程，是对表、堆栈的操作，由原语级的微程序控制器执行。

中断控制器提供的中断属于硬中断，硬中断是程序中断。此时，中断服务程序保存的是程序断点信息，包括程序计数器 PC 的值等。全局表给出中断服务程序的入口地址，硬中断的中断服务程序属于用户级的编程，由指令级的微程序控制器执行。

软中断嵌套在硬中断内，即数据中断嵌套到程序中断内，程序中断不可能嵌套到数据中断内。当用户程序需要设备数据时，就通过 INT 软中断指令来调用设备数据。

假设操作系统中有 200 台设备，1 024 个域名。

如图 5.5 所示，操作系统中的 200 台设备都有一个设备号，每台设备对应一个设备号，每个设备号对应一条 INT 指令，每条 INT 指令对应一个中断类型码。此操作系统中包含 200

个设备号,200 条 INT 指令,200 个中断类型码,这些都是为打造设备数据通道而服务的。

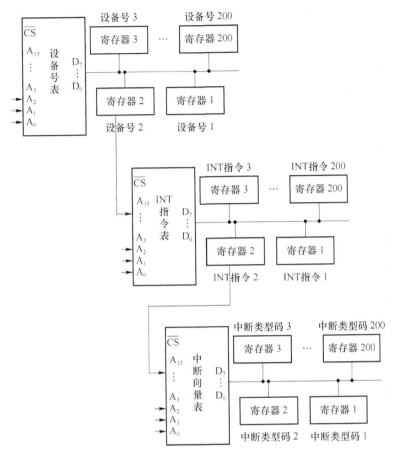

图 5.5　设备号、INT 指令、中断类型码的逻辑关系示意图

中断描述符表有两个功能作用:断点入栈,保存断点信息;提供设备表的入口地址。设备表是操作系统设计的核心。

如图 5.6 所示,每一类属性的设备对应一条 INT 软中断指令,INT 指令派生出中断类型码,中断类型码进入中断描述符表,选择相应的中断描述符。

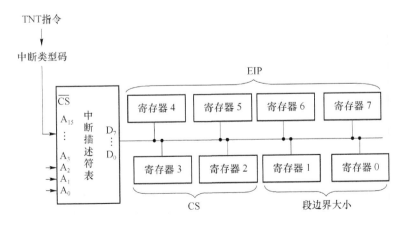

图 5.6　中断描述符表结构示意图

每个中断描述符由 8 个字节组成,共 64 位。图 5.6 中 0~7 是 8 个寄存器,每个寄存器有 8 位,$A_2A_1A_0$ 三根地址线通过地址译码器提供 8 种选择,将 8 个字节的中断描述符内容分别送到 0~7 八个寄存器中,其中寄存器 0 和寄存器 1 组成段长,与段框进行比较,要求用户程序必须在段框内,如果越界就会发生越界中断;寄存器 4 到寄存器 7 四个寄存器为 EIP;寄存器 2 和寄存器 3 组成 CS 代码段寄存器,CS 作为局部表或者全局表的入口地址。

全局表是公用的,是为程序服务的;局部表是私有的,是为数据服务的。CS 寄存器中的 TI 位是一个二叉树的选择位。TI=1,选择局部表。TI=0,选择全局表。

CS 共有 16 位,第 0 位和第 1 位是权限位。第 2 位是 TI 位,TI=1 表示 CS 是局部表 LDT 的入口地址;TI=0 表示 CS 是全局表 GDT 的入口地址。局部表对应进程调度,是为数据链服务的。LDT 的大小是小于或等于 2^{16} 字节,一个描述符的大小是 8 个字节,因此分配给局部空间的段数最多是 $2^{16} \div 2^3 = 2^{13}$ 个,GDT 和 LDT 的大小相同。

LDT 中一个局部描述符的大小是 8 个字节,共 64 位。如图 5.7 所示,0~7 是 8 个寄存器,每个寄存器有 8 位,$A_2A_1A_0$ 三根地址线通过地址译码器提供 8 种选择。将 8 个字节的局部描述符内容分别送到 0~7 八个寄存器中,其中寄存器 0 和寄存器 1 是段边界大小,与段框进行比较,防止用户越界。如果越界就会发生越界中断;寄存器 4~寄存器 7 四个寄存器为页目录的入口地址;寄存器 2 和寄存器 3 表示 ROM BIOS 的地址,ROM BIOS 提供设备表的入口地址,如图 5.8 所示。

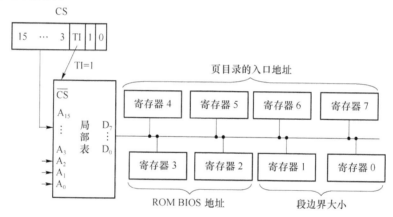

图 5.7 局部表结构示意图(a)

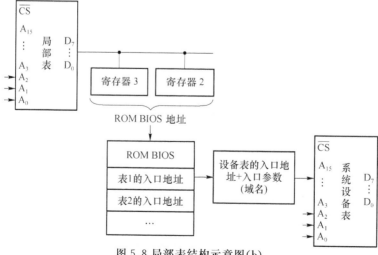

图 5.8 局部表结构示意图(b)

　　首先,每个要进入操作系统这个数据平台上的设备,先要在系统设备表中登记、注册。设备中有多少个域名,各个域名文件在各个内存中的地址,每个域名对应一个 DCT 表,DCT 的内容包含什么等,这些问题在操作系统中已经都给设备提前定义好了。

　　通信机制原语第一层,如图 5.9 所示,第一步将系统设备表的元素项分别送入四个口地址寄存器,四个口地址寄存器分别成为下一个的入口地址。

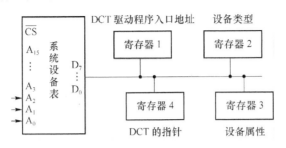

图 5.9　系统设备表的结构示意图

　　系统设备表有四个元素项:设备类型、设备属性、DCT 驱动程序的入口地址、DCT 的指针。下面按功能模块分别介绍其路径。

　　通信机制原语第二层。如图 5.10 所示,第一步系统设备表的元素项 DCT 驱动程序的入口地址成为原语存储器的入口地址,原语存储器中包含着一系列的原语,原语中包含着通信机制原语和进程调度原语。

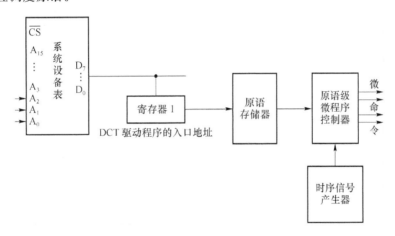

图 5.10　原语控制器的结构示意图

　　原语级微程序控制器执行一系列原语,产生一系列微命令。通信机制原语完成一系列表的操作。例如,将表中的各个元素项通过数据总线送入各个口地址寄存器。进程调度原语完成一系列的队列操作。例如,就绪原语将 DMA 初始化赋值的所有内容放入就绪队列。队列是一个块,数据队列的一块是 512 个字节。

　　同时,原语级微程序控制器中有时序信号产生器,时序信号产生器为每一条原语分配时钟周期,决定每条原语执行的先后次序。

　　通信机制原语第二层。如图 5.11 所示,第二步设备类型的一部分成为消息池中消息头的入口地址,第三步设备类型的另一部分成为通道控制表的入口地址。消息池中放着设备号和域名,消息池解决的问题是找谁(哪台设备的哪个域名)。通道控制表中包含完全初始化

DMA 寄存器的所有内容,CPU 管 DMA 时,由 CPU 完成对 DMA 的初始化并启动 DMA。

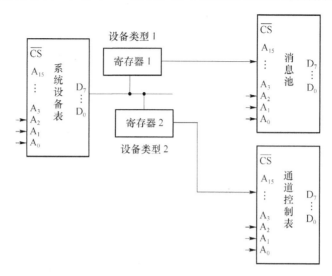

图 5.11　系统设备表中设备类型展开示意图

消息头也是一个表结构,表里放着一系列的地址,这些地址里放什么内容,事先要和适配器卡约定好,这是通信机制的最底层。

在操作系统数据平台上,设备是文件,设备表进入文件表,设备属性决定文件类型(顺序文件、索引文件、散列文件)。文件类型指的是设备文件中各个数据块之间的因果关系,链式结构、树形结构或者图型结构。

通信机制原语第二层。如图 5.12 所示,第四步设备属性成为文件表的入口地址,第五步将文件表的域名和逻辑块号送入两个口地址寄存器,这两个口地址寄存器分别成为下一个表的入口地址。

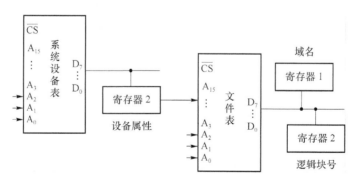

图 5.12　系统设备表中设备属性展开示意图

设备以文件形式存在,所以才有文件表。设备属性形成文件表的入口地址后,文件表将该进程调度的逻辑块号与域名,分别送入域名地址寄存器和逻辑块号寄存器。

文件表提供域名,域名解决的问题是找谁,即找哪台设备的哪个域名。I/O 卡将域名从消息池取出并转换成同步字符,将同步字符广播到外部总线上,设备接收到同步字符后,找到设备内存中对应域名的队列,并返回队列状态。此队列状态用于对进程的排序,决定占用 DMA 的先后次序。

通信机制原语第三层。如图 5.13 所示,第一步文件表提供的域名送入消息池中的消息头。消息头也是一个表,表中有一系列的地址。每个地址放什么内容,什么时间片下放,由哪些表放,CPU 与适配器卡都要事先约定好,这是通信机制的最底层,也是最核心的部分。

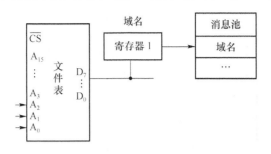

图 5.13　文件表与消息池的逻辑关系示意图

文件表提供的逻辑块号解决的问题是:域名文件放在系统内存的什么位置。逻辑块号转换成的物理地址用于对 DMA 通道的基地址寄存器赋值。假设文件中有 8 个数据块,逻辑块号转换成的物理地址只是第一块在系统内存附加段中的地址,此地址用于第一次对 DMA 初始化时的基地址寄存器赋值,剩余的 7 次对 DMA 初始化时,由当前地址寄存器完成对基地址寄存器的赋值,如图 5.14 所示。

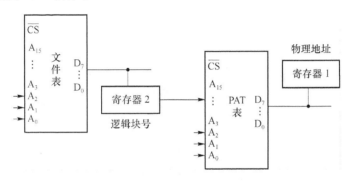

图 5.14　文件表与 PAT 表的逻辑关系示意图

这样,在系统内存附加段中,此域名文件的 8 个数据块就形成一个链表。逻辑块号转换成的物理地址也称为设备的出口参数,设备在内存中的地址在操作系统设计过程中就已经分好了,哪台设备的就是哪台设备的。

通信机制的过程就是一个找的过程,包括两部分:①找谁;②放在内存的什么位置。

通信机制原语第三层。第二步文件表提供的逻辑块号成为 PAT 的入口地址,PAT 表将逻辑块号转换成内存实际的物理地址,此物理地址指系统内存地址,进程调度时,用于对 DMA 的 SI/DI 寄存器赋值。

传输方向来决定此物理地址是源地址还是目标地址。

如图 5.15 所示,PAT 表提供设备域名文件在系统内存的中的地址,为设备分配系统内存的地址空间。

通信机制原语第四层。第一步将 PAT 表转换的物理地址送入通道控制表或者消息池中的消息头,此物理地址指的是系统内存地址。

CPU 和 I/O 卡都可以管 DMA,当 CPU 管 DMA 时,PAT 转换的物理地址送通道控制表,通道控制表在 CPU 内,CPU 完成对 DMA 的初始化定义并启动 DMA。

当 I/O 卡管 DMA 时,PAT 转换的物理地址送消息池中的消息头,I/O 卡定时将消息头内容取出,进程调度过程中由 I/O 卡完成对 DMA 的初始化定义并启动 DMA。

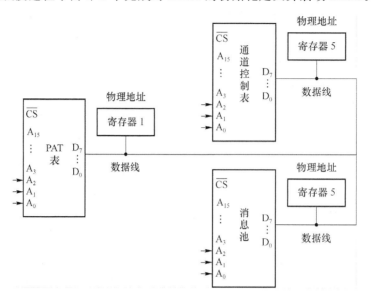

图 5.15　PAT 表、通道控制表、消息池的逻辑关系示意图

如图 5.16 所示,DCT 表是操作系统设计的核心,DCT 表包含三大块内容:①通道控制表的入口地址。通道控制表包含着进程调度中,对 DMA 完全初始化寄存器的所有内容。②消息池的入口地址。消息池中的放着设备号和域名,解决的问题是:找谁,即哪台设备的哪个域名文件。③PCB 表的入口地址。PCB 中包含着设备状态、I/O 卡状态和通道状态。根据这三者状态来给各个进程排序,决定进程占用 DMA 的先后次序。

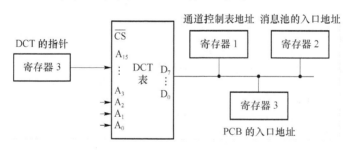

图 5.16　DCT 表的结构示意图

通信机制原语第二层。第六步系统设备表提供的 DCT 的指针成为 DCT 表的入口地址,第七步将 DCT 表的内容送入三个口地址寄存器,这三个口地址寄存器又分别成为下一层表的入口地址。

操作系统的核心是给设备打造数据通道,创建数据平台。操作系统设计以设备表为核心,设备表的核心是 DCT 表。

DCT 表是一个广义表,广义表是表中套表。DCT 表包含三个元素项:通道控制表的入口地址、消息池中消息头的入口地址、PCB 的入口地址。

通信机制原语第三层。如图 5.17 所示,第三步 DCT 表的通道控制表的入口地址成为通道控制表的入口地址,第四步将通道控制表中的元素项送入四个口地址寄存器。

通道控制表中包含四个元素项:传输方向、块大小、块长度、I/O 缓冲区地址。块大小一般是 512 个字节,与磁盘扇区相对应。块长度指的是此次传输几个 512 个字节的块。

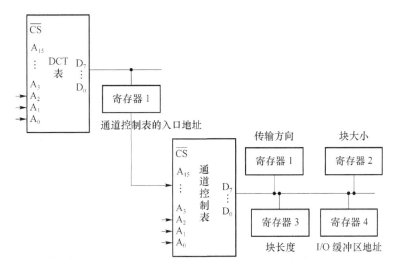

图 5.17 DCT 表与通道控制表的逻辑关系示意图

至此,通道控制表的所有内容已齐全。

如图 5.18 所示,通道控制表是 DCT 表的三大功能模块之一,当 CPU 管 DMA 时,通道控制表包含着完成初始化 DMA 寄存器的所有内容。当网卡管 DMA 时,通道控制表的内容要定时放入消息池,网卡定时将消息池内容取出,由网卡完成对 DMA 的初始化并启动 DMA。

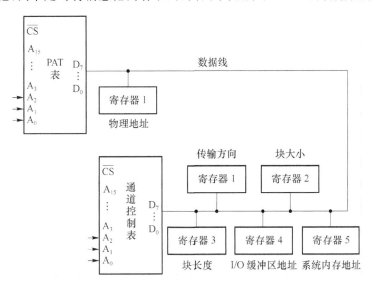

图 5.18 PAT 表与通道控制表的逻辑关系示意图

当系统 CPU 管 DMA 时,通道控制表在 CPU 内,通道控制表包含着对 DMA 初始化赋值的所用内容。

通信机制原语第三层。如图 5.19 所示,第五步 DCT 表中的消息池的入口地址表项成为消息池中消息头的入口地址。

消息池的内容包括:设备号、域名。

一个设备传感器对应一个域名,一个域名对应一个文件,对应一个设备表,对应一个控制参数,对应一个消息头。

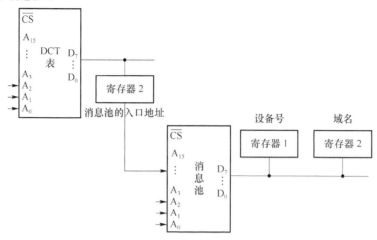

图 5.19　DCT 表与消息池的逻辑关系示意图

消息池是 CPU 与 I/O 卡的通信接口,完成 CPU 与 I/O 卡之间的通信。I/O 卡与设备之间的通信是同步字符,同步字符的内容来源于消息头。

以串行总线为例,如图 5.20 所示,外部总线上挂有一台设备,该设备有三个入口参数,即设备文件里有三个域名,每个域名对应一个传感器。I/O 卡与设备之间的通信是同步字符,I/O 卡有自己的同步字符,同时,设备也有自己的同步字符。图中设备包含三个同步字符,每个传感器对应一个同步字符,三个同步字符的内容各不相同。

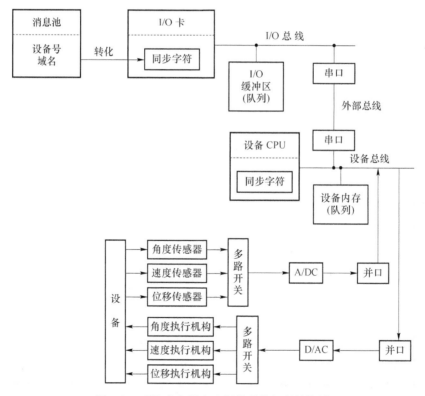

图 5.20　I/O 卡与设备之间的通信机制结构图

串行接口支持广播、广集的数据传送方式,I/O 卡在时间片作用下定时地将消息池内的内容取出并初始化 I/O 卡自己的同步字符。之后,I/O 卡将自己的同步字符广播到外部总线上,同步字符中包含设备的 ID 号,外部总线上的所有设备接收到该 ID 号后,通过译码电路进行译码,如果该 ID 号与自己的 ID 号相等,则命中该设备。

如图 5.21 所示,命中设备后,I/O 卡通过一个网柜(电子开关)将相应的开关闭合来选通 I/O 卡与命中设备之间的数据通道。数据通道选通后,命中设备将设备自己的同步字符广集到外部总线上反馈给 I/O 卡,I/O 卡根据反馈的设备自己的同步字符的内容来决定 I/O 卡线程调度的先后次序。

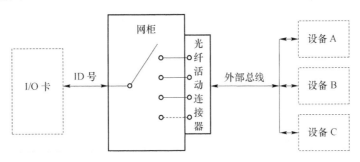

图 5.21 I/O 卡与设备之间的信道选择示意图

网柜是一个电子开关,通过同步字符的 ID 号选择相应的信道。此时,外部总线的结构是一个数组,包含着环和域,但是不能体现出群的理念,群是矩阵,矩阵中的每个元素项是一个数组。

如图 5.22 所示,域名对应一个传感器,一个传感器对应一段调子程序,调子程序对应一个队列。

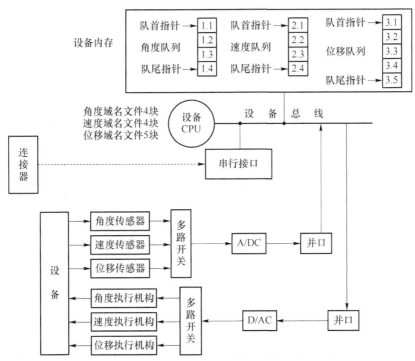

图 5.22 数据采集链下设备域名的队列分配示意图

在设备内存中,每个域名对应一个队列,谁的就是谁的,数从传感器定时采样并保存到设备内存,此过程是程序控制的。

5.1.2 进程调度

进程调度的过程是队列操作,核心是如何管 DMA,即过桥理论。设备占用哪条 DMA 通道已经分配好了,DMA 完全初始化寄存器的所有内容来源于表(通道控制表、PAT 表),表中的内容也已经提前定义好了。

进程调度原语。如图 5.23 所示,第一步 DCT 提供 PCB 表的入口地址,第二步将 PCB 的元素项内容送入三个口地址寄存器,这三个口地址寄存器又成为下一层寄存器的入口地址。

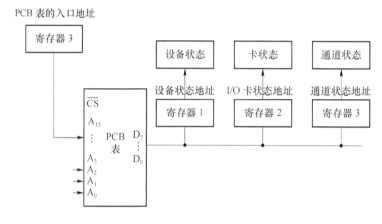

图 5.23　PCB 表的结构示意图

I/O 卡监控设备状态和卡状态,并返回给消息池。当 I/O 卡管 DMA 时,I/O 卡查询通道状态,通道状态查看的是 DMA 的状态寄存器。

CPU 查看三者的状态信息决定进程调度的先后次序,并把对 DMA 初始化的所有内容放入相应的队列,此队列是个循环队列,里面包括运行队列、就绪队列、等待队列和阻塞队列。

此循环队列中有四个数据块,四个数据块之间是首尾相连的。如果 I/O 卡状态准备好,则执行就绪原语,将 DMA 初始化赋值的所有内容放入就绪队列,此时数在 I/O 缓冲区队列。当 CPU 管 DMA 时,CPU 查看 DMA 的通道状态寄存器,看 DMA 有没有工作,如果没有,则为该进程分配 DMA,将 DMA 初始化赋值的内容放入执行队列,CPU 开始给 DMA 赋值并启动 DMA,开始数据传输。

一块 DMA 有四路通道,每次 DMA 传输用两路通道,假设数从 I/O 缓冲区到系统内存。一路对 I/O 缓冲区进行读操作,一路对系统内存进行写操作。设备域名占用哪两路 DMA 通道都已分配好,CPU 查看通道状态时,查的是分配给该设备域名的两路 DMA 通道状态。

如果设备状态准备好,则执行等待原语,将 DMA 初始化赋值的所有内容放入等待队列,此时,数在设备内存队列中;如果设备状态没有准备好,则执行阻塞原语,将 DMA 初始化赋值的所有内容放入阻塞队列,此时数在设备传感器上,还没有进入设备内存队列。

就绪原语、等待原语、阻塞原语都属于进程调度原语。

假设命题 1　系统 CPU 管 DMA,数从设备内存到系统内存。

在命题 1 下,介绍整个通信路径和进程调度路径。

CPU 管 DMA 时,对 DMA 初始化赋值的所有内容都在通道控制表内,进程调度时,CPU

完成对 DMA 的初始化并启动 DMA。

如图 5.24 所示,消息池的内容包括两部分:

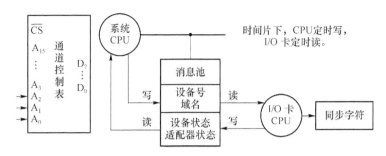

图 5.24　消息池机制示意图

- 一部分是 CPU 定时将设备号、域名写入消息池中的消息头,I/O 卡 CPU 定时将设备号和域名取出,设备号给出找哪台设备,域名转换成同步字符。即设备号和域名决定了找哪台设备的哪个域名文件。

- 另一部分是设备状态和 I/O 卡状态。I/O 卡定时查看设备状态和 I/O 卡状态,并将这两个状态送入消息池,CPU 定时将设备状态和 I/O 卡状态从消息池取出,同时,CPU 查看 DMA 通道状态,CPU 根据设备状态、I/O 状态和 DMA 通道状态来进行排序,决定进程调度的先后次序。

如图 5.25 所示,在时间片作用下,CPU 与 I/O 卡定时对消息池进行读/写操作,CPU 与 I/O 卡对消息池的读写操作是交叉的。定时计数器为 CPU 和 I/O 卡分配时间片。

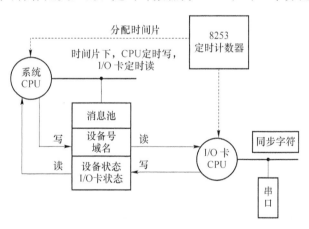

图 5.25　时间片下通信机制示意图

如图 5.26 所示,定时计数器的一个 OUT 引脚,接入中断控制器的 IR_0,使其每秒产生 18.2 次中断。4.77MHz÷4÷65 536＝18.196 105 96≈18.2,每秒 18.2 次中断是由 4.77 MHz 主频经 4 分频后,再用计数器计数 65 536 次后产生的溢出中断。此中断的作用是为 CPU、I/O 卡、设备、接口分配时间片。在时间片下,系统 CPU、I/O 卡 CPU 定时地对消息池进行读/写操作。

如图 5.27 所示,CPU 管 DMA 时,CPU 查看设备状态、I/O 卡状态和通道状态,并根据这三者的状态来给各个进程排序。如果数从 I/O 缓冲区经 DMA 传送到系统内存附加段,那么,设备状态查看的是设备内存队列的首指针,I/O 卡状态查看的是 I/O 缓冲区队列的尾指针,通道状态查看的是 DMA 的状态寄存器。

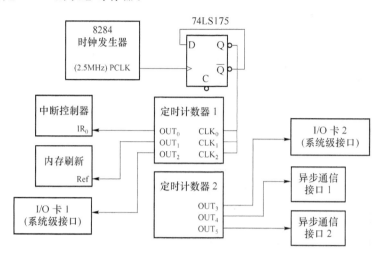

图 5.26　定时计数器的分配示意图

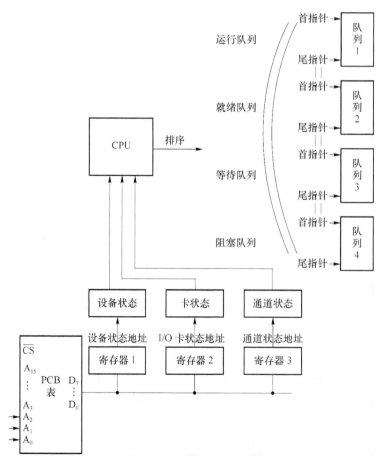

图 5.27　PCB 进程调度示意图

进程调度的主要内容就是排序,排序的目的是过桥,过桥指的是为各个设备的域名分配 DMA 通道。

进程调度的三个要素是:①先来先服务调度策略;②短则优先调度策略;③时间片轮转调度策略。

先来先服务指的是 INT 软中断调用。

CPU 进程调度根据设备状态、适配器状态和通道状态将相应的进程放入就绪队列、等待队列或者阻塞队列。运行队列、就绪队列、等待队列和阻塞队列是一个首尾相连的循环队列,每个队列里放着该进程调度时用于对 DMA 初始化的所有内容。当 CPU 管 DMA 时,队列里的内容来源于通道控制表。

DMA 数据传输过程中,采用的是时间片轮转的调度策略。系统为每个设备域名的进程分配时间片,每个进程占用的时间片大小是一样的,时间片轮转的调度策略属于公平策略,DMA 支持优先级策略和公平策略。

如图 5.28 所示,假设正在运行队列的进程此次要传送 8 块,当时间片完后,只传送了 5 块,那么,首先原语级的中断服务程序将队列里的断点信息保存到 TSS 表中,之后,执行阻塞原语,插入到阻塞队列中去。

图 5.28 运行队列、阻塞队列逻辑关系示意图

进程执行的过程必须要采用时间片轮转策略。因为如果采用优先级策略,那么,优先级高的设备进程就会长时间占用 DMA,而优先级低的进程就无法分配到 DMA,导致数据传送无法进行。

如图 5.29 所示,时间片完后,如果设备进程的数没有传完,则将队列里的断点信息保存到 TSS 表,假如数从 I/O 缓冲区经 DMA 到系统内存,那么,TSS 表中的 I/O 缓冲区地址指的是 I/O 缓冲区中队列的首指针,下次要传的目标地址指的是 DMA 通道中的当前地址寄存器内容,对应着系统内存附加段的地址,对应着出口参数,即下次数据传输时,数在系统内存的目标地址。

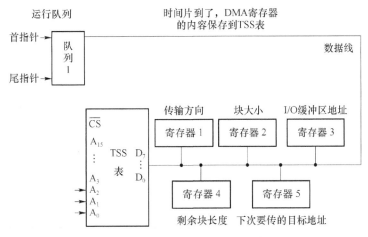

图 5.29 TSS 表的结构示意图

下面介绍进程调度中 DMA 的传输过程,CPU 是如何管 DMA 的。

如图 5.30 所示,通道 0 完成对 I/O 缓冲区的读操作,通道 1 完成对系统内存的写操作。数从 I/O 缓冲区经 DMA 传输到系统内存附加段。

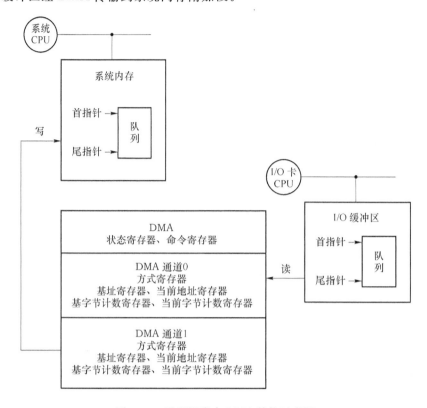

图 5.30　进程调度中 DMA 结构示意图

当 I/O 卡状态准备好,即数已进入 I/O 缓冲区队列。CPU 查看 DMA 的状态寄存器,读取 DMA 的通道状态。如果 DMA 的通道 0 和 1 没有被占用,CPU 则开始对 DMA 的寄存器赋值,此次进程调度开始执行。

(1) 通道 0 的寄存器

通道 0 的方式寄存器 $D_7 D_6 D_5 D_4 D_3 D_2 D_1 D_0 = 10111000$,表示通道 0 是 DMA 读传输,地址加 1,采用块传输方式。

基地址寄存器由 DCT 表中的元素项——I/O 缓冲区地址赋值,I/O 缓冲区地址指的是 I/O 缓冲区队列的首指针,基地址寄存器此时存放的是源地址。

当前地址寄存器保存 DMA 传送期间所用的地址值,每次 DMA 传输后该寄存器自动加 1。

基字节计数寄存器保存需要传送的字数,此时是 512 个字节,每次传送之后,该值减 1。

一个队列是一个数据块,数据块的大小是 512 个字节,数据块的大小要与磁盘扇区相对应。

通道 0 中的基地址寄存器指的是 I/O 缓冲区内队列的首指针,在 DMA 数据传输过程中,基地址寄存器的内容不变,即源地址不变。例如,此次 DMA 传送 8 块,那么,CPU 要对 DMA 内的寄存器赋值 8 次,但是,通道 0 中的基地址寄存器内容是不变的。也就是说,I/O 缓冲区内的队列是在循环使用的。

（2）通道 1 的寄存器

通道 1 的方式寄存器 $D_7 D_6 D_5 D_4 D_3 D_2 D_1 D_0 = 10000101$，表示通道 1 是 DMA 写传输，地址减 1，采用块传输方式。

基地址寄存器由通道控制表中的元素项——系统内存地址赋值，系统内存地址指的是系统内存队列的尾指针，基地址寄存器此时存放的是目标地址。逻辑块号经 PAT 表转换成系统内存物理地址，并送入通道控制表。

当前地址寄存器保存 DMA 传送期间所用的地址值，每次 DMA 传输后该寄存器自动减 1。当数据块传完后，当前地址寄存器成为系统内存的出口参数，此出口参数指的是系统内存附加段地址。当指令寻址时，告诉指令数放在附加段的地址。同时，当前地址寄存器还要给基地址寄存器赋值，成为下一次 DMA 块传时的目标地址。

如图 5.31 所示，假设此次 DMA 传送 3 个数据块，通道 0 的基地址寄存器由通道控制表中的元素项——I/O 缓冲区地址赋值后，基地址寄存器之后不变，即源地址不变。DMA 块传 3 次，那么，I/O 缓冲区的队列循环 3 次。

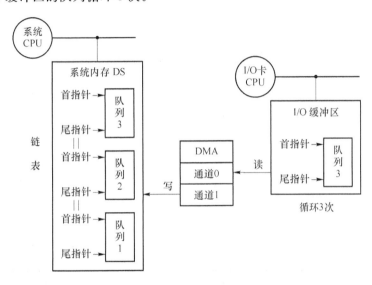

图 5.31　DMA 数据传输示意图

通道 1 的基地址寄存器第一次由通道控制表的元素项——系统内存地址赋值，此地址指的是系统内存队列 1 的尾指针，DMA 传完第一块后，当前地址寄存器的内容给基地址寄存器赋值，开始传送第二块。此时，当前地址寄存器指的是系统内存队列 1 的首指针或者队列 2 的尾指针，队列 1 的首指针和队列 2 的尾指针是相等的。

依此类推，DMA 传完第二块后，当前地址寄存器的内容给基地址寄存器赋值，开始传送第三块。此时，当前地址寄存器指的是系统内存队列 2 的首指针或者队列 3 的尾指针，队列 2 的首指针和队列 3 的尾指针是相等的。

这样，在系统内存附加段中，当前地址寄存器提供的出口参数将三个数据块链接到一起，形成一个链表。

当前地址寄存器的作用有两个：提供出口参数，出口参数指的是数在系统内存附加段的地址，指令寻址时要用到；下次要传的数据块的目标地址。

这样，逻辑块号经 PAT 表转换的物理地成为第一块的目标地址，逻辑块号只需要转换一次即可,后续的目标地址由当前地址寄存器来赋值。

DMA 传送方式有三种:完全停止 CPU 访问内存;DMA 与 CPU 交替访问内存;周期挪用。

① 完全停止 CPU 访问内存:DMA 数据传送时,DMA 同时控制系统总线和 I/O 总线,将 CPU 和 I/O 卡挂起,使它们处于等待状态。此时,I/O 缓冲区中的队列和系统内存中的队列都处于运行态。定时计数器内的等待电路在 CPU 和 I/O 卡的 T_3 和 T_4 周期间插入等待周期,直到此次 DMA 数据传输结束。

② DMA 与 CPU 交替访问内存:当 I/O 缓冲区中的队列处于运行态时,即数据从 I/O 缓冲区中的队列传送到 DMA 内的暂存寄存器。此时,DMA 控制 I/O 卡的 I/O 总线并将 I/O 卡挂起。但是,此时 DMA 没有控制系统总线,CPU 可以访问内存。当数据传送到 DMA 的暂存寄存器后,DMA 放弃 I/O 总线的控制权,同时,DMA 掌控系统总线,此时,系统内存中的队列处于运行态,DMA 将数据从暂存寄存器传送到系统内存附加段中的队列。

③ 周期挪用。周期挪用指的是 I/O 缓冲区和自己的接口之间,不可能是 I/O 缓冲区和 CPU 之间,CPU 周期包含 T_1、T_2、T_3 和 T_4 周期,不可能在某个周期上划分出一部分供 DMA 数据传输用。

进程调度是设备的调度,是数的调度,是域名文件的调度,其核心是 DMA,DMA 将系统总线和外部总线连接起来,这里把 DMA 称为桥,进程调度的核心是过桥问题,也称为过桥理论。

DMA 数据传送时有两个方向:一路是数从 I/O 缓冲区经 DMA 传送到系统内存附加段(数据调度链);另一路是数从系统内存附加段经 DMA 传送到 I/O 缓冲区(数据反馈链)。每块 DMA 内部有四条通道,一路 DMA 数据传输需要两条通道。

这两路数据传送过程中,每一路都是单向传送的,数据传送时每次只能一路有效,两路不可以同时进行传送,这两路是互斥的,也即对一块存储体不能够同时进行读和写操作。如果进程调度不当,使这两路同时工作就会引发死锁。

在时间片内,只能一路 DMA 有效,当进程调度出现错误时,可能导致多个进程同时占用 DMA 而出现死锁。因此,对 DMA 的管理必须是互斥的,为了解决因占用 DMA 而可能出现的死锁问题,引入了 P、V 原语操作。当某个进程占用 DMA 时,系统执行 P 原语将 DMA 封锁,不允许其他的进程占用 DMA。当进程 DMA 数据传输完成后,系统执行 V 原语将 DMA 释放。

P 原语和 V 原语是不可中断的原语级微程序,即在 P、V 原语执行期间不允许有中断发生,P、V 原语操作保证了进程的同步和互斥。

进程调度的核心是 DMA,也即过桥理论,数据通道的打造过程是一个多级仲裁的过程。

根据过桥理论为每个进程分配 DMA 通道,对 DMA 采用的是链式查询的仲裁方式,系统 CPU 完成对 DMA 的初始化并启动 DMA。

DMA 数据传送完后,向中断控制器请求中断(中断控制器的仲裁方式是独立请求方式),CPU 响应此中断后开始执行串操作指令将数据从内存的附加段 ES 送入数据段 DS 并给出是哪个用户程序在调用该数据。

CPU 管理 DMA 时,通道控制表内包含对 DMA 初始化的所有内容,块大小指的是每个数据块包含多少个字节,用于对 DMA 的基字节计数寄存器赋值。块长度指的是此次 DMA 传送多少块,假如,块长度是 8 块,那么,对 DMA 的初始化次数就是 8 次。进程调度过程中,短则优先策略比较的就是每个进程的块长度。

如图 5.32 所示,通道控制表中的系统内存地址由 PAT 表提供,I/O 缓冲区地址由 DCT 表提供。下面介绍进程调度的第三元素:短则优先策略。

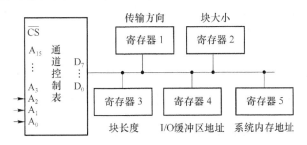

图 5.32　通道控制表的结构示意图

先来先服务指的是 INT 软中断指令。进程调度执行过程中,即 DMA 数据传输时,采用的是时间片轮转策略。进程调度执行完后,数进入 CPU,CPU 采用某种调节算法将数进行运算处理,处理后的结果要反馈给设备域名对应的执行机构,此时采用的是短则优先策略。

如图 5.33 所示,设备有三个传感器 a_1、a_2、a_3,每个传感器对应一个域名,每个传感器对应一个执行机构,每个执行机构又对应一个域名。即设备中包含六个域名,六个域名文件。CPU 反馈回来的数要送入相应的执行机构内。

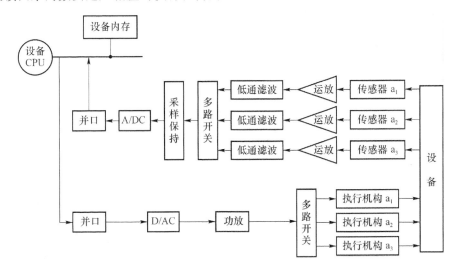

图 5.33　调度链和反馈链示意图

CPU 反馈回来的数如何传送到对应的执行机构内,包含三种可能:

① 反馈的数放入消息池,通过通信机制的路径返回给对应的执行机构。此种情况是不可能实现的,因为消息池的操作属于原语操作,与用户无关。原语操作对用户是不透明的。

② 反馈的数放入接口,通过接口 I/O 卡将反馈的数送入相应的执行机构。此种情况也是不可能实现的。I/O 卡是一个中转机构,没有域名,I/O 卡不知道将反馈的数给谁,无法确定将数送入哪台设备的哪个域名对应的执行机构。

③ 执行机构也定义一个域名,为每个执行机构也分配内存空间,定义通信机制,在各个表中登记、注册。

为执行机构定义的块要比传感器定义的块小得多,执行机构的域名进程与传感器的域名进程之间采用的是短则优先的策略,执行机构的进程优先级要高于传感器的进程优先级。

执行机构的进程要执行时,如果此时运行队列不空,即有进程正在执行。那么,执行机构的进程就与下一个即将进入运行队列的进程进行比较,采用的是短则优先的策略,比较的是块长度。之后,执行机构的进程插入到就绪队列,一旦运行队列中进程时间片执行完后,就立即运行执行机构的进程,为执行机构的进程分配 DMA,并初始化 DMA 的各个寄存器。此时,对 DMA 通道初始化时,通道属于优先级通道。

如图 5.34 所示,短则优先策略中,传感器域名的进程与执行机构域名的进程中的块长度进行比较,比较的过程就是冒泡排序。冒泡排序的每趟排序都是一次比较过程,即将各个进程的块长度经比较电路进行比较,它是一个逻辑关系,由逻辑电路来实现的。

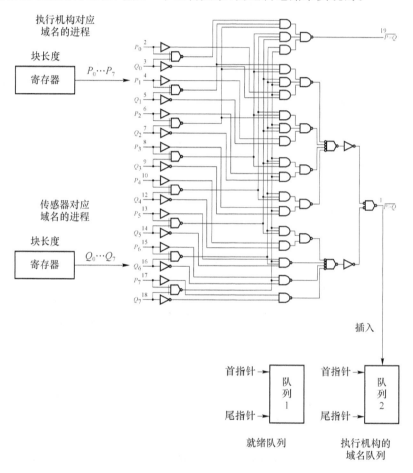

图 5.34　短则优先逻辑电路示意图

下面详细介绍冒泡排序的过程。

冒泡排序是对请求 DMA(过桥)的所有队列进行排序,排序时比较的关键字是队列长度(块数)。冒泡排序是一个比较电路的设计,它体现的是逻辑关系而不是软件表述。

如图 5.35 所示,冒泡排序的过程很简单,首先比较域名文件 R_1 和域名文件 R_2 中的关键字 K_1 和 K_2,若 $K_1 > K_2$(即反序),则交换 R_1 和 R_2,然后对 R_2(可能是刚交换来的)和 R_3 作同样的处理,重复此过程直到处理完 R_{n-1} 和 R_n。

这样从(K_1, K_2)到(K_{n-1}, K_n)的 $n-1$ 次比较和记录交换的过程,称为一趟排序,经过第一趟排序后,块长度最大的记录被安置到最后一个记录的位置上。然后,对前 $n-1$ 个记录进行第二趟排序,使得关键字第二大的记录被安置在第 $n-1$ 个记录的位置上,一趟接着一趟,直到没有记录需要交换为止。图 5.35 给出冒泡排序的各趟结果。

```
初始关键字:      【49  38  65  97  76  13  27  49】
第一趟排序结果:【38  49  65  76  13  27  49】 97
第二趟排序结果:【38  49  65  13  27  49】 76  97
第三趟排序结果:【38  49  13  37  49】 65  76  97
第四趟排序结果:【38  13  27】 49  49  65  76  97
第五趟排序结果:【13  27】 38  49  49  65  76  97
第六趟排序结果: 13  27  38  49  49  65  76  97
```

图 5.35 冒泡排序示例图

操作系统中的就绪队列、阻塞队列、等待队列等都可以采用冒泡排序的策略,将队列中的通道控制表按照关键字(链表长度)的大小进行排序。

在冒泡排序的过程中,文件中关键字小的记录好比水中气泡逐趟往上漂浮,而关键字大的记录则像石头那样沉入水底,冒泡排序因此而得名。

说明:冒泡排序中,关键字 K 表示的是块长度,即一次 DMA 数据传送的链表长度。DCT 表给出块长度,块长度为多大,就要对 DMA 初始化赋值多少次。

5.1.3 通信机制和进程调度的具体实施方法和策略

站在体系结构的角度上来看,现代操作系统的核心是 8253 定时/计数器、8259 中断控制器和 8237 DMA。

8253 定时/计数器为操作系统提供时间片,解决时序分配问题。8259 中断控制器提供中断,只有中断才能引起数据调度。8259 中断控制器提供的中断是硬中断,属于程序中断。INT 指令是软中断,属于数据中断。软中断必须嵌套在硬中断中,先有程序中断,再有数据中断。

操作系统是为设备打造数据通道,创建数据平台。打造数据通道的核心是 DMA,没有了 DMA,也就不会有数据通道。

操作系统的主要内容是通信机制和进程调度,通信机制的主要内容是各种表的展开过程,包括设备表、文件表、PAT 表、内存分配表、通道控制表等,展开表的最终目的是对 DMA 完全初始化寄存器赋值。

进程调度的主要内容就是如何分配 DMA,即过桥理论。通信机制和进程调度都是围绕 DMA 来展开叙述。

现代操作系统设计就是围绕 8253 定时/计数器、8259 中断控制器和 8237 DMA 三者间的因果关系来展开的。

如图 5.36 所示,定时/计数器的 OUT_0 引脚接到中断控制器的 IR_0 上,中断控制器每秒产生 18.2 次定时中断,为系统分配时间片。操作系统设计最终也要落实到时序分配上,即每个时间片内,系统 CPU、I/O 卡、设备 CPU 等分配在做什么,三者之间的交换也是在时间片作用下完成的。

当有中断请求时,系统 CPU 响应中断,首先是程序中断,将断点信息压栈保存起来。之后,数据中断嵌套在程序中断内,执行相应的 INT 软中断指令,之后就是通信机制和进程调度的过程。

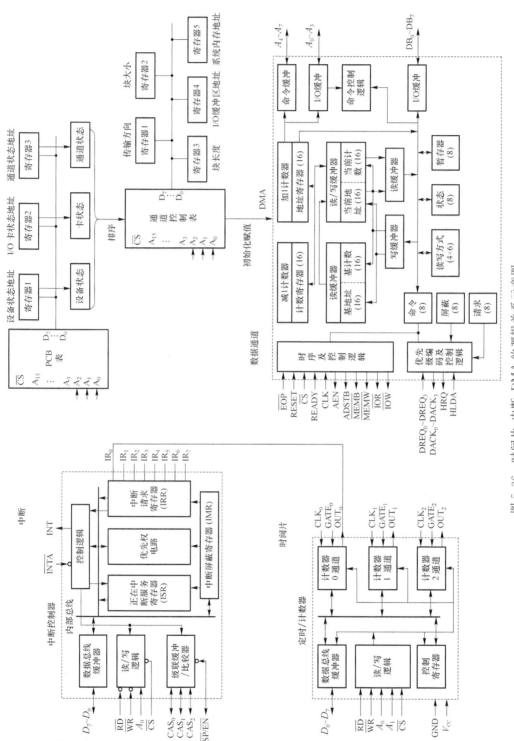

图 5.36 时间片、中断、DMA 的逻辑关系示意图

通信机制表展开的最终目的是找到通道控制表,通道控制表包含完全初始化 DMA 寄存器的所有内容。进程调度的最终目的是给 DMA 赋值,保证 DMA 数据传输的顺利执行,即过桥理论,桥指的就是 DMA 通道。

进程调度中的 PCB 表包含三个状态信息:设备状态、I/O 卡状态和通道状态,通道状态指的是 DMA 的通道状态(忙/闲)。CPU 根据三者的状态信息来进行排序,决定设备进程占用 DMA 的先后次序。排序也是表操作,是对通道控制表的排序,通道控制表中的内容与 DMA 内的寄存器一一对应。运行队列、就绪队列、等待队列和阻塞队列中指的是所有设备域名对应的通道控制表之间的因果关系。

如图 5.37 所示,PCB 的内容包括:设备状态、I/O 卡状态和通道状态,系统 CPU 根据三者状态信息给通道控制表进行排序,决定通道控制表初始化 DMA 寄存器的先后次序。

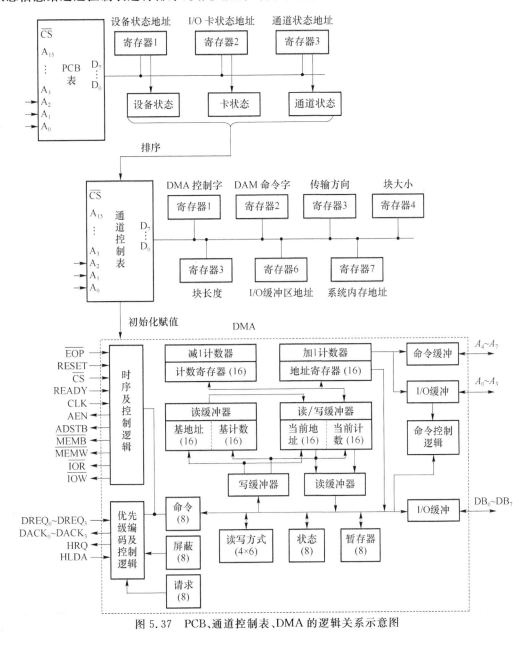

图 5.37 PCB、通道控制表、DMA 的逻辑关系示意图

排序是一系列原语操作,由原语微程序控制器完成,每个域名对应一个原语微程序控制器。排序的过程会涉及插入、删除等操作,所以,不同域名的原语微程序控制器之间可以相互访问。

通道控制表的内容包括:DMA 控制字、DMA 命令字、传输方向、块大小、块长度、I/O 缓冲区地址、系统内存地址。

DMA 的内部寄存器包括:方式寄存器、命令寄存器、基址寄存器、当前地址寄存器、基字节计数寄存器、当前字节计数寄存器、状态寄存器、暂存寄存器、屏蔽寄存器等。

下面以操作系统中的锅炉设备的流量域为例,介绍通道控制表与 DMA 内部寄存器间的因果关系。

如图 5.38 所示,假设锅炉设备的流量域每次传输 8 块,每块 512 个字节,传输方向是数从 I/O 卡的 I/O 缓冲区经 DMA 到系统内存。其中,通道 0 完成对 I/O 缓冲区的读操作,通道 1 完成对系统内存的写操作。

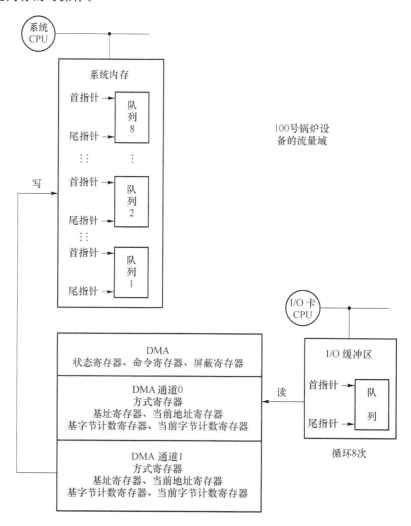

图 5.38 锅炉流量域文件 DMA 数据传输示意图

通道控制表中的 DMA 控制字元素项完成对 DMA 内部方式寄存器的赋值,一块 DMA 内包含四路通道,每路通道都有一个方式寄存器。通道 0 的方式寄存器 $D_7 D_6 D_5 D_4 D_3 D_2 D_1 D_0 =$ 10111000,表示通道 0 是 DMA 读传输,地址加 1,采用块传输方式。通道 1 的方式寄存器

$D_7 D_6 D_5 D_4 D_3 D_2 D_1 D_0 = 10000101$，表示通道 1 是 DMA 写传输，地址减 1，采用块传输方式。

通道控制表中的 DMA 命令字元素项完成对 DMA 内部命令寄存器的赋值，命令寄存器决定了锅炉设备流量域进行数据传输时的工作时序、优先级方式、DREQ 和 DACK 的有效电平及是否允许工作等，命令寄存器是一个 8 位的寄存器。例如，方式寄存器 $D_7 D_6 D_5 D_4 D_3 D_2 D_1 D_0 = 00001010$，表示 DACK 低电平有效，DREQ 高电平有效，不扩展写信号，采用固定优先级，压缩时序，启动工作，存储器到存储器的传送时源地址不变。

通道控制表中的 I/O 缓冲区地址元素项完成对 DMA 内部通道 0 的基地址寄存器和当前地址寄存器的赋值，这两个寄存器是 16 位的，初始化要分两次进行，先低字节后高字节。初始化时，首先将先后触发器置"0"，对上述寄存器的低字节进行写，再对高字节进行写（此时该触发器自动置"1"）。

通道控制表中的系统内存地址元素项完成对 DMA 内部通道 1 的基地址寄存器和当前地址寄存器的赋值，这两个寄存器是 16 位的，初始化要分两次进行，先低字节后高字节。初始化时，首先将先后触发器置"0"，对上述寄存器的低字节进行写，再对高字节进行写（此时该触发器自动置"1"）。

通道控制表中的块大小元素项完成对 DMA 内部基字节计数寄存器和当前字节计数寄存器的赋值，这两个寄存器也是 16 位的，同理，初始化时也要分两次进行。数在操作系统中以队列的形式进行传输，每个队列大小是 512 个字节，对应一个数据块，对应磁盘上的一个扇区，512 个字节是操作系统中的最小存储单元。此时，基字节计数寄存器和当前字节计数寄存器 $D_{15} \cdots D_0 = 01FFH$。

如图 5.39 所示，锅炉设备的流量域分配的是通道 0 和通道 1，系统 CPU 查询 DMA 的状态寄存器，并将状态寄存器的内容读出。如果此时通道 0 和通道 1 没有请求，即通道 0 和通道 1 空闲，CPU 就将 DMA 分配给锅炉设备的流量域，系统 CPU 将从流量域对应的通道控制表开始对 DMA 的寄存器初始化赋值，并启动 DMA，进程调度开始运行。

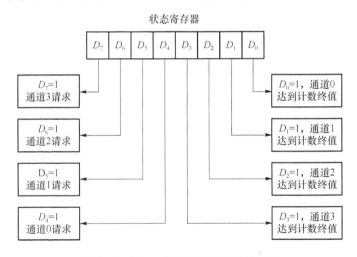

图 5.39　DMA 状态寄存器结构示意图

当通道 0 和通道 1 达到计数器终值后，该数据块传输完毕，重新对 DMA 的寄存器初始化。通道 0 的基地址寄存器由通道控制表中的元素项——I/O 缓冲区地址赋值后，基地址寄存器之后不变，即源地址不变。DMA 块传 8 次，那么，I/O 缓冲区的队列循环 8 次。

通道 1 的基地址寄存器第一次由通道控制表的元素项——系统内存地址赋值，此地址指的是系统内存队列 1 的尾指针，DMA 传完第一块后，当前地址寄存器的内容给基地址寄存器赋值,开始传送第二块。此时,当前地址寄存器指的是系统内存队列 1 的首指针或者队列 2 的尾指针,队列 1 的首指针和队列 2 的尾指针是相等的。

依此类推,DMA 传完第二块后,当前地址寄存器的内容给基地址寄存器赋值,开始传送第三块。此时,当前地址寄存器指的是系统内存队列 2 的首指针或者队列 3 的尾指针,队列 2 的首指针和队列 3 的尾指针是相等的。依此类推,直到 8 个数据块传输完为止。

这样,在系统内存附加段中,当前地址寄存器提供的出口参数将 8 个数据块链接到一起,形成一个链表。

至此,我们介绍了 DMA 的内部寄存器。下面我们介绍 DMA 的工作方式。DMA 有四种工作方式:单字节传送方式、块传送方式、请求传送方式和级联方式。

进程调度过程,DMA 采用的是块传送方式,即每次对 DMA 初始化赋值后,DMA 传输一个 512 个字节的数据块,在数据块传输过程中,DMA 不允许被打断。数据块传输时,DMA 是按字节来传送的,当前地址寄存器保存 DMA 传送期间所用的地址值,每次 DMA 传输一个字节后该寄存器自动减 1,当通道达到计数终值后,此次 DMA 数据块传输结束,之后,重新对 DMA 赋值,开始下一个数据块的传输。

级联方式是为了扩展系统中的 DMA 通道的数量,DMA 支持优先级策略和公平策略。

操作系统设计追求的是速度和容量,DMA 的出现解决的是速度问题,支持高速的块传输形式,同时,操作系统一定要支持并发,即支持多进程的并发运行。

如图 5.40 所示,每台设备有一个设备号,每个设备号对应一条 INT 软中断指令,每条 INT 指令对应一个中断类型码,中断类型码的地址成为中断描述符表的入口地址,将中断描述符表展开,每个中断描述符由 8 个字节组成,共 64 位。图 5.40 中 0~7 是 8 个寄存器,每个寄存器有 8 位,$A_2A_1A_0$ 三根地址线通过地址译码器提供 8 种选择,将 8 个字节的中断描述符内容分别送到 0~7 八个寄存器中,其中寄存器 0 和寄存器 1 组成段长,与段框进行比较,要求用户程序必须在段框内,如果越界就会发生越界中断;寄存器 4 到寄存器 7 四个寄存器为 EIP;寄存器 2 和寄存器 3 组成 CS 代码段寄存器,CS 作为局部表或者全局表的入口地址。

全局表是公用的,是为程序服务的;局部表是私有的,是为数据服务的。CS 寄存器中的 TI 位是一个二叉树的选择位,TI＝1,选择局部表;TI＝0,选择全局表。

LDT 中一个局部描述符的大小是 8 个字节,共 64 位。图 5.40 中 0~7 是 8 个寄存器,每个寄存器有 8 位,$A_2A_1A_0$ 三根地址线通过地址译码器提供 8 种选择,将 8 个字节的局部描述符内容分别送到 0~7 八个寄存器中,其中寄存器 0 和寄存器 1 是段边界大小,与段框进行比较,防止用户越界,如果越界就会发生越界中断;寄存器 4 到寄存器 7 四个寄存器为页目录的入口地址;寄存器 2 和寄存器 3 表示 ROM BIOS 的地址,ROM BIOS 提供设备表的入口地址。

ROM BIOS 提供的设备表的入口地址作为基地址,入口参数作为偏移量,基地址加上偏移量成为系统设备表的入口地址,此地址对应着一个域名。

如图 5.41 所示,系统设备表有四个元素项:设备类型、设备属性、DCT 驱动程序的入口地址、DCT 的指针。DCT 驱动程序的入口地址成为原语存储器的入口地址,原语存储器中包含着一系列的原语,原语中包含着通信机制原语和进程调度原语。原语级微程序控制器执行一系列原语,产生一系列微命令。

设备类型成为消息池的入口地址,消息池是系统 CPU 与 I/O 卡之间的通信机制,消息池内放着设备号和域名,由文件表提供。

设备属性成为文件表的入口地址,文件表提供域名和逻辑块号。域名送入消息池,逻辑块号进入 PAT 表,转换成物理地址,此物理地址是系统内存地址,并通过数据线写入通道控制表,用于对 DMA 初始化时的源地址 SI 或目标地址 DI 赋值。

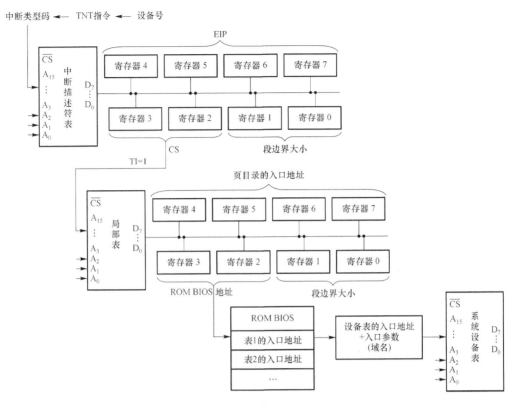

图 5.40　中断描述符表展开示意图

DCT 的指针成为 DCT 表的入口地址,DCT 表中通道控制表的入口地址元素项成为通道控制表的入口地址,通道控制表包含完全初始化 DMA 寄存器的所有内容,包括:传输方向、块大小、块长度、I/O 缓冲区地址、系统内存地址等。

DCT 表中 PCB 的入口地址元素项成为 PCB 表的入口地址,PCB 中包括设备状态、I/O 状态和通道状态。系统 CPU 根据三者的状态信息来进行排序,决定进程占用 DMA 的先后次序。排序是对通道控制表的排序,是将通道控制表放入运行队列、就绪队列、等待队列或者阻塞队列。

DMA 数据传输过程中,采用的是时间片轮转的调度策略。系统为每个设备域名的进程分配时间片,每个进程占用的时间片大小是一样的,时间片轮转的调度策略属于公平策略,DMA 支持优先级策略和公平策略。

时间片完后,如果设备进程的数没有传完,则将队列里的断点信息保存到 TSS 表,假如数从 I/O 缓冲区经 DMA 到系统内存,那么,TSS 表中的 I/O 缓冲区地址指的是 I/O 缓冲区中队列的首指针,下次要传的目标地址指的是 DMA 通道中的当前地址寄存器内容,对应着系统内存附加段的地址,对应着出口参数,即下次数据传输时,数在系统内存的目标地址。

通信机制和进程调度重点是叙述通道控制表、PCB 和 DMA 三者之间的因果关系。

通道控制表包含完全初始化 DMA 寄存器的所有内容,系统 CPU 根据 PCB 的状态信息来给通道控制表排序,决定通道控制表初始化 DMA 的先后次序。

操作系统中有 200 台设备,1 024 个域名。每个域名对应一条数据通道,对应系统设备表的一个表项,对应一个原语级微程序控制器,对应一个消息头,对应一个文件表,对应一个DCT 表,对应一个 PAT 表,对应一个通道控制表,对应一个 PCB,对应 DMA 的两路通道,对应一个 TSS 表。

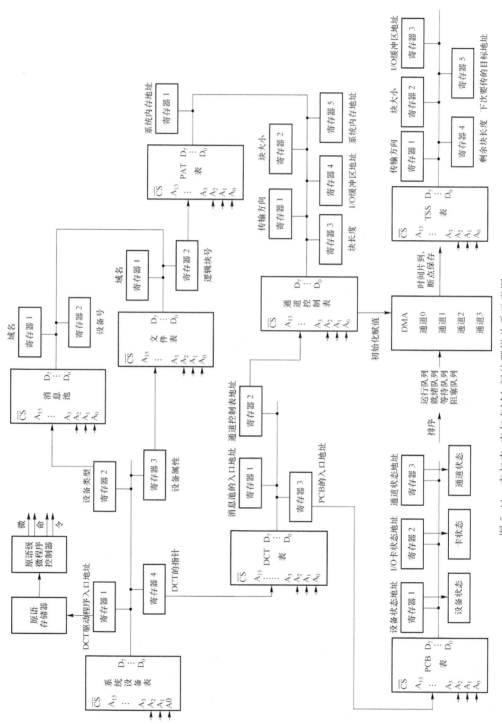

图 5.41 表与表、表与 DMA 间的逻辑关系示意图

　　操作系统要想支持并发,就要有多个原语级微程序,这个才可以同时执行多条 INT 指令。如果只有一个原语级微程序控制器,那么,当多条 INT 进来后,只能顺序执行,不能并发。

　　当每个域名对应一个原语级微程序控制器时,可以实现多个 INT 指令的并发。每个域名对应的原语控制器根据自己 PCB 的状态信息来决定进入运行队列、就绪队列、等待队列或者阻塞队列。每个原语控制器之间可以相互访问,这样,1 024 个通道控制表就完成了队列外排序。队列内的通道控制表间的排序是由调度策略决定的,例如,短则优先、先来先服务、优先级策略等。

　　如图 5.42 所示,在系统结构下,操作系统中的 200 台设备挂在网柜上,网柜也是一台设备,属于外部总线上的设备。

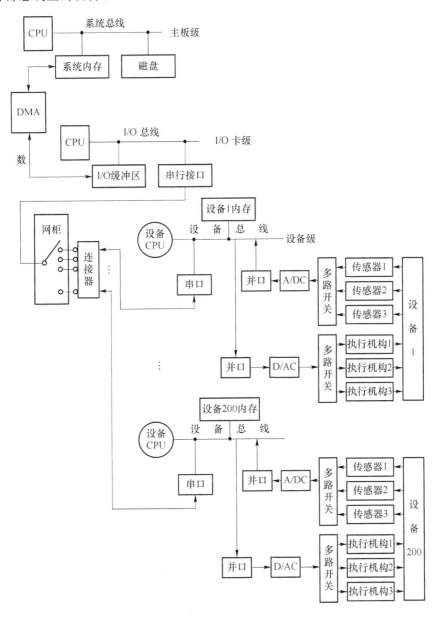

图 5.42　操作系统体系结构示意图

DMA 将系统总线下的系统内存和 I/O 总线下的 I/O 缓冲区连接到一起,完成两者之间的 DMA 高速数据块传。

DMA 将系统总线的数据线和 I/O 总线的数据线连接到一起,并且通过三态门将总线隔离开。三态门又称隔离门,根据进程调度的需求,通过三态门选通相应的总线,以进行 DMA 数据传输。

DMA 每条通道优先级的高低已经定义好了,设备域名占用哪块 DMA 的哪两路通道也已经定义好了。DMA 可以级联任意多次,操作系统中有 1 024 个域名,就有 1 024 条数据通道,每条数据通道占用两路 DMA。假设,系统中 DMA 级联 512 块,每块 DMA 有四路通道,那么,就可以为每个域名分配两路 DMA 通道且每两路 DMA 通道都不会重复。

这样,根据系统工程的需求来定义设备优先级的高低,也就定义了这 512 块 DMA 优先级的高低,定义了每块 DMA 内四路通道优先级的高低。

设备优先级的高低应该是上下相匹配的。例如,设备域名的 INT 软中断的优先级高时,相应的设备对应的中断服务程序的优先级也要高,即硬中断的优先级也要高。

如图 5.43 所示,Cache1 与 Cache2 之间是 CPU 总线,DMA 将 CPU 总线上的 Cache2 与系统总线上的内存连接到一起。Cache 区追求的是速度,与容量无关。

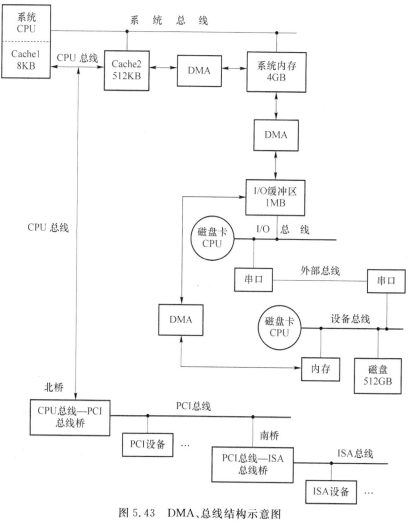

图 5.43　DMA、总线结构示意图

北桥将 CPU 总线和 PCI 总线连接到一起,南桥将 PCI 总线和 ISA 总线连接到一起,桥具有 DMA 的功能。系统总线属于存储体总线,ISA 总线、PCI 总线属于 I/O 总线,其中,ISA 总线属于低速的 I/O 总线,PCI 总线属于高速的 I/O 总线,只有 DMA 可以将两种不同标准的总线连接到一起,形成数据通道。

操作系统不是软件,操作系统是体系结构的设计理念,是大规模集成电路的设计理念,是 PCB 印刷线路板的设计理念,是芯片的设计理念。

没有自己的操作系统就没有自己的大数据平台,也就没有自己的现代控制系统,操作系统是现代控制的核心。

操作系统定义:控制许多离散设备,打造许多条设备的数据通道,构建系统的数据平台。

离开了操作系统来谈离散数学、数据结构、体系结构就没有了实际的工程意义,只有站在操作系统这个大数据平台上,才能把离散数学、数据结构、体系结构说透说漏,才能让离散数学、数据结构、体系结构动起来和活起来。操作系统是现代控制理论的灵魂,它将自动控制原理、离散数学、数据结构、体系结构串连成一个有机整体。

5.2 操作系统的内存管理

> 设备内存、I/O 缓冲区和系统内存都是大数据平台的组成部分,内存分配的过程就是打造数据通道,创建大数据平台的过程。
> 文件结构是内存管理在数据结构中的表现形式,内存管理是文件结构在体系结构中的具体实现,实质是计数器的设计。
> 数据结构中的表、树、图完成对内存空间和磁盘空间的地址分配,地址分好了,数据通道也就打造完成了,大数据平台也就形成了。

➢ 关键词

系统内存、I/O 缓冲区、设备内存、磁盘、三级泵站理论。

➢ 主要内容

• 各级内存空间的分配和磁盘空间的分配;

• 各级内存之间的映射关系(计数器设计)。

文件结构是内存管理在数据结构中的表现形式,内存管理是文件结构在体系结构中的具体实现,实质是计数器的设计。

设备内存、I/O 缓冲区和系统内存都是大数据平台的组成部分,内存分配的过程就是打造数据通道,创建大数据平台的过程。

操作系统是控制许多离散设备,为设备打造数据通道,创建数据平台。内存分配的过程就是创建大数据平台的过程,表、树、图是打造系统平台的重要手段。

操作系统为设备分配各级内存空间和磁盘空间,设备在各级内存和磁盘上的地址已经分配好了,数据结构中的表、树、图完成对内存空间和磁盘空间的地址分配。

磁盘有磁盘自己的磁盘操作系统,管住了磁盘,就解决了海量存储问题,就解决了大数据存储问题,就解决了大型数据库问题。

没有自己的操作系统就没有自己的大数据平台,也就没有自己的现代控制系统,没有自己的大数据平台就无法解决海量存储的问题。

设备以文件的形式存在,每个域名对应一个域名文件,内存管理核心要解决的问题:操作系统中,200 台设备,1 024 个域名的文件放在各级内存的什么位置,包括系统内存、I/O 缓冲区、设备内存和磁盘。

5.2.1 大数据平台

内存包括 Cache 区、系统内存、I/O 缓冲区和磁盘,四者之间有一一映射关系,如何映射,不同的映射函数体现了不同的计数器设计理念。

如图 5.43 所示,Cache1 与 Cache2 之间是 CPU 总线,DMA 将 CPU 总线上的 Cache2 与系统总线上的内存连接到一起。Cache 区追求的是速度,与容量无关。

北桥将 CPU 总线和 PCI 总线连接到一起,南桥将 PCI 总线和 ISA 总线连接到一起,桥具有 DMA 的功能。系统总线属于存储体总线,ISA 总线、PCI 总线属于 I/O 总线。

内存管理解决大数据平台的问题,核心是如何设计计数器。

首先介绍 Cache1 与 Cache2 之间的关系。

Cache1 的大小是 8KB,Cache2 的大小是 512KB。Cache1 中的数据块和 Cache2 中的数据块是 1:16 的映射关系,Cache1 中的每个数据块对应 Cache2 中哪 16 个数据块都已经定义好了,属于计数器的设计。

Cache1 的大小是 8KB,用 13 根地址线描述,Cache2 的大小是 512KB,用 19 根地址线描述。要想定义 Cache1 与 Cache2 之间的映射关系,Cache1 的地址寄存器需要在高位增加一个 6 位的计数器,用来表示 $A_{18} \sim A_{13}$,只有这样,Cache1 的地址寄存器才能描述 512KB 的存储空间,才能与 Cache2 内的块一一对应起来。

如图 5.44 所示,Cache 区的地址寄存器由三个计数器组成:计数器 1—组号,计数器 2—块号,计数器 3—块内地址。

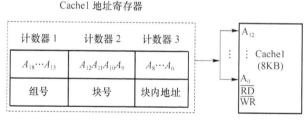

图 5.44　Cache1 的地址计数器示意图

计数器 1 代表 $A_{18} \sim A_{13}$,用 6 位,将 512KB 分成 64 个组,每组大小是 8KB,计数器 1 变时,表示 Cache1 对应着 Cache2 中 64 个组中的哪一个组,它们的大小都是 8KB。

例如,计数器 1 的 $A_{18} \sim A_{13} = 0000\ 11$ 时,表示 Cache1 对应着 Cache2 中的第三组。此时,Cache1 与 Cache2 中的第三组 8KB 的数据块进行数据传输。

计数器 2 代表 $A_{12}A_{11}A_{10}A_9$,用 4 位,将 8KB 大小的组分成 16 块,每块大小是 512 个字节,512 个字节的块是基本的传输单元。

当计数器 2 变时,在选择某个组内 16 个数据块中的哪一块。例如,计数器 1 的 $A_{18} \sim A_{13} = 0001\ 11$,计数器 2 的 $A_{12}A_{11}A_{10}A_9 = 1000$ 时,表示 Cache1 中的第八个数据块对应着 Cache2

中的第七组中的第八个数据块。

计数器 3 代表 $A_8 \sim A_0$，用 9 位，表示基本的存储单元，基本存储单元的大小是 512 个字节，与磁盘的一个扇区相对应。

Cache1 在 CPU 内部，Cache1 与 Cache2 通过 CPU 总线连接到一起，Cache1 中的数据块与 Cache2 中的数据块通过计数器的设计都已经一一对应好了。

下面介绍 Cache2 与系统内存之间的关系。

Cache2 的大小是 512KB，系统内存的大小是 4GB。Cache2 中的数据块和系统内存中的数据块是 1：8 192 的映射关系，Cache2 中的每个数据块对应系统内存中哪 8 192 个数据块都已经定义好了，是属于计数器的设计。

Cache2 的大小是 512KB，用 18 根地址线描述，系统内存的大小是 4GB，用 32 根地址线描述。要想定义 Cache2 与系统内存之间的映射关系，Cache2 的地址寄存器需要在高位增加一个 13 位的计数器，用来表示 $A_{31} \sim A_{19}$，只有这样，Cache2 的地址寄存器才能描述 4GB 的存储空间，才能与系统内存内的块一一对应起来。

如图 5.45 所示，Cache2 的地址寄存器由四个计数器组成：计数器 1—区号，计数器 2—组号，计数器 3—块号，计数器 4—块内地址。

图 5.45　Cache2 的地址计数器示意图

计数器 1 代表 $A_{31} \sim A_{19}$，用 13 位，将 4GB 分成 8 192 个区，每区大小是 512KB，计数器 1 变时，表示 Cache2 对应着系统内存中 8 192 个区中的哪一个区，它们的大小都是 512KB。

例如，计数器 1 的 $A_{31} \sim A_{19}$＝1111 1111 1111 1 时，表示 Cache2 对应着系统内存中的第 8 191 区。此时，Cache2 与系统内存中的第 8 191 个 512KB 的数据块进行数据传输。

计数器 2 代表 $A_{18} \sim A_{13}$，用 6 位，将 512KB 分成 64 个组，每组大小是 8KB，计数器 2 变时，表示 Cache2 对应着系统内存某个区内中 64 个组中的哪一个组，它们的大小都是 8KB。

例如，计数器 1 的 $A_{31} \sim A_{19}$＝1111 1111 1111 1，计数器 2 的 $A_{18} \sim A_{13}$＝0000 11 时，表示 Cache2 的第三组对应着系统内存中第 8 191 个区中的第三组。

计数器 3 代表 $A_{12}A_{11}A_{10}A_9$，用 4 位，将 8KB 大小的组分成 16 块，每块大小是 512 个字节，512 个字节的块是基本的传输单元。

当计数器 3 变时，计数器 1 的 $A_{31} \sim A_{19}$＝1111 1111 1111 1，计数器 2 的 $A_{18} \sim A_{13}$＝0000 11，计数器 3 的 $A_{12}A_{11}A_{10}A_9$＝1000 时，表示 Cache2 中第三组内的第八个数据块对应着系统内存中第 8 191 个区中的第三组内的第八个数据块。

计数器 4 代表 $A_8 \sim A_0$，用 9 位，表示基本的存储单元，基本存储单元的大小是 512 个字节，与磁盘的一个扇区相对应。

下面介绍系统内存与磁盘之间的关系。

磁盘既是设备也是外存储器，内存管理就是为每条设备的数据通道分配系统内存、I/O 缓冲区、设备内存、磁盘空间,这些内存地址都分好了,谁的就是谁的。

只要把磁盘管住了,磁盘的地址都分配好了,那么,就解决了海量存储的问题。例如,一块磁盘是 512GB,八块磁盘就是 4 096GB。磁盘的地址分配过程中,会预留许多个域名,但是每个域名的数据通道都已经打造好了,所占用的扇区也都已经分配好了。

操作系统是控制离散设备,为设备打造数据通道,创建大数据平台。每台设备对应一条 INT 指令,每条 INT 指令派生出一个中断类型码。设备的每个入口参数对应一个域名,每个域名对应一条数据通道,对应一个域名文件,每个域名文件的内存空间和磁盘空间都已经分配好了,哪个域名的就是哪个域名的,中断向量表、ROM BIOS 和设备表完成内存地址的分配。当存在好多条数据通道时,就形成了一个大数据平台。在数据平台上,内存和磁盘的映射关系就是计数器的设计。

如图 5.46 所示,磁盘的每个扇区是 512 个字节,扇区是最小的存储单元,每个数据块的大小是一个扇区大小。

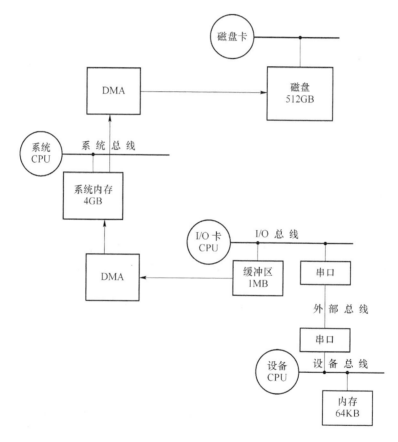

图 5.46　内存、缓冲区、磁盘示意图

假设设备内存是 64KB,则设备内存包含 64KB÷512 个字节＝128 块。I/O 缓冲区是 1MB,则 I/O 缓冲区包含 1MB÷512 个字节＝2 048 块。设备内存：I/O 缓冲区＝128：2 048＝ 1：16,也就是说设备内存的一个物理块对应 I/O 缓冲区的 16 个块。

I/O 缓冲区是 1MB,包含 2 048 块。系统内存是 4GB,包含 4GB÷512 个字节＝2^{23}＝8 388 608 块,I/O 缓冲区：系统内存＝1：4 096,也就是说 I/O 缓冲区的一个物理块对应系统内存的 4 096 个块。

磁盘是 512GB,系统内存是 4GB。系统内存：磁盘＝1：128,也就是说系统内存的一个物理块对应磁盘的 128 个块。

设备内存是 64KB,磁盘是 512GB,设备内存：磁盘＝1：8 388 608,也就是说设备内存的一个物理块对应磁盘的 8 388 608 个块。

分配内存空间和磁盘空间是打造数据平台的根本,将设备内存、I/O 缓冲区、系统内存、磁盘的各个块号一一对应好,就是在分配内存空间和磁盘空间。

下面详细介绍系统内存和磁盘的映射关系。

如图 5.47 所示,系统内存是 4GB,外部总线上有 8 台磁盘,每台磁盘是 512GB,则外存是 4 096GB。

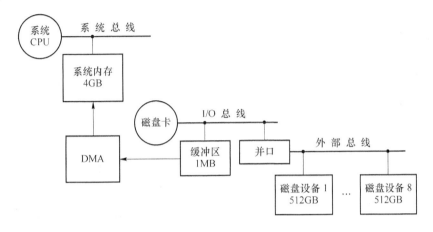

图 5.47　内存与磁盘的映射关系示意图

512GB 的磁盘,地址线需要 39 根,也就是说,磁盘上的地址寄存器至少要 39 位。

如图 5.48 所示,系统内存的大小是 4GB,用 32 根地址线表示($A_{31}\cdots A_0$)。要想描述 4 096GB 的地址空间,系统内存的地址寄存器还需要加 10 位。

系统内存的地址寄存器

计数器 1	计数器 2	计数器 3	计数器 4	计数器 5	计数器 6
$A_{41}\,A_{40}\,A_{39}$	$A_{38}\cdots A_{32}$	$A_{31}\cdots A_{22}$	$A_{21}\cdots A_{12}$	$A_{11}\,A_{10}\,A_9$	$A_8\cdots A_0$
台号	组号	段号	页号	块号	块内地址

图 5.48　系统内存地址计数器结构示意图

内存的地址寄存器是一个计数器,这个计数器里又包含着 6 个小计数器,每个小计数器是独立的。6 个计数器组内是并联,组间是串联的。

计数器 1 有三位($A_{41}\,A_{40}\,A_{39}$),$A_{41}\,A_{40}\,A_{39}$ 从全 0 变到全 1 来选择 8 台磁盘设备中的哪一台。

计数器 2 有七位($A_{38}\cdots A_{32}$),内存是 4GB,磁盘是 512GB,则一块磁盘上有 128 个 4GB,即一块内存对应着磁盘上的 128 块。当计数器 1 的 $A_{41}\,A_{40}\,A_{39}$ 从全 0 变到全 1 时,是在选择 8 块磁盘中的哪一块,计数器 2 的 $A_{38}\cdots A_{32}$ 从全 0 变到全 1 时,是在选择某块磁盘中的 128 个 4GB 中的哪一个 4GB。

计数器 3 有十位($A_{31}\cdots A_{22}$)。$A_{31}\cdots A_0$ 共 32 根地址线来表示系统内存的 4GB,当内存采

用段页式管理时,内存分成 1 024 个段,每段是 4MB。$A_{31}\cdots A_{22}$ 选择的是 1 024 个段中的哪一个段,计数器 3 相当于段地址,选择的是段号。

计数器 4 有十位($A_{21}\cdots A_{12}$),计数器 3 将内存分成 1 024 个段,每个段是 4MB,计数器 4 将每段分成 1 024 个页,每页是 4KB。$A_{21}\cdots A_{12}$ 选择的是 1 024 个页中的哪一个页,计数器 4 相当于是页地址,选择的是页号。

计数器 5 有三位($A_{11} A_{10} A_9$),计数器 4 将每段分成 1 024 个页,每页是 4KB。计数器 4 将每页分成 8 块,每块是 512 个字节。$A_{11} A_{10} A_9$ 的三位从全 0 变到全 1 选择的是该页 8 个数据块中的哪一块。计数器 5 相当于块号地址,选择的是块号。

计数器 6 有九位($A_8\cdots A_0$),计数器 5 将每页分成 8 块,每块是 512 个字节。$A_8\cdots A_0$ 的九位表示的是块内地址,$A_8\cdots A_0$ 的九位从全 0 变到全 1 选择的是 512 个字节中的哪一个字节。计数器 6 相当于块内地址,选择的是字节。

系统内存是 4GB,上述描述的最小单元是字节,每个字节是 8 位,此时,数据线的宽度是 8 根。当数据线的宽度是 32 根时,系统内存的 4GB 就用 1GB 来描述,此时描述的最小单元是 32 位。

系统内存是 4GB,外部总线上有 8 台磁盘,每台磁盘是 512GB,那么,8 台磁盘就是 4 096GB。4 096GB 需要 42 根地址线来描述,要想表示系统内存和磁盘的映射关系,那么,系统内存的地址寄存器就必须是 42 位。

内存管理是为设备分配各级内存空间和磁盘空间,为设备打造大数据平台。此过程是计数器的设计,内存与磁盘、Cache 区与内存的映射过程就是计数器的设计过程。此计数器是一个广义的计数器,大计数器里面包含多个小计数器,每个小计数器代表的含义不同,表示不同元素项的地址。

数据传输过程中,计数器的值在不断变化,计数器初值由表提供,表指的是中断向量表、ROM BIOS 和设备表。

同理,Cache 区和内存也有映射关系。当系统内存是 4GB 时,地址寄存器要用 32 位。相应的 Cache 区的地址寄存器也要有 32 位才能描述 Cache 区与内存的映射关系。

在操作系统中,Cache1 是 Cache2 的缓冲区,Cache2 是系统内存的缓冲区,系统内存是磁盘的缓冲区。

如图 5.49 所示,Cache 区与内存之间存在地址映射的关系,指令 Cache 对应着内存代码段 CS,数据 Cache 对应着内存数据段 DS。有了中断才有了堆栈段 SS,有了 DMA 才有了附加段 ES。

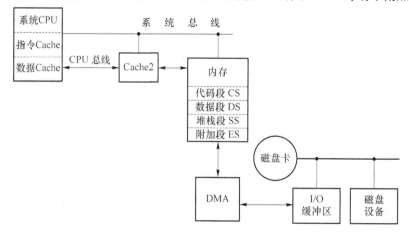

图 5.49　Cache 区、内存映射关系示意图

从结构上看,Cache1 是 Cache2 的子集,Cache2 是主内存的子集,主内存又是磁盘的子集。Cache1 和 Cache2 是通过 CPU 总线连接的,主内存与 Cache 区的地址映射分为全相联方式、直接相联方式和组相联方式三种。

当 CPU 访问 Cache 区没有命中时,就需将该数据块从内存替换到 Cache 区。在直接映像的高速缓存中,替换算法很简单,只有一个块可选。在组相联和全相联映像的高速缓存中,需要从多个块中选择一个替换出去。此时出现了不同的置换策略。

置换策略实行的过程一定是地址转换过程,置换策略是对存储体计数器的设计。

常见的置换策略有以下几种:

① 先进先出(FIFO)置换策略;

② 最近最久未使用(LRU)置换策略;

③ Clock 置换策略;

④ 最少使用(LFU)置换策略。

所有的置换策略都是由逻辑电路实现的,与软件无关。它们是操作系统逻辑关系的设计。

下面以最近最久未使用(LRU)置换策略为例,介绍其实现过程。

如图 5.50 所示,在组相联映射时,Cache 区的每个块都有一个计数器,各个计数器每隔一定时间计数一次,在块中数据被访问时将相应的计数器复位。因此,每个计数器的值表示从上一次访问后所经过的时间。在进行替换时将计数值最大的块替换出去。

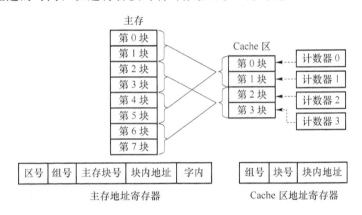

图 5.50 组相联映射对应关系示意图

这种计数器法可以进行改进,因为计数器的长度有限,而且所需要的只是各计数器的相对值。例如,当 Cache 区命中时,命中块的计数器置 0。而其他非命中块的计数器值如果比这个命中块的计数值小就加 1,计数值较大的则不变;Cache 区不命中时将计数值最大的块调出,而将调入的块计数值置 0,其余块的计数值加 1。

置换算法是对计数器的设计,置换过程是主存地址与 Cache 区地址相互转换过程。归根到底,置换策略的核心是如何设计存储体的计数器。置换策略是由原语级的微程序控制器来保障实施的。

5.2.2 内存分配

操作系统这个大数据平台上包括内存、I/O 缓冲区、磁盘,操作系统为设备打造数据通道的过程就是为设备分配各级内存空间和磁盘空间的过程。本节主要介绍如何分配内存空间,下节介绍如何分配磁盘空间。

如图 5.51 所示,系统内存由 RAM 和 ROM 两部分组成,ROM 中存放系统 BIOS(INT 软中断调用)、中断向量表、系统表,处于操作系统平台之上的所有外部设备都要在这些表中登记、注册。RAM 分为基本内存、保留内存和扩展内存,开机后将 ROM 中的系统 BIOS 部分复制到 RAM 中的影子内存,目的是提高读取速度。

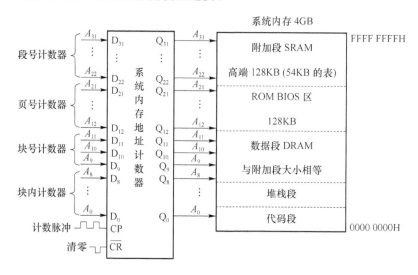

图 5.51　系统内存结构示意图

ROM 中存放的 BIOS 包含两部分:系统 BIOS;磁盘 BIOS。

系统 ROM BIOS 包括三部分内容:各个表的入口地址;表中的所有元素项内容;初始化程序。

如图 5.52 所示,表是由计数器和存储体构成,表是一种特殊的存储结构。

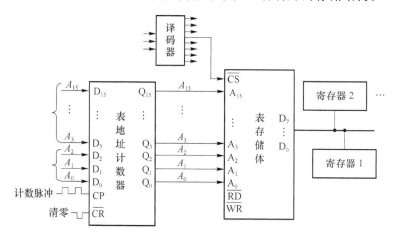

图 5.52　表结构示意图

ROM BIOS 中的第一部分是表的入口地址,表包括中断向量表、设备表、文件表等,所有的表都有自己的表地址,同时,表展开时要将表中的各个元素项写入相应的寄存器中,每个寄存器的地址也放在 ROM BIOS 中。

总体来说,ROM BIOS 中的地址包括两部分:各个表的表入口地址;表展开时,各个寄存器的地址。

每个表都有片选 CS,低电位有效,地址线经过译码器译码选择相应的表,执行初始化程序,找到相应的表地址和该表中各个寄存器的地址,完成对表的寻址过程。之后,对表执行写操作,从 ROM BIOS 中取出该表中的所有内容完成对表的初始化。

在通信机制过程中,所有的表都要展开,表的展开是由原语保障执行的。表的初始化过程是对表的写操作过程,表的展开过程是对表的读操作过程。表展开时,执行相应的原语,将表中各项内容读出,并写入相应的寄存器。

假设表中元素项是 6 项,那么,用三根地址线经过译码来选择相应的 6 个寄存器,原语将表中内容分别写入这 6 个寄存器内。

中断向量表、设备表、文件表等都放在 CPU 内,表设计是 CPU 设计的重要理念,表的作用有两个:有谁,设备要想进入操作系统这个数据平台就必须在各个表中登记、注册;为设备分配各级内存空间和磁盘空间,打造数据通道。

CPU 设计是操作系统设计的一部分,表是 CPU 设计的重要理念,是在为设备打造数据通道,所以说,离开了操作系统的单独 CPU 设计没有任何物理意义。

CPU 有入口地址,开机启动计算机时,CPU 的入口地址是 FFFF0H,此地址是 ROM BIOS 的地址。执行引导程序将表中的所有元素项内容从 ROM BIOS 读出送入对应的表,完成对表的初始化定义。这些表包括中断向量表、局部表、系统设备表、DCT 表、文件表、通道控制表等。

操作系统是操作系统,磁盘操作系统是磁盘操作系统。磁盘操作系统也有自己的 ROM BIOS,也有自己的中断向量表,自己的 FCB、FAT,自己的 DMA 通道,自己的进程调度。

磁盘的 ROM BIOS 也包括三部分:磁盘表的各个入口地址;磁盘表中的所有内容;初始化程序。

同理,启动磁盘时,磁盘引导程序将磁盘表中的所有元素项内容从磁盘 ROM BIOS 读出送入相应的磁盘表内,完成对磁盘表的初始化定义。这些磁盘表包括:磁盘设备表、磁盘文件表、磁盘的通道控制表等。

在磁盘卡上也支持原语操作,也有通信机制和进程调度,磁盘卡也有自己的 DMA,此 DMA 完成的是数从接口到 I/O 缓冲区或者从 I/O 缓冲区到接口的传送。

分配内存空间和磁盘空间是打造设备数据平台的根本,即数放在内存的什么位置,怎么放。

分配内存空间指的是四级内存结构之间的因果关系:设备内存、I/O 缓冲区、系统内存和磁盘。磁盘作为辅存,大数据存储离不开磁盘,为磁盘分配好了地址,也就管住了磁盘,管住了数。大数据存储的核心也是在分配地址,包括表怎么设计,计数器怎么设计等。

下面介绍内存的分配过程。

中断向量表、ROM BIOS、设备表完成对内存的分配,下面详细介绍三者间的因果关系。

假设命题:操作系统数据平台中,有 200 台设备,每台设备包括多个域名,系统中共有 1 024 个域名。操作系统要为每个域名打造一条数据通道,为每个域名分配内存空间和磁盘空间,每个域名都要在所有的表中登记、注册。

这 200 台设备对应 200 条 INT 指令,每台设备对应一条 INT 指令。以设备 1 为例介绍整个内存分配过程。

如图 5.53 所示,设备 1 对应一条 INT a1H,对应一个中断类型码,设备 1 中包含六个域

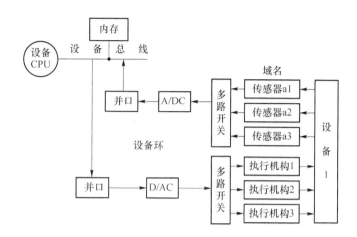

图 5.53 域名的数据通道示意图

名,其中,每个传感器对应一个域名,每个执行机构对应一个域名。假设传感器 a1 对应的域名是 a1,域名文件的块长度是 3 块,每块是 512 个字节,那么,a1 域名文件的大小是 1 536 个字节。

每个域名对应一条数据通道,下面以域名 a1 为例,介绍域名 a1 放到内存的哪,数据通道是如何形成的。

该操作系统中有 1 024 个域名,那么,就有 1 024 条数据通道,操作系统就要为这 1 024 个域名分配内存空间和磁盘空间,这 1 024 个域名都要在各个表中登记注册。

根据系统工程的要求,每个域名文件的块大小、块长度、传输方向、优先级等都已经定好了。这样,需要多少条 INT 软中断指令,内存大小是多少,中断向量表、设备表、文件表等需要多大空间,表中包含多少个元素项,表与表之间的关系等就都设定好了。

同时,内存怎么分,磁盘怎么分,I/O 缓冲区怎么分,定时计数器分配时间片,在时间片内,CPU 干什么,适配器卡干什么,设备干什么,谁给 DMA 赋值,哪个域名占用哪个通道,谁先占用通道,中断之后设备查谁的状态,适配器卡查谁的状态,CPU 查谁的状态,DMA 传输时被打断了怎么办,断点怎么保护等一系列问题,这些内容在操作系统中都已经定义好了,操作系统为设备打造数据通道,创建数据平台的过程就是解决上述问题的过程。

数据调度时,INT 软中断指令只是启动这条数据通道,操作系统这个数据平台已经把所有的东西都分配好了。

下面以设备 1 中的域名 a1 为例,介绍整个数据通道的打造过程。

设备 1 对应一条软中断指令——INT a1H,INT a1H 派生出一个中断类型码,中断类型码成为中断向量表的入口地址。

如图 5.54 所示,中断向量表的作用有两个:提供中断服务程序的入口地址;提供设备表的入口地址。

将中断向量表展开后,ECS＋EIP 成为中断服务程序的入口地址,此地址指的是内存代码段地址。同时,CS 寄存器的 TI＝1 时,CS 成为局部表的入口地址,局部表给出设备表的入口地址在 ROM BIOS 中的地址。

中断向量表中包括软中断和硬中断,软中断指的是数据中断,每台设备对应一个软中断的中断类型码,那么,200 台设备在中断向量表中就有 200 个软中断的中断类型码与之一一对应。软中断是为数服务的,为设备服务的。

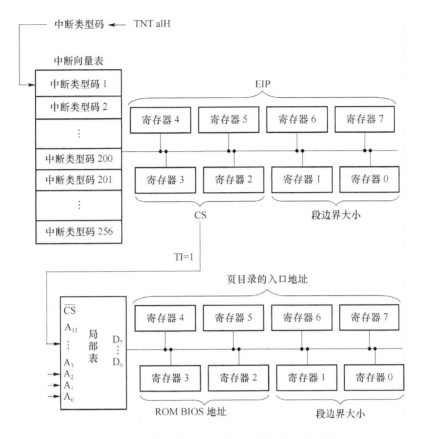

图 5.54　中断向量表与局部表的逻辑关系示意图

硬中断指的是程序中断,是为用户服务的。硬中断中可以嵌套软中断,调子程序也可以嵌套软中断,但是,软中断不能嵌套硬中断,也就是说,由指令来调数。

这样,硬中断解决程序放在内存的什么位置,软中断解决设备数据放在内存的什么位置,程序和数据在内存中都划分好了。

如图 5.55 所示,设备表给出的 ROM BIOS 地址指的是设备表的地址在 ROM BIOS 中的地址,引导程序将表中的所有元素项内容从 ROM BIOS 读出送入对应的表,完成对表的初始化定义。

设备号+入口参数成为设备表的入口地址,设备号相当于基地址,入口参数相当于偏移量。

如图 5.56 所示,通信机制原语第一层,第一步将系统设备表中的元素项分别送入四个口地址寄存器,四个口地址寄存器又成为下一层的入口地址。

DCT 驱动程序的入口地址指的是原语的入口地址,相当于一条无条件跳转指令,每个表要展开都要跳转到该原语程序。

DCT 的指针成为 DCT 表的入口地址,DCT 表是一个广义表,DCT 的通道控制表的地址元素项成为通道控制表的入口地址,通道控制表给出该域名 a1 文件在 I/O 缓冲区内的地址。

如图 5.57 所示,通道控制表给出的 I/O 缓冲区地址指的是 I/O 缓冲区队列的首指针,此地址用于对 DMA 通道 0 中的基地址寄存器赋值,也称为源地址。域名 a1 文件包含 3 个数据块,I/O 缓冲区内的队列要循环使用三次,但是基地址寄存器的内容不变,也即源地址不变,I/O 缓冲区内的队列大小是 512 个字节。

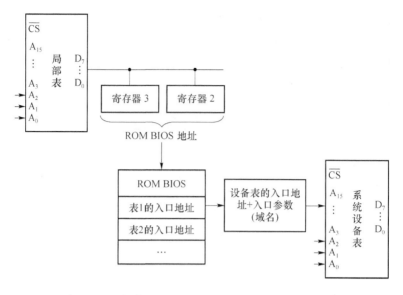

图 5.55　局部表、ROM BIOS、设备表的逻辑关系示意图

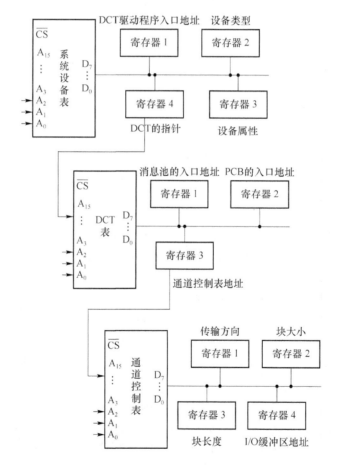

图 5.56　系统设备表与 DCT 表的逻辑关系示意图

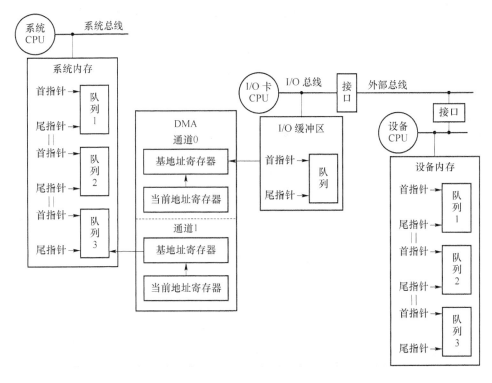

图 5.57 DMA 数据传输示意图

下面介绍系统内存附加段的地址划分,有了 DMA 就有了附加段。

如图 5.58 所示,设备表的元素项设备属性成为文件表的入口地址,文件表提供的逻辑块号经过 PAT 表转换成物理地址,此物理地址指的是系统内存附加段地址。

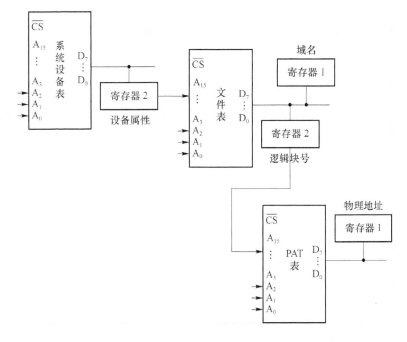

图 5.58 系统设备表、文件表、PAT 表的逻辑关系示意图

域名 a1 的传输方向是从设备内存到系统内存,此时,物理地址指的是系统内存附加段中队列 3 的尾指针。

PAT 表转换的物理地址用于对 DMA 通道 1 中的基地址寄存器赋值,此物理地址指的是域名 a1 文件在系统内存的起始地址,也称作目标地址。

DCT 表提供的 I/O 缓冲区地址用于对 DMA 的源地址寄存器 SI 赋值,PAT 表提供的物理地址用于对 DMA 的目标地址寄存器 DI 赋值。

域名 a1 文件中包含 3 个数据块,要对 DMA 初始化赋值 3 次,DMA 的源地址不变,目标地址第一次由 PAT 提供的物理地址赋值,第二次和第三次由当前地址寄存器赋值,域名 a1 文件的 3 个数据块传完后,当前地址寄存器给出出口参数,此出口参数指的是系统内存附加段地址。

数传到系统内存附加段后,指令通过寻址方式来找到出口参数,执行串操作指令将数从附加段送入数据段。附加段支持 DMA 块传,数据段不支持 DMA 块传。

至此,设备域名在内存的地址分配已经划分好,在磁盘的地址分配(5.2.3 小节)磁盘管理中有详细介绍。

5.2.3　磁盘管理

磁盘是设备,磁盘又属于辅存。磁盘卡是磁盘设备进入操作系统数据平台的 I/O 缓冲区,磁盘卡使用的是 I/O 总线,磁盘卡的内存即 I/O 缓冲区属于 I/O 总线,磁盘卡上的并口带出外部总线。外部总线上有 8 台磁盘设备,每台磁盘的容量是 512GB,磁盘总容量是 4 096GB。

操作系统是操作系统,磁盘操作系统是磁盘操作系统。操作系统有自己的 ROM BIOS,开机时,用于对各个表的初始化。磁盘操作系统也有自己的 ROM BIOS,用于对磁盘卡中各个表的初始化。

系统 CPU 内有 PCB、PAT,磁盘中有 FCB、FAT。磁盘卡中有自己的 DMA,此 DMA 归磁盘卡管,完成数从磁盘设备的内存到磁盘卡的 I/O 缓冲区,或者从磁盘卡的 I/O 缓冲区到磁盘设备的内存之间的相互传送,此时,由磁盘卡完成对 DMA 的初始化定义并启动 DMA。如图 5.59 中的 DMA 1。

系统 CPU 也有自己的 DMA,此 DMA 归系统 CPU 管,此 DMA 完成数在系统内存和 I/O 缓冲区之间的相互传输。此时,由系统 CPU 完成对 DMA 的初始化定义并启动 DMA,此过程在 5.1 节 CPU 管理中已详细介绍。如图 5.59 中的 DMA 2。

开机启动计算机时,CPU 的入口地址是 FFFF0H,此地址是 ROM BIOS 的地址。执行引导程序将表中的所有元素项内容从系统的 ROM BIOS 读出送入对应的表,完成对表的初始化定义。

同理,磁盘卡也有自己的磁盘 ROM BIOS,开机启动计算机时,通过磁盘 ROM BIOS 的入口地址,执行引导程序将磁盘表中的所有元素项内容从磁盘 ROM BIOS 读出送入对应的磁盘表,完成对磁盘表的初始化定义。

下面介绍整个通信路径和磁盘调度的数据通道。

定时计数器分别为系统 CPU、磁盘卡、磁盘设备分配时间片,在每个时间片内,系统 CPU 做什么、磁盘卡做什么、磁盘设备做什么都已经定义好了,如图 5.60 所示。

(1) 第一个时间片内,系统 CPU 执行 INT 13H 磁盘调用,系统中的设备表提供磁盘号,文件表提供域名,并将磁盘号和域名送入消息池。

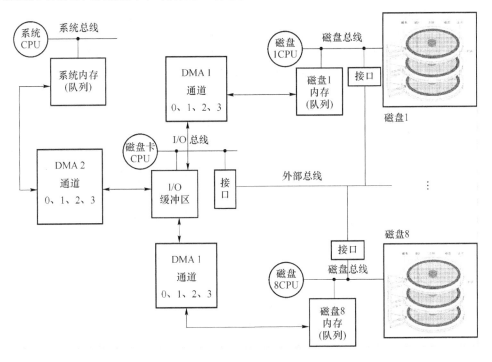

图 5.59　磁盘结构示意图

(2) 第二个时间片内,磁盘卡定时将消息池内容取出,磁盘设备号广播到外部总线上,每台磁盘设备接收到磁盘卡广播的设备号后,与磁盘设备自己的设备号进行比较,如果相等,则命中该磁盘设备,同时,域名成为该磁盘设备表的入口地址。

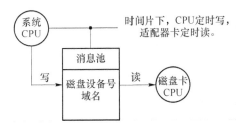

图 5.60　系统 CPU 与磁盘卡的消息池机制示意图

通信机制原语第一层,如图 5.61 所示,第一步将磁盘设备表的元素项分别送入四个口地址寄存器,四个口地址寄存器分别成为下一个的入口地址。

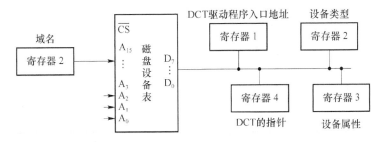

图 5.61　磁盘设备表结构示意图

磁盘设备表有四个元素项：设备类型、设备属性、磁盘 DCT 驱动程序的入口地址、磁盘
DCT 的指针。下面按功能模块分别介绍其路径。

通信机制原语第二层。如图 5.62 所示，第一步磁盘设备表的元素项磁盘 DCT 驱动程序
的入口地址成为原语存储器的入口地址，原语存储器中包含着一系列的原语，原语中包含着通
信机制原语和进程调度原语。

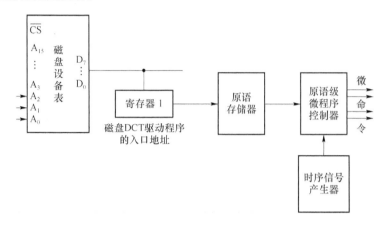

图 5.62　磁盘原语控制器示意图

原语级微程序控制器执行一系列原语，产生一系列微命令。通信机制原语完成一系列表
的操作。例如，将表中的各个元素项通过数据总线送入各个口地址寄存器。进程调度原语完
成一系列的队列操作。例如，就绪原语将 DMA 初始化赋值的所有内容放入就绪队列。队列
是一个块，数据队列的一块是 512 个字节。

同时，原语级微程序控制器中有时序信号产生器，时序信号产生器为每一条原语分配时钟
周期，决定每条原语执行的先后次序。

通信机制原语第二层。如图 5.63 所示，第二步设备类型的一部分成为消息池中消息头的
入口地址，第三步设备类型的另一部分成为磁盘通道控制表的入口地址。

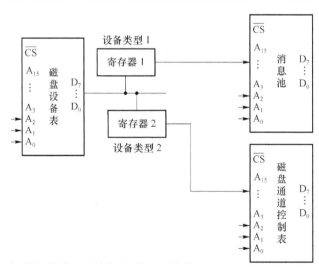

图 5.63　磁盘设备表的设备类型展开示意图

此时的消息池指的是磁盘卡与磁盘设备之间的通信机制。

通道控制表指的是磁盘卡上的通道控制表,当磁盘卡管 DMA 时,通道控制表包含了对 DMA 完全初始化寄存器的所有内容,完成数从磁盘内存到 I/O 缓冲区或者从 I/O 缓冲区到磁盘内存的相互传送。

如图 5.64 所示,在操作系统数据平台上,设备是文件,设备表进入文件表,设备属性决定文件类型(顺序文件、索引文件、散列文件)。磁盘设备是索引文件。文件类型指的是设备文件中各个数据块之间的因果关系,索引文件中的数据块之间是树型结构。

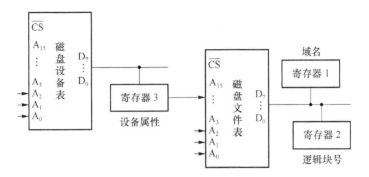

图 5.64 磁盘设备表的设备属性展开示意图

通信机制原语第二层。第四步设备属性成为磁盘文件表的入口地址,第五步将磁盘文件表的域名和逻辑块号送入两个口地址寄存器,这两个口地址寄存器分别成为下一个表的入口地址。

通信机制原语第三层。如图 5.65 所示,第三步磁盘文件表提供的逻辑块号成为 FAT 表的入口地址,第四步 FAT 表将逻辑块号转换成磁盘地址:盘面号、柱面号、扇区号。

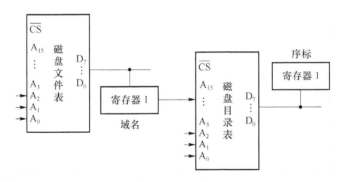

图 5.65 磁盘文件表与 FAT 表的逻辑关系示意图

假设磁盘文件有 8 块,那么,FAT 转换的磁盘地址是第一块的首地址,这 8 个数据块是一个簇链。磁盘设备 CPU 通过程序将这个簇链的内容送入磁盘设备中的队列。

通信机制原语第四层。如图 5.66 所示,第一步磁盘目录表给出的序标送入消息池,第二步 FAT 表转换成的物理地址:盘面号、柱面号、扇区号送入消息池。

磁盘设备 CPU 将序标和物理地址从消息池取出。

如图 5.67 所示,在磁盘设备 CPU 内,序标与物理地址(盘面号、柱面号、扇区号)一级一级地进行索引,索引的过程也就是比较的过程,索引取的是等于,最终找到文件在磁盘上的地址。

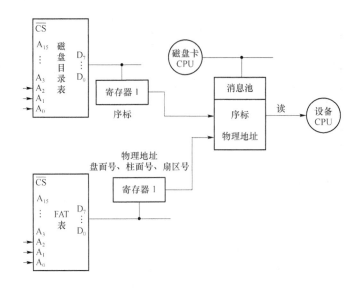

图 5.66　磁盘卡与磁盘设备间的通信机制示意图

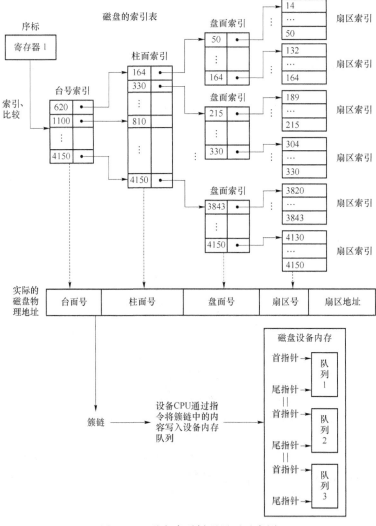

图 5.67　磁盘索引树型展开示意图

如图 5.68 所示,磁盘文件是索引文件,索引表是一个 m 阶的二叉索引树结构。索引文件指的是磁盘卡的设计是按索引结构设计的,CPU 设计指的是文件结构的设计,是逻辑关系的设计,是大规模集成电路的设计,是芯片的设计,面向的对象(设备)不同,采用的文件结构也不同,因此,没有通用的 CPU,也没有通用的操作系统。

图 5.68　磁盘扇区结构示意图

离散数学的图论解决的就是内存中块与块之间的逻辑关系,常用的图的存储结构有 4 种:数组表示法、邻接表、邻接多重表和十字链表。索引文件采用的是链表,散列文件采用的存储桶方法就是邻接表,它们都属于图的一种链式存储结构。

十字链表是有向图的一种链式存储结构,如图 5.69 所示。

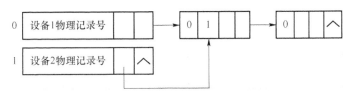

图 5.69　十字链表的逻辑示意图

一个有向图是一个有序的二元组 $<V,E>$,记作 D,其中,

(1) $V \neq \phi$ 称为 D 的顶点集,其元素称为顶点或结点;

(2) E 称为边集,它是卡氏积 $V \times V$ 的多重子集,其元素称为有向边,简称边。

邻接多重表是无向图的一种链式存储结构,如图 5.70 所示。

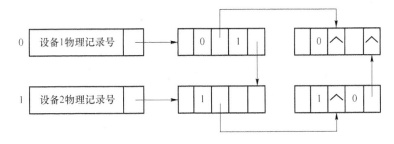

图 5.70　邻接多重表的逻辑示意图

一个无向图是一个有序的二元组 $<V,E>$,记作 G,其中,

(1) $V \neq \phi$ 称为 G 的顶点集,其元素称为顶点或结点;

(2) E 称为边集,它是无序积 $V \& V$ 的多重子集,其元素称为无向边,简称边。

文件结构是离散数学中图论的具体应用,不同的文件结构(如顺序文件、索引文件、散列文件)代表了设备文件中数据块与数据块之间的对应关系。

假设文件有 3 块,那么,该簇链的块长度就是 3,设备 CPU 通过指令将簇链中的内容写入设备内存的队列中去。此时,设备内存是一个链表,链表长度是 3,链表中的每个队列是一个大小为 512 个字节的数据块。队列 3 和队列 2 的首尾指针相连,队列 2 和队列 1 的首尾指针相连。

如图 5.71 所示,磁盘 DCT 表是磁盘操作系统设计的核心,磁盘 DCT 表包含三大块内容:①磁盘通道控制表的入口地址。通道控制表包含着进程调度中,磁盘卡对 DMA 完全初始化寄存器的所有内容。②消息池的入口地址。此消息池指的是磁盘卡和磁盘设备的通信机制。消息池中放着序标和物理地址(盘面号、柱面号、扇区号)。③FCB 表的入口地址。PCB 中包含着磁盘设备状态、磁盘卡状态和通道状态。根据这三者状态来给各个进程排序,决定进程占用 DMA 的先后次序。

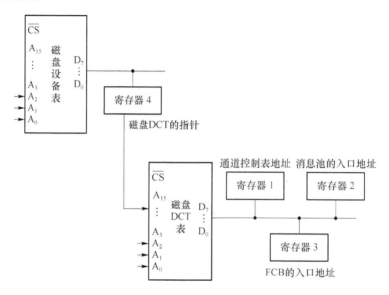

图 5.71　磁盘设备表与磁盘 DCT 表的逻辑关系示意图

通信机制原语第二层。第六步磁盘设备表提供的磁盘 DCT 的指针成为 DCT 表的入口地址,第七步将磁盘 DCT 表的内容送入三个口地址寄存器,这三个口地址寄存器又分别成为下一层表的入口地址。

通信机制原语第三层。如图 5.72 所示,第五步磁盘 DCT 表提供的通道控制表地址成为磁盘通道控制表的入口地址,第六步将磁盘通道控制表的内容送入五个口地址寄存器。磁盘通道控制表包含了对 DMA 完全初始化寄存器的所有内容。

通道控制表中包含五个元素项:传输方向、块大小、块长度、I/O 缓冲区地址、磁盘内存地址。块大小一般是 512 个字节,与磁盘扇区相对应。块长度指的是此次传输几个 512 个字节的块。

通信机制原语第三层。如图 5.73 所示,第七步磁盘 DCT 表中的消息池的入口地址表项成为消息池中消息头的入口地址。

消息池的内容包括:序标和物理地址。此消息池指的是磁盘卡与磁盘设备之间的通信机制。

进程调度原语。如图 5.74 所示,第一步磁盘 DCT 提供 FCB 表的入口地址,第二步将 FCB 的元素项内容送入三个口地址寄存器,这三个口地址寄存器又成为下一层寄存器的入口地址。

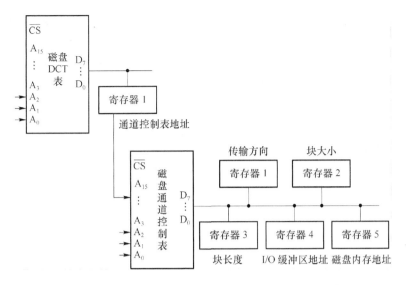

图 5.72　磁盘 DCT 表与磁盘通道控制表的逻辑关系示意图

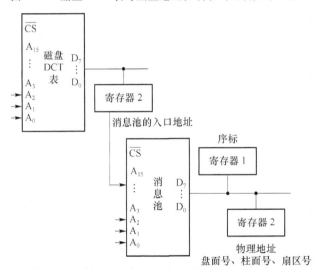

图 5.73　磁盘 DCT 表与消息池的逻辑关系示意图

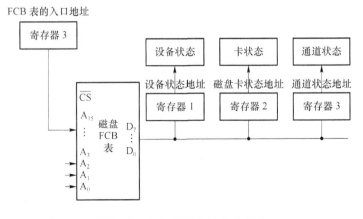

图 5.74　磁盘 FCB 的结构示意图

如图 5.75 所示,磁盘卡监控磁盘设备状态和磁盘卡状态,磁盘卡管 DMA 时,磁盘卡查询通道状态,通道状态查看的是磁盘卡所管辖 DMA 的状态寄存器。

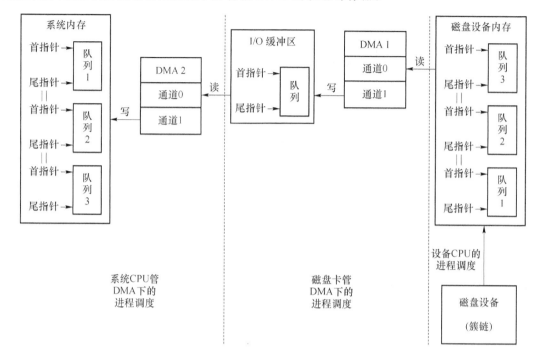

图 5.75　磁盘卡的进程调度示意图

磁盘卡查看三者的状态信息决定进程调度的先后次序,并把对 DMA 初始化的所有内容放入相应的队列,此队列是个循环队列,里面包括运行队列、就绪队列、等待队列和阻塞队列。

磁盘卡管 DMA 时,进程调度完成的是数从磁盘内存到 I/O 缓冲区或者从 I/O 缓冲区到磁盘内存的相互传送。

假设命题:数从磁盘设备内存队列到系统内存队列,文件的块长度是 3,每块的块大小是 512 个字节。

如图 5.76 所示,磁盘卡 CPU 根据三者的状态决定进程调度的先后次序。如果磁盘设备状态没有准备好,即数没有进入设备内存队列,那么,进程处于阻塞态,执行阻塞原语将进程放入阻塞队列。

磁盘设备 CPU 通过指令将磁盘簇链中的内容放入磁盘设备的内存队列,此时,磁盘设备状态准备好,即数进入设备内存队列,那么,进程处于等待态,执行等待原语将进程插入等待队列。

磁盘设备 CPU 执行发送程序将数从磁盘设备传送到磁盘内存中的队列,此时,进程处于阻塞态,执行阻塞原语将进程插入阻塞队列。

如图 5.77 所示,磁盘卡进程调度时,磁盘卡完成对 DMA 的初始化并启动 DMA。磁盘的通道控制表中包含着对 DMA 完全初始化寄存器的所有内容。

此时定义 DMA 的命令寄存器为接口到内存的传送方式。

(1) 通道 0 的寄存器

通道 0 的方式寄存器 $D_7 D_6 D_5 D_4 D_3 D_2 D_1 D_0 = 10111000$,表示通道 0 是 DMA 读传输,地址加 1,采用块字节传输方式。

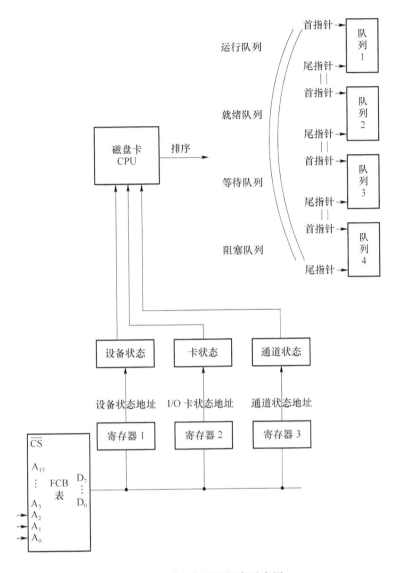

图 5.76 磁盘卡进程调度示意图

基地址寄存器由磁盘的通道控制表的元素项——磁盘内存地址赋值,磁盘内存地址指的是磁盘内存队列的首指针,基地址寄存器此时存放的是源地址。

当前地址寄存器保存 DMA 传送期间所用的地址值,每次 DMA 传输后该寄存器自动加 1。

基字节计数寄存器保存需要传送的字数,此时是 512 个字节,每次传送之后,该值减 1。

一个队列是一个数据块,数据块的大小是 512 个字节,数据块的大小要与磁盘扇区相对应。

通道 0 中的基地址寄存器指的是磁盘内存队列的首指针,在 DMA 数据传输过程中,DMA 传完第一块后,当前地址寄存器的内容给基地址寄存器赋值,开始传送第二块。以此类推,DMA 传完第二块后,当前地址寄存器的内容给基地址寄存器赋值,开始传送第三块。即源地址是不断变化的,由当前地址寄存器的内容来赋值。

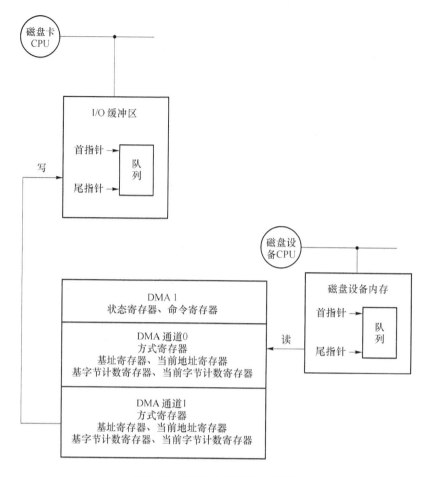

图 5.77　DMA 数据传输示意图

（2）通道 1 的寄存器

通道 1 的方式寄存器 $D_7 D_6 D_5 D_4 D_3 D_2 D_1 D_0 = 10000101$，表示通道 1 是 DMA 写传输，地址减 1，采用块传输方式。

基地址寄存器由磁盘的通道控制表中的元素项——I/O 缓冲区地址赋值，I/O 缓冲区地址指的是 I/O 缓冲区队列的尾指针，基地址寄存器此时存放的是目标地址。

当前地址寄存器保存 DMA 传送期间所用的地址值，每次 DMA 传输后该寄存器自动减 1。假设此次 DMA 传送 3 个数据块，通道 0 的基地址寄存器由磁盘的通道控制表中的元素项——磁盘内存地址赋值后，基地址寄存器之后由当前地址寄存器的内容赋值，即源地址不断变化。DMA 块传 3 次，那么，DMA 传完第一块后，当前地址寄存器的内容给基地址寄存器赋值，开始传送第二块。依此类推，DMA 传完第二块后，当前地址寄存器的内容给基地址寄存器赋值，开始传送第三块。

通道 1 的基地址寄存器第一次由磁盘通道控制表的元素项——I/O 缓冲区地址赋值，此地址指的是 I/O 缓冲区队列的尾指针，之后，基地址寄存器内容不变，即目标地址不变。如果此次 DMA 传送 3 个数据块，那么 I/O 缓冲区中的队列循环使用三次。

DMA 传输过程中，通道 0 中的基字节计数寄存器每次传送之后，该值减 1。而通道 1 中的基字节计数寄存器每次传送之后，该值加 1。

当磁盘卡上的进程调度执行完后,即数从磁盘内存经 DMA 传送到 I/O 缓冲区。此时,系统 CPU 的进程调度开始执行。

系统 CPU 进程调度过程在 5.1 节已详细介绍。磁盘卡中的进程状态与系统 CPU 进程状态有直接联系。如图 5.78 所示,当磁盘卡中的进程处于等待时,系统 CPU 的进程处于阻塞;当磁盘卡中的进程处于就绪时,系统 CPU 的进程处于等待;当磁盘卡中的进程处于执行完后,系统 CPU 的进程就处于就绪。

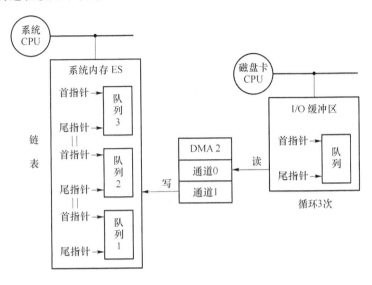

图 5.78　系统 CPU 进程调度示意图

如图 5.79 所示,磁盘内存的队列 1,磁盘卡 I/O 缓冲区的队列 2,系统内存的队列 3,三者之间是一一对应的,最终都对应着磁盘的扇区,扇区是最小的存储单元。块的大小都是以扇区为基准,是扇区大小的倍数。

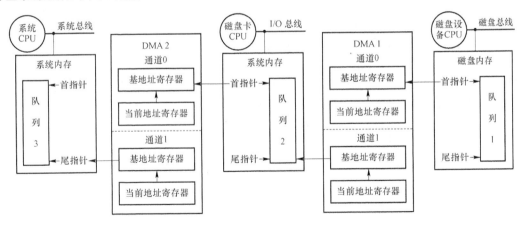

图 5.79　系统 CPU 进程调度与磁盘卡进程调度示意图

域名对应一个磁盘文件名,对应一个磁盘文件,对应一个设备的控制参数,对应一个设备环,对应着磁盘内存队列、I/O 缓冲区队列、系统内存队列。

系统 CPU、磁盘卡、磁盘设备三者都有自己的进程调度和通信机制,进程调度和通信机制都是为了打造数据通道,搭建数据平台。

5.3 操作系统的设备管理与I/O卡管理

> 操作系统设计以设备为核心,通信机制也是围绕设备表来展开叙述的。
>
> 在操作系统中,设备以文件的形式存在,文件是数据结构重要的表现形式,设备表进入文件表。
>
> I/O卡是I/O缓冲区,是设备进入操作系统的I/O缓冲区。
>
> 单缓冲、双缓冲、循环缓冲都属于I/O卡I/O缓冲区的一种结构。
>
> I/O卡所配备的总线是I/O总线,它和CPU的系统总线通过DMA完成数在系统总线下的系统内存和I/O总线下的I/O缓冲区之间的相互传送。

➤ 关键词

设备、网卡、IOP、DMA、索引文件、散列文件。

➤ 主要内容

- 设备是文件,索引文件和散列文件的文件结构;
- 网卡管DMA时的通信机制和进程调度;
- IOP管DMA时的通信机制和进程调度。

设备管理是按行业来划分,按系统工程的需求,将不同属性的设备,打造在一个数据平台上,以供控制系统的需求。行业有行业的需求,军方有军方的需求,按行业打造数据平台。

设备是控制对象,是外部总线,是文件,是操作系统设计的核心,文件是数据结构重要的表现形式。

操作系统是控制许多离散设备,为设备打造数据通道,创建数据平台。设备要想进入操作系统就必须遵守操作系统制定的通信标准。

操作系统没有军用、民用和商用之分,操作系统就是个控制系统,根据系统工程的需求,由设备属性决定操作系统的性质。

没有通用的操作系统,也没有通用的CPU,操作系统设计是面向对象的设计,面向对象即面向设备,面向对象的属性不同,操作系统也会不同。例如,磁盘设备的属性要求将磁盘内存的空间转换成台面号、柱面号、盘面号、扇区号,从而找到扇区地址;显卡设备的属性要求将显卡内存的空间转换成块号、行号、列号,从而找到像素点地址。操作系统要满足设备的工艺流程的需求,满足系统工程的需求。

5.3.1 设备管理

设备的功能定义:设备是控制对象,是外部总线,是文件,是操作系统设计的核心。操作系统是为设备打造数据通道,创建数据平台。设备要想进入操作系统就必须遵守操作系统制定的通信标准。

操作系统是规则的制定者,所有的数据通道,通信约定都已经制定好了,设备只是借助操作系统这个数据平台来使其自身的功能作用达到最优化,充分展示设备的性能,使其达到最佳控制。

根据系统工程的需求来设计相应的操作系统,系统工程的需求决定了选用哪些设备,设备属性是什么,设备有多少个参数,每个参数数据量的大小,各设备之间的调用关系,设备的优先级高低等,这些问题都应经确定好了,即工程诉求,要做什么,必须提前定义好。

工程诉求提出后,操作系统这个数据平台上,有多少台设备,多少个域名,域名文件的大小,传输方向,优先级等也就定义好了。之后,操作系统设计就通过离散数学的群、环、域,数据结构的表、树、图,自动控制原理的开环、闭环将不同属性的设备集成控制整合到同一个大数据平台上,并为各个设备打造数据通道,制定设备统一的通信标准。

只有这样设计的操作系统才能发挥系统的最佳性能,使每台设备都能充分的展现自己,使其具有最高的使用效率。实现设备间最好的排列组合,使设备间的配合亲密无间、浑然一体,达到其的最佳工作状态。

操作系统是体系结构的设计理念,是大规模集成电路的设计理念,是印刷线路板的设计理念,是芯片的设计理念。

操作系统设计应包括核、高、基、理论的研究,大规模集成电路设计,网络设计和数控四个方面,它们是四位一体的关系,是一个统一的整体。

站在体系结构的角度上,操作系统设计包含七大主要部分:设备、定时计数器、中断、DMA通道、内存、I/O 缓冲区、总线结构。操作系统通过对这七大部分的系统大布局,来创建系统工程层面所需求的大数据平台。

假设操作系统中有 200 台设备,1 024 个域名。从设备开始介绍这七大部分的功能作用。

如图 5.80 所示,操作系统数据平台上有 200 台设备,每台设备有多个域名。以设备 1 为例,设备 1 有六个域名:速度传感器、角度传感器、位移传感器、速度执行机构、角度执行机构和位移执行机构。

每个域名都对应一个设备控制参数,对应一个文件名,对应一个同步字符,对应一个消息头,对应一个设备内存队列,对应一个 I/O 缓冲区队列,对应一个系统内存队列,对应 DMA 的一路通道。每个域名都要在各个表中登记注册,操作系统要给每个域名打造数据通道,分配内存空间和磁盘空间。

对于设备自身来讲,设备有自己的设备总线,自己的 CPU,自己的内存,自己的接口,自己的中断。

设备从外部总线接收到同步字符后,同步字符在设备上转换成域名,假设此同步字符对应的是速度传感器,设备 CPU 查速度传感器对应的设备内存中的队列 1 状态,如果队满,即速度传感器采集的数在队列 1 内。设备 CPU 则将队列 1 状态发送到外部总线上,并返回给适配器卡。

如果队列 1 的状态为队空,即数还没有送入设备内存队列。那么,速度传感器域名成为对应的速度调度程序的入口地址,设备 CPU 执行调子程序,将数从速度传感器送入设备内存队列 1 中去。

速度传感器的调子程序的实现的过程是:速度传感器→数→多路开关→A/DC→并口→设备内存队列 1,实现的是数的调度过程。

每个域名对应一个调子程序,设备 1 中有六个域名,那么,就有六个调子程序与之一一对应。同时,每个域名在设备内存中都对应一个队列。

速度执行机构的调子程序的实现的过程是:设备内存队列 4→数→并口→D/AC→多路开关→速度执行机构,实现的是数的反馈过程。

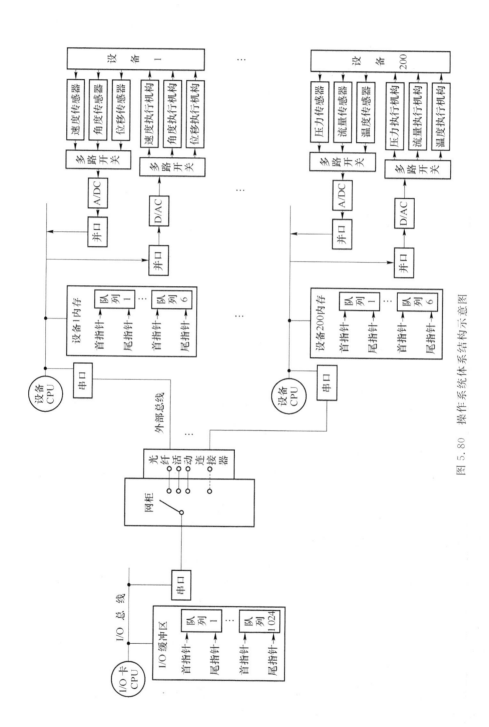

图 5.80　操作系统体系结构示意图

定时计数器给设备分配时间片,在时间片内,设备执行相应的调子程序,将数从传感器采集到设备内存队列,或者将设备内存队列的数反馈给执行机构。

相对应适配器卡来讲,设备内存的队列 1、队列 2、队列 3 是输出队列,分别对应着速度传感器域名、角度传感器域名和位移传感器域名。设备内存的队列 4、队列 5、队列 6 是输入队列,分别对应着速度执行机构域名、角度执行机构域名和位移执行机构域名。

如图 5.81 所示,从自动控制原理的角度讲,设备 1 中包含六个域名,三个设备环:速度环、角度环和位移环。

假设每个域名文件的大小是 1MB,那么,设备 1 内存的数据段就要 6MB,程序段要有六个对应的调子程序。

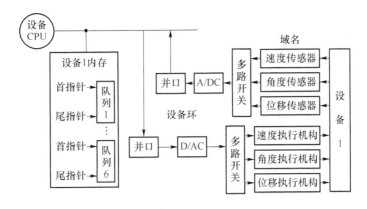

图 5.81　设备环结构示意图

同时,在设备方面,因为操作系统是面向对象的,对象指的是各种不同属性的设备,每台设备都由各自的设备运行参数、指标等,因此我们必须要根据对方想达到的目的将其设备集成,为设备打造数据通道,搭建实现其功能需求的数据平台。

如图 5.82 所示,设备属于外部总线,设备通过接口连接到外部总线上的网柜,网柜是一个一对多的电子开关。

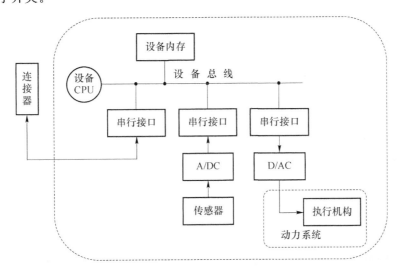

图 5.82　设备级示意图

设备是文件,设备属性决定文件属性,文件包括顺序文件、索引文件和散列文件。

文件是表、树、图的最终表现形式,设备是文件,文件的核心就是给设备的数据链分配各级存储空间。文件不是软件,它是内存地址的一种组织结构。例如,索引文件指的是比较电路的设计,比较电路有大于、小于和等于三种情况,索引一定是等于,学体系结构一定学过 Cache 区,Cache 区支持块传,相联存储体就是一个标准的索引文件,是一个逻辑关系的设计。

本节以索引文件和散列文件为例,阐述文件的组织结构。

磁盘是索引文件,索引文件指的是磁盘卡的设计是按索引结构设计的,CPU 设计指的是文件结构的设计,是逻辑关系的设计,是大规模集成电路的设计,是芯片的设计,面向的对象(设备)不同,采用的文件结构也不同,因此,没有通用的 CPU,也没有通用的操作系统。

如图 5.83 所示,磁盘文件表给出域名,域名经过磁盘目录表转换成序标。磁盘目录表会存放在磁道 0 和磁道 1 上,因为磁道 0 的磁密度小,每个域名文件都要在磁盘目录表中登记注册。

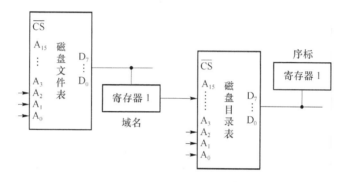

图 5.83 磁盘文件表与磁盘目录表的逻辑关系示意图

如图 5.84 所示,在磁盘设备 CPU 内,序标与物理地址(盘面号、柱面号、扇区号)进行一级一级的索引,索引的过程也就是比较的过程,索引取的是等于,最终找到文件在磁盘上的地址。索引表是一个 m 阶的二叉索引树结构,索引文件是树型结构。

索引过程中,只需要索引到域名文件的第一个数据块即可,剩下的数据块通过簇链链接到一起。

索引文件是一个树型,散列文件是一个图型结构。

图应用在散列文件中,采用散列文件进行管理时,此时外部设备的智能化水平很高,外部总线是网络总线,设备与设备之间可以互相调用,如果把每台外部设备看作一个结点,那么所有的外部设备构成了一个图。

在图中任意两个结点都可以发生关系,也即外部设备间可以直接通过网架结构进行数据传输,打造网络数据通道。

散列文件采用存储桶的方法,每个存储桶里包含一个或多个页块,此时数据的存放形式不再是队列而是页块的形式,每个外部设备对应一个存储桶,有一个存储桶目录,存放指针,每个指针对应一个存储桶,每个指针就是所对应存储桶的第一个页块的地址,存储桶目录存放在 CPU 中。

按桶散列方法的基本思想是:把一个文件的记录分为许多存储桶,每个存储桶包含一个或多个页块,一个存储桶的各页块用指针链接起来,每个页块包含若干记录。散列函数 H 把关键字 K 转换为存储桶号,即 $H(K)$ 表示具有关键字 K 的记录所在的存储桶号。

如图 5.85 所示为一个具有 B 个存储桶的散列文件组织。有一个存储桶目录表,存放 B

个指针,每个存储桶一个,每个指针就是所对应存储桶的第一个页块的地址。当一个散列函数值 i 被计算出来时,首先调存储桶目录表中包含第 i 个存储桶目录的页块进入主存,从中查到第 i 个存储桶的第一个页块的地址,然后再根据这个地址调入相应的页块。

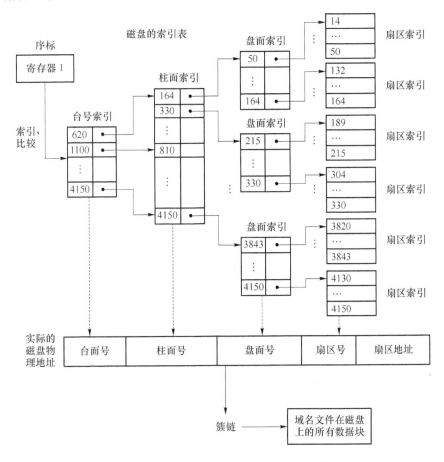

图 5.84 磁盘索引文件结构示意图

均匀的散列函数可以减少冲突,但不能避免冲突。通常用的处理冲突的方法有以下几种:①开放定址法;②再哈希法;③链地址法;④建立一个公共溢出区。其中,链地址法应用最为广泛。

散列文件的组织如图 5.85 所示。

在散列文件中,外部设备与外部设备间可以直接通过网架结构交换数据,也即存储桶之间可以互相调用。此时,数据元素间不再是线性关系和树型关系,而是图型结构。在图型结构中,结点之间的关系可以是任意的,图中任意两个数据元素之间都可能相关。

逻辑块号就是记录号,散列函数是网架结构的设计理念,表示设备之间的主从调用关系,网架结构中的每台设备都由一个存储桶目录表,表中记录着所有可能与该设备发生数据调用的网络设备。

操作系统是将离散的设备集成控制在同一个数据平台上,系统集成包括两个方面:网架结构和生产网架结构。系统集成的核心是网架结构,最终目的是定义网架结构的调度机制和通信标准,从而达到控制系统的目的。

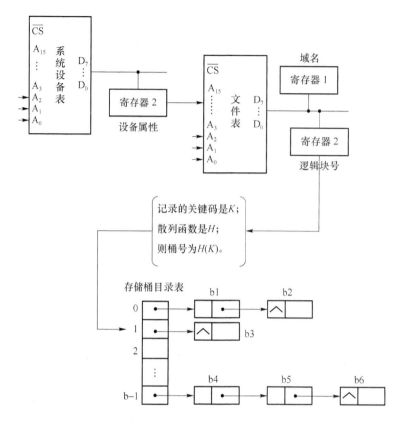

图 5.85　散列文件的结构示意图

　　如图 5.86 所示,网卡与设备之间是一个网柜(智能电子开关),通过通信机制选择设备,并将相应的电子开关闭合。此时,网架结构是一个数组,表示的是一个向量。当多块计算机网卡与多台广义设备通过交换机连接时,网架结构是一个矩阵,矩阵中的每个元素项是一个向量,矩阵是多个向量的集合。

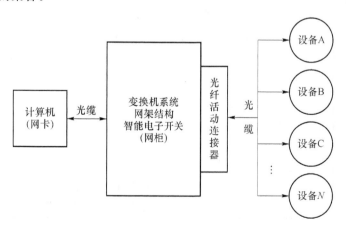

图 5.86　网架结构示意图

　　如图 5.87 所示,网柜(智能电子开关)是指利用控制板和电子元器件的组合,以实现电路智能开关控制的单元。网柜上一个开关的闭合代表着一个网络调度,一条扩展的 INT 指令,一条网络数据链。同时,网柜的开关设计也是根据系统工程的需求而设定的。

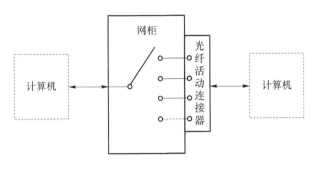

图 5.87 网柜示意图

5.3.2 I/O 卡管理

I/O 卡的功能定义:I/O 卡是 I/O 缓冲区,是设备进入操作系统的 I/O 缓冲区。

单缓冲、双缓冲、循环缓冲都属于 I/O 卡 I/O 缓冲区的一种结构。

I/O 卡所配备的总线是 I/O 总线,它和 CPU 的系统总线通过 DMA 完成数在系统总线下的系统内存和 I/O 总线下的 I/O 缓冲区之间的相互传送。

I/O 卡通过串行接口上带的外部总线完成与设备的通信和数据调度。设备有自己的设备总线,设备总线通过串行接口挂在外部总线上,设备总线属于外部总线的一种。

网络总线属于外部总线的一种形式,网络总线上有网柜,网柜也是设备,是专用设备。

I/O 卡作为系统结构中的功能模块占据十分重要的地位,它起到承上启下的作用。向上与系统 CPU 进行通信,由 CPU 控制 DMA 并对 DMA 初始化,完成数在 I/O 缓冲区和系统内存的相互传输。向下完成与设备的数据通信,选通一条数据通道。

在网架结构中,I/O 卡指的是网卡,此时,网卡向上与系统 CPU 进行通信,并控制 DMA 对 DMA 初始化,完成数在 I/O 缓冲区和系统内存的相互传输。向下完成与网络设备网柜的数据通信,决定网柜中的电子开关的闭合,选通一条数据路径。

到此,我们将三总线结构中系统总线、I/O 总线和外部总线三者之间的因果关系介绍清楚了。

假设命题:操作系统中有 200 台设备,1 024 个域名。也就是说,数据平台上有 1 024 条数据通道。

如图 5.88 所示,操作系统是为设备创建数据平台,打造数据通道。每个域名对应一条数据通道,对应一个同步字符,对应一个消息头。

如图 5.89 所示,同步字符在 I/O 卡上,操作系统上有 1 024 个域名,就要有 1 024 个同步字符,1 024 个调子程序,I/O 缓冲区内就要有 1 024 个队列。

I/O 卡和设备之间的通信机制是同步字符,同步字符的内容包括设备号和域名。在时间片内,I/O 卡执行初始化程序将同步字符完成对串口的初始化定义,并将同步字符广播到外部总线上,其中,设备号经过译码将对应的电子开关闭合,选通相应的设备通道。

网柜也是设备,属于网络设备。当设备通道选通后,设备接收同步字符,同步字符在设备上转换成域名,设备定时查看此域名在设备内存中对应的队列状态,如果队满,设备 CPU 将设备状态广集到外部总线上,返回给 I/O 卡。

I/O 卡根据返回的设备状态和 I/O 卡自己的状态来决定 I/O 卡上的进程调度。

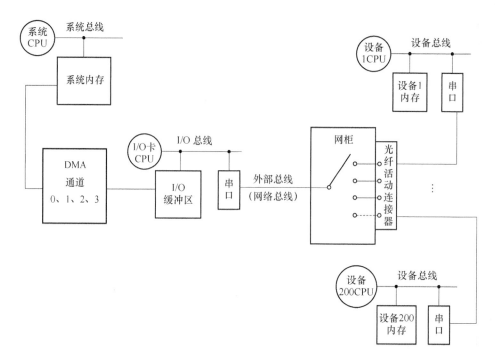

图 5.88　操作系统体系结构示意图

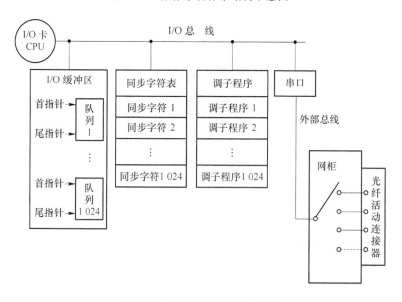

图 5.89　I/O 卡的结构示意图

如图 5.90 所示,以设备 1 中的速度传感器域名为例,速度域名传感器对应着设备 1 内存中的队列 1 和 I/O 缓冲区中的队列 1。

如果设备 1 内存中的队列 1 状态是队满,I/O 缓冲区中的队列 1 状态是队空,那么,I/O卡执行速度传感器域名对应的调子程序,将数从设备内存队列 1 传送到 I/O 缓冲区中的队列 1。

数从设备 1 内存队列到 I/O 缓冲区队列的过程:①设备 CPU 通过指令将数从设备 1 内存的队列 1 取出并放入串口 1 的输出缓冲区;②串口 1 执行发送程序,I/O 总线上的串口执行接收程序,将数从串口 1 的输出缓冲区送入串口的输入缓冲区;③速度传感器域名成 I/O 卡上调子程序 1 的入口地址,I/O 卡执行调子程序 1 将数从串口的输入缓冲区写入 I/O 缓冲区的队列 1 中。

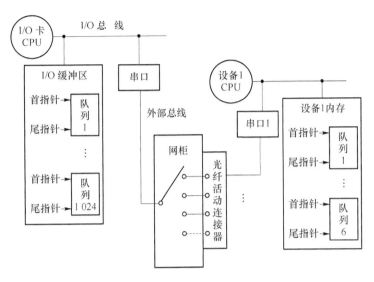

图 5.90　I/O 卡与设备之间的数据传输示意图

如图 5.91 所示,网卡作为网架结构中的功能模块占据十分重要的地位,它起到承上启下的作用。向上与系统 CPU 进行通信,并控制 DMA 对 DMA 初始化,完成数在 I/O 缓冲区和系统内存的相互传输。向下完成与网络设备网柜的数据通信,决定网柜中的电子开关的闭合,选通一条数据路径。

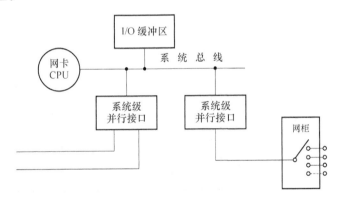

图 5.91　网卡示意图

系统集成的第二个方面是生产网架结构(这里包括企业现有产品:光缆、连接器、传感器)、主板、交换机(网架结构中的组成部分,支撑数据流的高速交换)和网卡(用于与计算机的连接)。其他设备由外部配套,网络设备包括网柜和外部配套设备,这些设备必须满足我们所制定的调度机制和通信标准,这样便将企业推向产业链的最高端。

如图 5.92 所示,操作系统中有 1 024 个域名,那么,消息池中就有 1 024 个消息头,I/O 卡上就有 1 024 个同步字符。1 024 个域名与 1 024 个消息头,1 024 个同步字符是一一对应的,哪个域名的就是哪个域名的,操作系统已经定义好了。

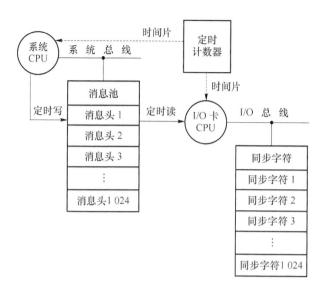

图 5.92　通信机制示意图

定时计数器为系统 CPU、I/O 卡分配时间片,在时间片内,系统 CPU 定时将内容写入消息池中的消息头,I/O 卡定时将消息头内容取出,消息头中的设备号＋域名转换成同步字符的入口地址。

在 I/O 卡上,每个域名对应一个同步字符,对应一个调子程序,对应一个初始化程序。设备号＋域名成为同步字符的入口地址后,I/O 卡执行初始化程序,将同步字符内容取出完成对串口的初始化定义。

如图 5.93 所示,操作系统中有 1 024 个域名,I/O 缓冲区内就有 1 024 个队列,系统内存附加段中也有 1 024 个队列。1 024 个域名与 1 024 个 I/O 缓冲区队列,1 024 个系统内存队列是一一对应的,哪个域名的就是哪个域名的,操作系统已经定义好了。

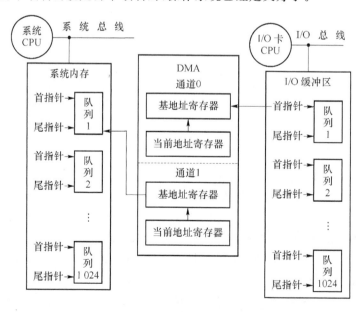

图 5.93　DMA 数据传输示意图

操作系统已经为每个域名都分配好了内存空间和磁盘空间,这是创建大数据平台的基础。

数在 I/O 缓冲区与系统内存之间相互传送时,采用的是 DMA 块传输方式,DMA 支持存储器到存储器的传输。

那么,操作系统设计的一个关键问题是:谁管 DMA。系统 CPU、I/O 卡和 IOP 三者都可以管。4.1 节介绍的是系统 CPU 管 DMA 的情况,本节介绍 I/O 卡管 DMA 的情况,下节介绍 IOP 管 DMA 的情况。

当 I/O 卡管 DMA 时,系统 CPU 要把 DMA 完成初始化的所有内容都放入消息池,I/O 卡将消息池内容取出完成对 DMA 的初始化并启动 DMA。

下面介绍 I/O 卡管 DMA 时的数据通道打造过程。

如图 5.94 所示,操作系统中,200 台设备分别对应 200 条 INT 软中断指令,每条 INT 指令都派生出一个中断类型码,中断类型码成为中断描述符表的入口地址。

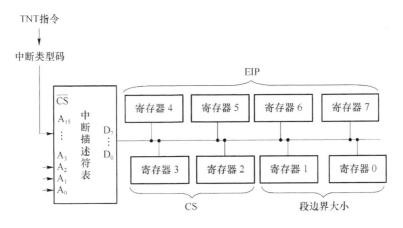

图 5.94　中断描述符表结构示意图

中断描述符表有两个功能作用:①断点入栈,保存断点信息;②提供设备表的入口地址。操作系统是控制离散设备,为设备打造数据通道,创建数据平台,所以说,设备表是操作系统设计的核心。

如图 5.95 所示,CS 寄存器中的 TI 位是一个二叉树的选择位,TI=1,选择局部表。局部表给出 ROM BIOS 地址,ROM BIOS 包含三部分内容:①各个表的入口地址以及表展开时各个寄存器的地址;②表中的所有元素项内容;③初始化程序。

此 ROM BIOS 地址指的是设备表的入口地址放在 ROM BIOS 中的地址,设备表的入口地址从 ROM BIOS 中取出,并成为系统设备表的入口地址。

如图 5.96 所示,每个要进入操作系统这个数据平台上的设备,先要在系统设备表中登记、注册。设备中有多少个域名,各个域名文件在各个内存中的地址,1 024 个域名对应 1 024 个 DCT 表,DCT 的内容包含什么等,这些问题在操作系统中已经都给设备提前定义好了。

通信机制原语第一层,第一步将系统设备表的元素项分别送入四个口地址寄存器,四个口地址寄存器分别成为下一个的入口地址。系统设备表有四个元素项:设备类型、设备属性、DCT 驱动程序的入口地址、DCT 的指针。

通信机制原语第二层。第一步系统设备表的元素项 DCT 驱动程序的入口地址成为原语存储器的入口地址,原语存储器中包含着一系列的原语,原语中包含着通信机制原语和进程调度原语。

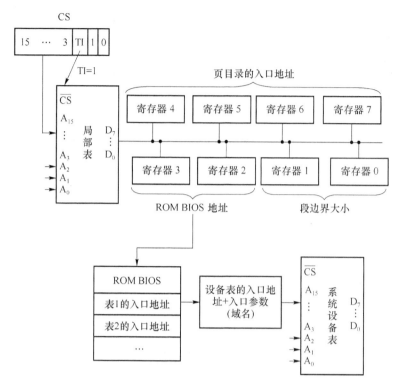

图 5.95　局部表、ROM BIOS、设备表的逻辑关系示意图

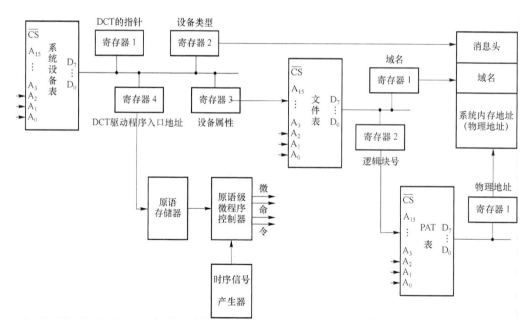

图 5.96　系统设备表的展开示意图

原语级微程序控制器执行一系列原语,产生一系列微命令。通信机制原语完成一系列表的操作。例如,将表中的各个元素项通过数据总线送入各个口地址寄存器。进程调度原语完成一系列的队列操作。例如,就绪原语将 DMA 初始化赋值的所有内容放入就绪队列。队列

是一个块,数据队列的一块是 512 个字节。

同时,原语级微程序控制器中有时序信号产生器,时序信号产生器为每一条原语分配时钟周期,决定每条原语执行的先后次序。

通信机制原语第二层。第二步系统设备表中的设备类型元素项成为消息池中消息头的入口地址。

通信机制原语第二层。第四步系统设备表中的设备属性元素项成为文件表的入口地址,第五步将文件表的域名和逻辑块号送入两个口地址寄存器,这两个口地址寄存器分别成为下一个表的入口地址。

文件表提供的域名放入消息头。

文件表提供的逻辑块号经过 PAT 转换成物理地址,此物理地址指的是系统内存地址。I/O 卡管 DMA 时,用于对 DMA 的源地址 SI 目标地址 DI 寄存器赋值。

设备以文件形式存在,所以才有文件表。设备属性形成文件表的入口地址后,文件表将该进程调度的逻辑块号与域名,分别送入域名地址寄存器和逻辑块号寄存器。

如图 5.97 所示,通信机制原语第二层。第六步系统设备表提供的 DCT 的指针成为 DCT 表的入口地址,第七步将 DCT 表的内容送入三个口地址寄存器,这三个口地址寄存器又分别成为下一层表的入口地址。

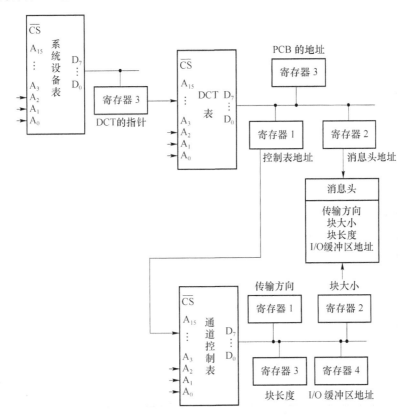

图 5.97 DCT 表的展开示意图

DCT 中的控制表地址元素项成为通道控制表的入口地址,通道控制表包含四个元素项:传输方向、块大小、块长度、I/O 缓冲区地址。这四个元素项都要写入消息头。

DCT 表提供消息头的入口地址,将文件表提供的设备号和域名写入消息头。

操作系统的核心是给设备打造数据通道,创建数据平台。操作系统设计以设备表为核心,设备表的核心是 DCT 表。

至此,对通信机制来说,消息头的内容已经准备好。

通信机制过程中,消息头的内容包括:设备号、域名;系统内存地址、I/O 缓冲区地址、块大小、块长度、传输方向。

如图 5.98 所示,通信机制中,当 I/O 卡管 DMA 时,消息头有两部分功能:①找谁,即哪台设备的哪个域名,由设备号和域名给出;②I/O 卡对 DMA 完全初始化寄存器的所有内容。

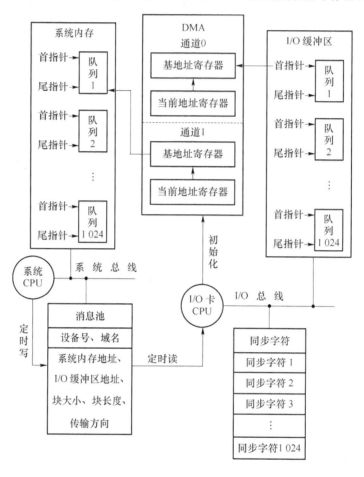

图 5.98 I/O 卡管 DMA 时的结构示意图

I/O 卡将消息头内容取出,其中,设备号＋域名成为同步字符的入口地址,之后,I/O 卡转入相应的初始化程序,完成对串口的初始化定义,将同步字符广播到外部总线上。

每个域名对应唯一的一个同步字符,唯一的一个初始化程序,唯一的一个 I/O 缓冲区队列,唯一的一个系统内存队列。

当速度传感器域名的数进入 I/O 缓冲区的队列 1 后,即速度传感器域名对应进程的处于就绪状态。I/O 卡查看 DMA 通道状态,假设 DMA 的通道 0 和通道 1 分配给了速度传感器域名,那么,I/O 卡就查看通道 0 和通道 1 的状态寄存器。

如果通道 0 和通道 1 空闲,那么,I/O 卡将从消息头取出的内容用于对 DMA 的通道 0 和通道 1 寄存器以及命令寄存器进行初始化,并启动 DMA,开始进程调度,将数从 I/O 缓冲区的队列 1 经 DMA 块传到系统内存的队列 1 中去。

如图 5.99 所示,时间片完后,如果速度传感器域名进程的数没有传完,则将队列里的断点信息保存到 TSS 表,因为数从 I/O 缓冲区经 DMA 到系统内存,所以,TSS 表中的 I/O 缓冲区地址指的是 I/O 缓冲区中队列的首指针,下次要传的目标地址指的是 DMA 通道中的当前地址寄存器内容,对应着系统内存附加段的地址,对应着出口参数,即下次数据传输时,数在系统内存的目标地址。

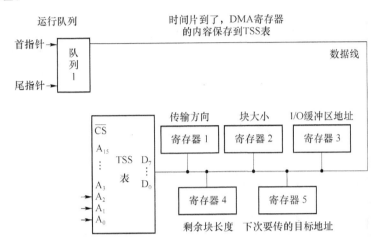

图 5.99 TSS 表的结构示意图

如图 5.100 所示,操作系统中,有 200 台设备,1 024 个域名。操作系统是控制离散设备,为设备打造数据通道。有 1 024 个域名,就有 1 024 条数据通道,系统内存就有 1 024 个队列,消息池中有 1 024 个消息头,I/O 缓冲区中有 1 024 个队列,I/O 卡上有 1 024 个同步字符,1 024 个调子程序,1 024 个初始化程序。

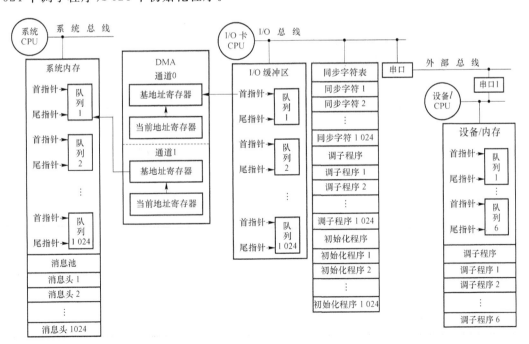

图 5.100 操作系统结构示意图

对于设备 1 来说,设备 1 包含 6 个域名,设备内存队列中就有 6 个队列,设备 1 上有 6 个调度子程序。设备 1 上的速度传感器域名对应着 DMA 中通道 0 和通道 1。

在操作系统这个大数据平台上,有多少台设备,多少个域名,多少条数据通道,域名文件在各级内存地址怎么分,块大小,文件大小,传输方向,磁盘空间怎么分,消息池有多大,消息池中各个地址放什么,设备表、文件表、中断向量表、ROM BIOS 等中包含哪些内容,表展开时有多少个寄存器,地址是什么,内存和磁盘的映射关系是什么,计数器如何设计,DMA 通道如何分配,同步字符包含哪些内容,表与表之间的关系是什么等一系列问题,在操作系统设计中都已经定义好了,INT 软中断指令只是启动某条数据通道。

所以说,操作系统没有军用、民用和商用之分,操作系统就是个控制系统,根据系统工程的需求,选择不同属性的设备,操作系统为离散设备打造数据通道,创建数据平台。

没有通用的操作系统,也没有通用的 CPU,操作系统设计是面向对象的设计,面向对象即面向设备,面向对象的属性不同,操作系统也会不同,为设备打造的数据通道也不同,创建的数据平台也不同,例如,航母大数据平台、数控机床数据平台等。

操作系统是控制离散设备,为设备打造数据通道,创建数据平台。通信机制和进程调度就是打造数据通道的过程。

通信机制解决的问题是:找谁(哪台设备的哪个域名),放在内存的什么位置,消息池和同步字符包含哪些内容,是一系列的表操作过程。

进程调度解决的问题是:通信机制找到域名后,数在各级内存队列是如何传送的,串口和DMA 的各个寄存器是如何初始化定义的,这些寄存器包括命令寄存器、方式寄存器、地址寄存器、字节计数器等。

如图 5.101 所示,通信机制和进程调度过程离不开时间片,在系统结构中,系统 CPU、适配器卡、设备都由定时计数器来统一分配时间片。

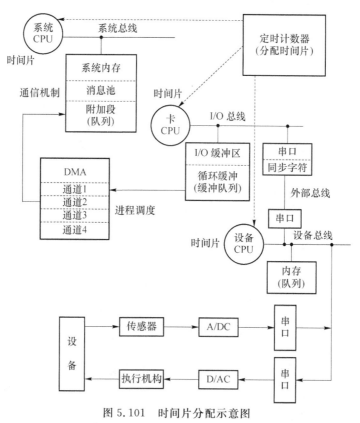

图 5.101　时间片分配示意图

5.3.3 IOP 管理

操作系统是控制离散设备,为设备打造数据通道,创建数据平台。如何分配 DMA,是打造数据通道的关键。

IOP 的功能定义:IOP 是通道,属于 I/O 卡的一种,IOP 使用的是 I/O 总线。IOP 是为了解放系统 CPU 和 I/O 卡一部分功能。

系统 CPU、I/O 卡、IOP 三者都可以管 DMA,系统 CPU、I/O 卡管 DMA 的情况在前面章节已做详细介绍,本节主要介绍 IOP 如何管 DMA,IOP 管 DMA 时的通信机制和进程调度路径。

假设命题:操作系统中有 200 台设备,有 1 024 个域名,如图 5.102 所示。在 CPU 模块上,系统内存附加段中就有 1 024 个队列,消息池中有 1 024 个消息头,1 024 个 DCT 表,1 024 个文件表,1 024 个 PCB 表,1 024 个通道控制表与这 1 024 个域名一一对应。

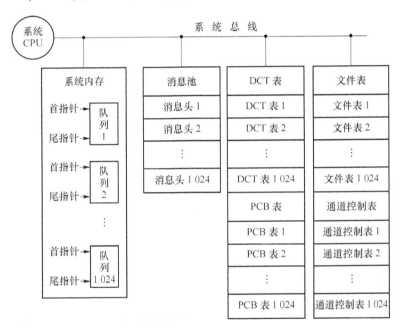

图 5.102 系统 CPU 结构示意图

如图 5.103 所示,相应的 I/O 卡上就有 1 024 个同步字符,1 024 个调子程序,1 024 个初始化程序,I/O 缓冲区有 1 024 个队列,分别于每个域名一一对应。

系统 CPU 有哪些功能模块,I/O 卡有哪些功能模块已经罗列出来了,IOP 的出现是为了减轻系统 CPU 和 I/O 卡的任务,此时,IOP 来管 DMA,完成对 DMA 的初始化并启动 DMA。

下面介绍 IOP 管 DMA 时,整个通信机制和进程调度过程,即 IOP 管 DMA 时,数据通道的打造路径,如图 5.104 所示。

(1) INT 软中断指令派生出中断类型码,中断类型码成为中断向量表的入口地址,中断向量表提供 ROM BIOS 的地址,ROM BIOS 给出设备表的入口地址。

(2) 设备表给出 DCT 表的入口地址,系统 CPU 将 DCT 表的所有内容写入信箱。系统 CPU 与 IOP 的通信机制是信箱,信箱是内存的一块共管区,由系统 CPU 和 IOP 交互访问。

(3) 在时间片下,IOP 定时查看信箱的内容,并将信箱的内容取出。信箱的内容包括两部分:①设备号和域名,解决的问题是找谁,即哪台设备的哪个域名。②IOP 对 DMA 寄存器完全初始化的所有内容。

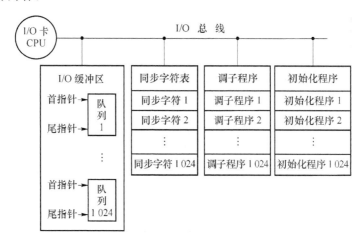

图 5.103　I/O 卡结构示意图

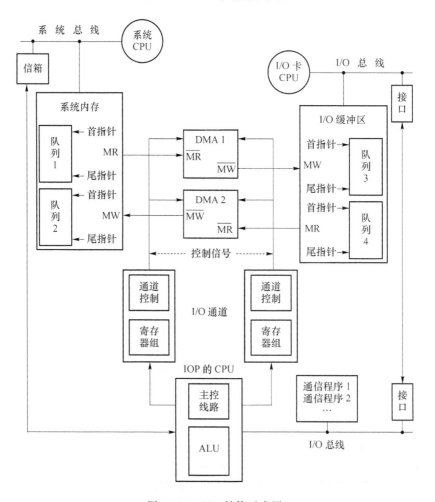

图 5.104　IOP 结构示意图

（4）此时,同步字符在 IOP 上,设备号＋域名成为同步字符的入口地址,选择对应域名的同步字符,并将同步字符通过并口发送给 I/O 卡。IOP 与 I/O 卡的通信是接口对接口的。

（5）I/O 卡接收到同步字符后,执行域名对应的初始化程序,完成对 I/O 卡自己串口的初始化定义,将同步字符发送到外部总线上。

（6）设备号经过译码,使网柜上相应的电子开关闭合,选通相应设备的数据通道,同步字符到设备上后,设备将同步字符转换成域名,并查看域名对应的设备内存队列的状态,将设备状态经外部总线返回给 I/O 卡。

（7）I/O 卡接到返回的设备状态后,将 I/O 卡状态和设备状态通过接口返回给 IOP。设备状态指的是域名对应的设备内存中的队列状态,I/O 卡状态指的是域名对应的 I/O 缓冲区中的队列状态。

（8）IOP 根据自己的通道状态,以及 I/O 卡提供的设备状态和 I/O 卡状态来决定进程调度的先后次序,并完成对 DMA 的初始化定义,启动 DMA。

这样,IOP 接管了系统 CPU 的进程调度模块以及 I/O 卡的同步字符模块,IOP 的出现就是为了解放 CPU 与 I/O 卡的某些任务,提供操作系统的速度。

下面详细介绍 IOP 管 DMA 时,设备数据通道的打造过程。

如图 5.105 所示,操作系统中,200 台设备分别对应 200 条 INT 软中断指令,每条 INT 指令都派生出一个中断类型码,中断类型码成为中断描述符表的入口地址。

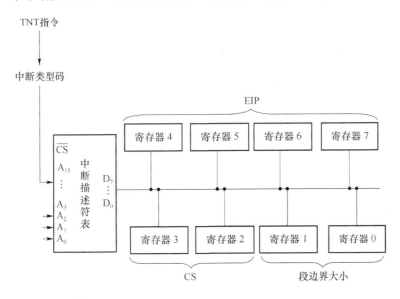

图 5.105　中断描述符表结构示意图

中断描述符表有两个功能作用:①断点入栈,保存断点信息;②提供设备表的入口地址。操作系统是控制离散设备,为设备打造数据通道,创建数据平台,所以说,设备表是操作系统设计的核心。

如图 5.106 所示,CS 寄存器中的 TI 位是一个二叉树的选择位,TI＝1,选择局部表。局部表给出 ROM BIOS 地址,ROM BIOS 包含三部分内容:①各个表的入口地址以及表展开时各个寄存器的地址;②表中的所有元素项内容;③初始化程序。

此 ROM BIOS 地址指的是设备表的入口地址放在 ROM BIOS 中的地址,设备表的入口地址从 ROM BIOS 中取出,并成为系统设备表的入口地址。

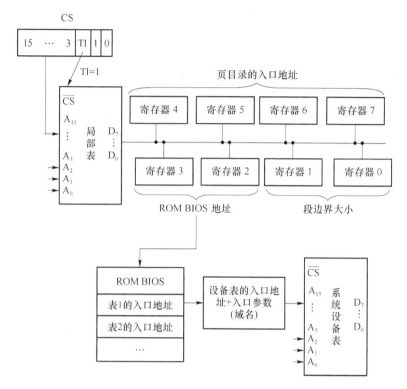

图 5.106　局部表、ROM BIOS、设备表的逻辑关系示意图

如图 5.107 所示,通信机制原语第一层,第一步将系统设备表的元素项分别送入四个口地址寄存器,四个口地址寄存器分别成为下一个的入口地址。

系统设备表有四个元素项:设备类型、设备属性、DCT 驱动程序的入口地址、DCT 的指针。

(1) 设备类型元素项成为信箱的入口地址。

(2) 设备属性元素项成为文件表的入口地址,文件表提供域名和逻辑块号,其中,域名送入信箱。逻辑块号经过 PAT 表转换成物理地址,物理地址也送入信箱。此物理地址指的是系统内存地址,用于 IOP 对 DMA 初始化时的源地址 SI 目标地址 DI 寄存器赋值。

(3) DCT 的指针元素项给出 DCT 表的入口地址,将 DCT 表中的所有内容送入信箱,DCT 表内容是信箱中一个重要部分。

(4) DCT 驱动程序的入口地址元素项成为原语程序的入口地址,通信机制中所有对表的操作过程都是由原语保障执行的。

如图 5.108 所示,CPU 与 IOP 之间的通信机制是信箱,信箱保证 CPU 和 IOP 之间的通信,由 CPU 和 IOP 共同管理。信箱在物理层面上是计算机系统内存上的一块地址空间,它负责系统 CPU 和通道之间的通信,IOP 和 I/O 卡之间的通信是接口到接口。

中央仲裁器采用的是集中式仲裁方式,它决定系统总线控制权的归属问题,即 IOP 和系统 CPU 通过中央仲裁器来竞争系统总线的控制权,以便访问信箱,定时对信箱进行读写操作,完成系统 CPU 与 IOP 之间的通信,系统 CPU 与 IOP 对信箱是交互式管理。

信箱是表格级的,信箱中存放的内容都是以表格的形式存储的,对信箱的操作是表格式处理。

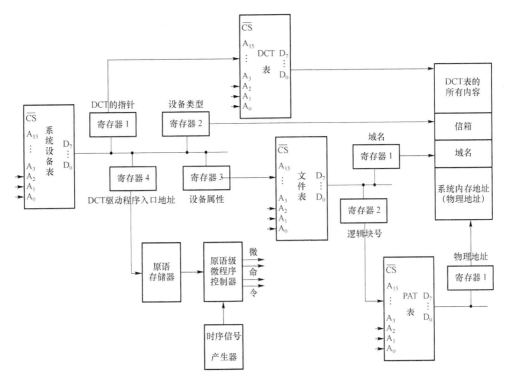

图 5.107　系统设备表展开示意图

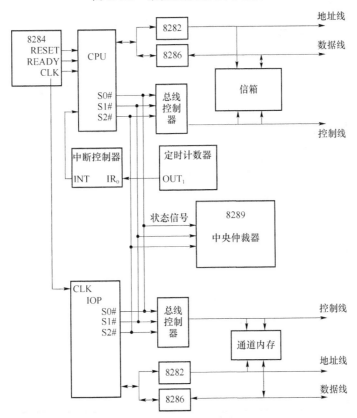

图 5.108　系统 CPU 与 IOP 的逻辑关系示意图

如图 5.109 所示,IOP 和系统 CPU 之间的通信机制是信箱,IOP 与系统 CPU 在交互访问信箱时,IOP 工作在本地模式下。对信箱的访问是通过通道注意 CA 信号和中断线来解决的。

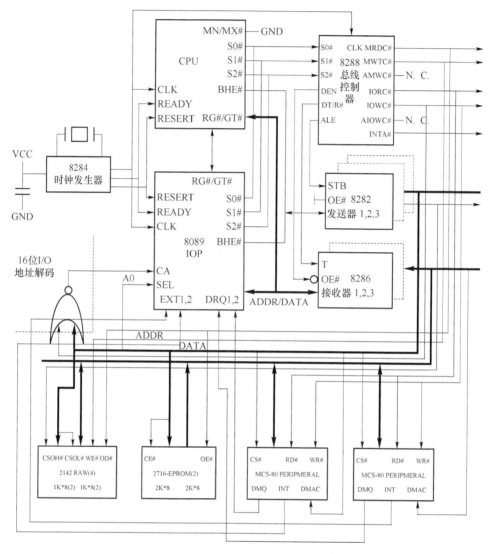

图 5.109　带有本地模式的 IOP 和最大模式的 CPU 配置

文件表提供的域名送入信箱,逻辑块号经 PAT 转换成的物理地址也送入信箱。DCT 表的所有内容也要送入信箱。

如图 5.110 所示,系统设备表的 DCT 的指针元素项成为 DCT 表的入口地址,DCT 表包含三个元素项:通道控制表的入口地址、信箱的入口地址、PCB 的入口地址。

如图 5.111 所示,通道控制表的所有内容要写入信箱,通道控制表包含四个元素项:传输方向、块大小、块长度、I/O 缓冲区地址。

DCT 表提供信箱的入口地址。

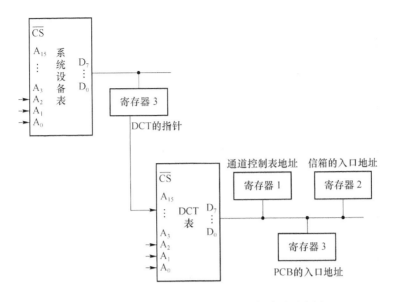

图 5.110　系统设备表与 DCT 的逻辑关系示意图

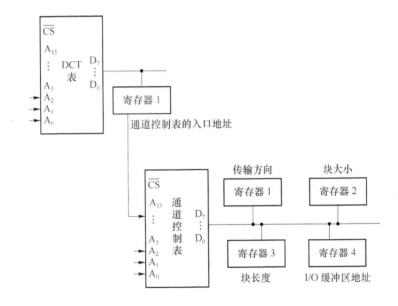

图 5.111　DCT 表与通道控制表的逻辑关系示意图

如图 5.112 所示,系统 CPU 与 IOP 的通信机制是信箱,IOP 与 I/O 卡的通信是接口。至此,信箱的内容已送完。信箱的内容包括:①设备号、域名,解决的问题是:找谁,即哪台设备的哪个域名;②IOP 对 DMA 完全初始化寄存器的所有内容:系统内存地址、I/O 缓冲区地址、块大小、块长度、传输方向;③设备状态地址、I/O 卡状态地址、DMA 通道状态地址。

系统 CPU 将内容写入信箱后,将给 IOP 一个通道 CA 注意信号,IOP 将信箱内容取出,并为该设备号和域名申请、创建一个 PCB。PCB 的内容包括设备状态、I/O 卡状态和通道状态。

IOP 中有一个同步字符表,操作系统中有 1 000 个域名,该同步字符表中就有 1 000 个同步字符。设备号和域名成为同步字符表的入口地址,选择相应的同步字符。

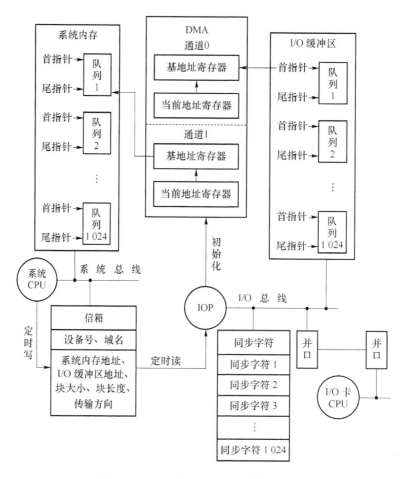

图 5.112　IOP 管 DMA 时的结构示意图

如图 5.113 所示,IOP 与 I/O 卡之间的通信是接口对接口的,IOP 将同步字符通过并口发送给 I/O 卡,I/O 卡接收到同步字符后,转入相应域名的调子程序,并执行初始化程序完成对 I/O 卡上串口的初始化定义,将同步字符广播到外部总线上。

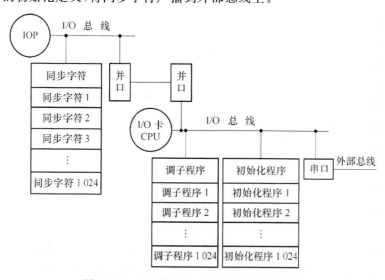

图 5.113　IOP 与 I/O 卡的通信机制示意图

每个域名对应着一个同步字符,一个调子程序,一个初始化程序。当系统 CPU 和 I/O 卡管 DMA 时,同步字符表在 I/O 卡上。当 IOP 管 DMA 时,同步字符表在 IOP 上,IOP 将 I/O 卡的通信机制的一部分内容(同步字符)解放出来,由 IOP 管。

IOP 与 I/O 卡之间进行交互时,IOP 工作在远程方式下。

如图 5.114 所示,在远程模式中,IOP 总线通过系统缓冲和收发器从系统总线中分离出去,IOP 保持它自己的本地总线并且能在本地总线或者系统内存之外进行操作。外部设备 PER1 和 PER2 有它们自己的数据和地址总线,8089 与外部设备之间的通信并不影响系统总线操作。

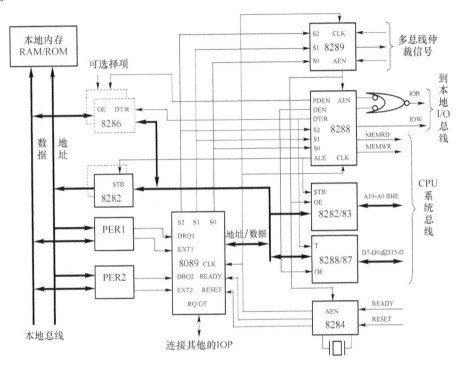

图 5.114 典型的远程模式架构

如图 5.115 所示,系统 CPU 将内容写入信箱后,系统 CPU 向 IOP 发出 CA 通道注意信号,IOP 收到信号后定时将信箱中的内容取出,设备号和域名成为 IOP 中同步字符表的入口地址,选择相应的同步字符。

IOP 与 I/O 卡之间的通信是接口对接口的,IOP 将同步字符通过并口发送给 I/O 卡,I/O 卡接收到同步字符后,转入相应的调子程序,并执行相应的初始化程序完成对 I/O 卡自己串口的初始化,初始化的内容是同步字符,并将同步字符广播到外部总线上。

同步字符中的设备 ID 号经过多级译码,进行片选,选通相应的设备。设备接收到同步字符后,将设备状态通过外部总线返回给 I/O 卡,设备状态指的是该域名对应的设备内存中的队列状态(队空/队满)。

I/O 卡接收到设备状态后,I/O 卡将设备状态和自己的 I/O 卡状态通过并口返回给 IOP,I/O 状态指的是域名对应的 I/O 缓冲区中的队列状态(队空/队满)。

IOP 通过接口接收到 I/O 卡返回的设备状态和 I/O 卡状态后,IOP 查看 DMA 的状态寄存器,IOP 根据设备状态、I/O 卡状态和通道状态决定进程调度的先后次序,进行一系列的排序、插入、删除等动作。

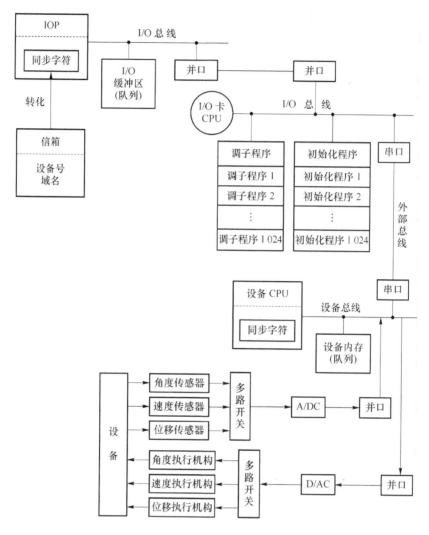

图 5.115　IOP 通信机制示意图

　　IOP 管 DMA 时,进程调度在 IOP 上完成,运行队列、就绪队列、等待队列、阻塞队列在 IOP 内,由 IOP 完成对所有进程的排序以及状态队列的插入等操作。此时,PCB 在 IOP 上,由 IOP 完成对 PCB 的申请、创建。

　　IOP 的出现是为了解放系统 CPU 和 I/O 卡,对系统 CPU 来讲,此时,IOP 管 DMA,进程调度交由 IOP 管理。对 I/O 卡来讲,此时,同步字符表在 IOP 上,IOP 将 I/O 卡的通信机制的一部分内容(同步字符)解放出来,由 IOP 管。

　　至此,IOP 管 DMA 时,整个通信路径已经叙述清楚,下面从数据结构的层面总结一下通信机制过程。

　　在 CPU 和 IOP 之间的通信从根本上来讲,是通过共享内存中的消息(信箱)来实现的。CPU 能引起 8089 执行放在 8089 内存空间的程序,或者通过将硬件通道一个请求信号给 IOP 让 8089 注意这段程序,激活适当的 I/O 通道。SEL 引脚向 IOP 指出哪个通道正在被使用。

　　从 IOP 向处理器通信可以用一个简单的方式通过一个系统中断(SINTR1,2),即使 CPU 因此已经可以产生中断。另外,8089 可以把自己的状态信息和外围设备状态信息存储在内存。通信机制是由一个分级的数据结构支持的,是为增强的多 IOP 系统最大限度的灵活使用内存而设定的。

图 5.116 是 8089 I/O 处理器的通信数据结构层次总括视图。如果 IOP 初始化为 BUS MASTER,在从 RESET 的第一个通道请求 CA 到来时,将地址为 FFFF6(FFFF6,FFFF8—FFFFB)开始的 5 个字节的内容送入 8089,将得到系统总线的类型(16 位或 8 位)和系统结构块的指针,即为 8089 唯一的入口地址。通过数据结构层次取得其他的地址,8089 对地址的定义与 IAPX86 相同。例如,一个 16 位重定位指针就是左移 4 位再加上 16 位地址偏移量,得到 20 位的地址。一旦这 20 位地址形成,那么它们将被存储,8089 地址寄存器都是 20 位长的。在系统结构指针地址形成后,8089(IOP)访问系统结构模块。

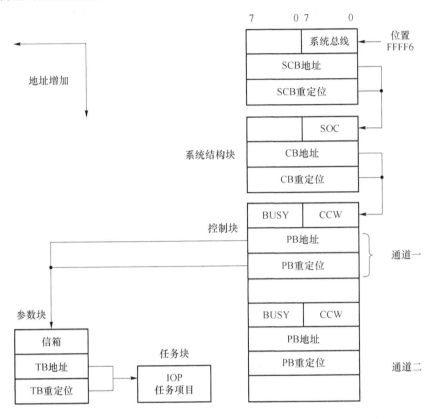

图 5.116　**数据结构层次通信**

系统结构块只有在开始的时候,通过 SOC(转换【反转】脉冲起始)字节指向控制块并且提供 IOP 系统结构数据。SOC 字节初始化 IOP,内容包括 I/O 总线宽度 8 位/16 位,并且定义了两个 IOP 的 ♯RQ/♯GT 操作模式之一。

对于 ♯RQ/♯GT 模式 0,IOP 被当作 SLAVE(从 CPU)来初始化并且 ♯RQ/♯GT 线连到主 CPU(典型的本地模式)。在这种模式下,CPU 通常控制总线,还需要对 IOP 进行控制,并且在 IOP 任务完成后向 CPU 有总线应答(IOP 请求—CPU 应答—IOP 完成)。

对于 ♯RQ/♯GT 模式 1,仅在两个 IOP 之间的远程模式下有效,初始化总线控制来指定主/从 CPU,然后,每个 IOP 当需要总线就请求和应答。这样,每个 IOP 保持总线控制直到其他 IOP 发出总线请求。初始化的完成是通过 IOP 清除在控制块中的 BUSY 标志来告知的,这种启动允许用户在 ROM 中的有启动指针和在 RAM 中的 SCB。允许 SCB 在 RAM 中给用户带来能初始化多 IOP 系统的灵活性。

控制块为 IOP 操作提供总线控制初始化(CCW 或通道控制字)和为通道 1 和通道 2 提供指向参数块或"数据"内存的指针。在复位后,CCW 用来检索和分析所有的 CA(除了第一个)。CCW 字解码来决定通道操作。

参数块包含任务块的地址并且作为 IOP 和 CPU 之间的信箱。IOP 根据从 CPU 传送到这个块中的参数或变量信息,来定义外围设备的软件接口,它也在 CPU 和 IOP 之间传送数据和状态信息。

任务块包括相应的通道指令。这个块能占用 IOP 的本地总线,允许 IOP 和 CPU 并发的操作,或者占用系统内存。

如图 5.117 所示,DCT 表提供 PCB 表的入口地址,并将 PCB 表的入口地址写入信箱。IOP 定时将信箱取出,并申请和创建 PCB。PCB 包含三个元素项:设备状态地址、I/O 卡状态地址、通道状态地址。

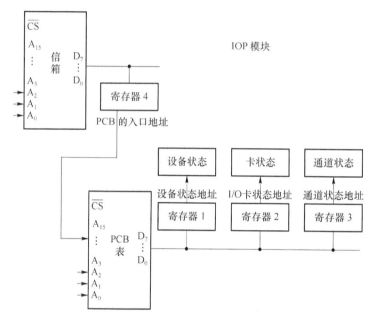

图 5.117 PCB 的结构示意图

I/O 卡监控设备状态和卡状态,通过并口返回给 IOP。当 IOP 管 DMA 时,IOP 查询通道状态(DMA 通道忙/闲),通道状态查看的是 DMA 的状态寄存器。

如图 5.118 所示,IOP 查看三者的状态信息决定进程调度的先后次序,并把对 DMA 初始化的所有内容放入相应的队列,此队列是个循环队列,里面包括运行队列、就绪队列、等待队列和阻塞队列。

此循环队列中有四个数据块,四个数据块之间是首尾相连的。如果 I/O 卡状态准备好,则执行就绪原语,将 DMA 初始化赋值的所有内容放入就绪队列,此时数在 I/O 缓冲区队列。当 IOP 管 DMA 时,IOP 查看 DMA 的通道状态寄存器,看 DMA 有没有工作,如果没有,则为该进程分配 DMA,将 DMA 初始化赋值的内容放入执行队列,IOP 开始给 DMA 赋值并启动 DMA,开始数据传输。

一块 DMA 有四路通道,每次 DMA 传输用两路通道,假设数从 I/O 缓冲区到系统内存。

一路对 I/O 缓冲区进行读操作,一路对系统内存进行写操作。设备域名占用哪两路 DMA 通道都已分配好,IOP 查看通道状态时,查的是分配给该设备域名的两路 DMA 通道状态。

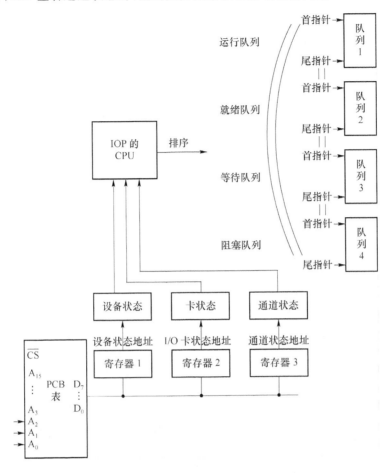

图 5.118　IOP 的进程调度示意图

如果设备状态准备好,则执行等待原语,将 DMA 初始化赋值的所有内容放入等待队列,此时,数在设备内存队列中;如果设备状态没有准备好,则执行阻塞原语,将 DMA 初始化赋值的所有内容放入阻塞队列,此时数在设备传感器上,还没有进入设备内存队列。

就绪原语、等待原语、阻塞原语都属于进程调度原语。

DMA 数据传输过程中,采用的是时间片轮转的调度策略。系统为每个设备域名的进程分配时间片,每个进程占用的时间片大小是一样的,时间片轮转的调度策略属于公平策略,DMA 支持优先级策略和公平策略。

如图 5.119 所示,假设正在运行队列的进程此次要传送 8 块,当时间片完后,只传送了 5 块,那么,首先原语级的中断服务程序将队列里的断点信息保存到 TSS 表中,之后,执行阻塞原语,插入到阻塞队列中去。

如图 5.120 所示,时间片完后,如果设备进程的数没有传完,则将队列里的断点信息保存到 TSS 表,假如数从 I/O 缓冲区经 DMA 到系统内存,那么,TSS 表中的 I/O 缓冲区地址指的是 I/O 缓冲区中队列的首指针,下次要传的目标地址指的是 DMA 通道中的当前地址寄存器内容,对应着系统内存附加段的地址,对应着出口参数,即下次数据传输时,数在系统内存的目标地址。

图 5.119 运行队列、阻塞队列逻辑关系示意图

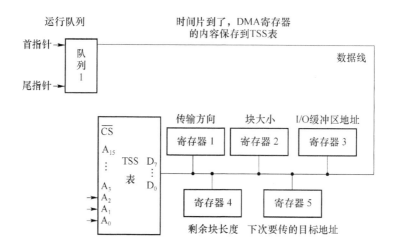

图 5.120 TSS 表的结构示意图

下面介绍进程调度中 DMA 的传输过程,IOP 是如何管 DMA 的。

IOP 的功能特点:

(1) 高速的 DMA 传输包括从接口到内存,从内存到接口,从内存到内存,从接口到接口的传输。

(2) 与 IAPX86、88 兼容:在 IAPX86/11 或 88/11 的配置时,把数据从 CPU 送到 I/O 接口。

(3) 允许 8 位或 16 位的外围设备接口,送到 8 位或 16 位的处理器总线。

(4) 1M 字节的寻址能力。

(5) 内存和 CPU 之间的通信。

(6) 支持近地和远程的 I/O 处理。

(7) 灵活、智能的 DMA 功能包括转换、查找、数据的装配和分拆。

(8) 多总线兼容的系统接口。

(9) 在标准温度范围内正常的工作。

如图 5.121 所示,IOP 提供两个通道,每个通道在 5 Mbit/s 标准时钟脉冲下,支持高达 1.25 Mbit/s 的数据传输率。

一次 DMA 数据传输需要两路 DMA 通道,一路内存读操作,一路内存写操作。

如图 5.122 所示,8089 的两个 I/O 通道有独立的寄存器和一些普通的寄存器。每个通道有足够的寄存器来支持自己的 DMA 传送,并且处理自己的指令流。DMA 的基址寄存器 (GA,GB)指向系统总线或者本地总线,DMA 源或目的,并且能自动增加。第三类寄存器 (GC)在 DMA 过程中能够通过它指向的查找表进行转换。

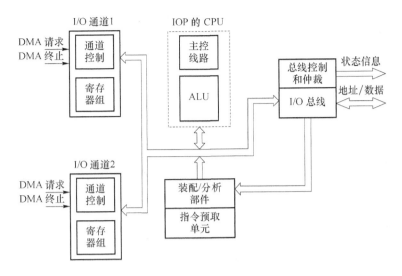

图 5.121　IOP 的内部结构原理图

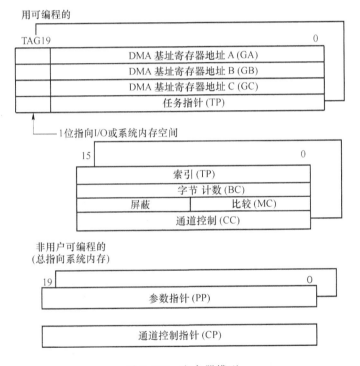

图 5.122　寄存器模型

通道控制寄存器决定通道操作模式,仅能被 MOV 或 MOVI 指令访问。另外,寄存器在数据转换时用作屏蔽比较,而且能作为一个终止条件来用。其他寄存器也有这样的作用。当 IOP 不再执行 DMA 周期时,许多寄存器在程序执行时能用作通用寄存器。

IOP 的功能寄存器:

DMA 基址寄存器:

① GA:数据传送时 DMA 的源地址。

② GB:数据传送时 DMA 的目的地址。

GA、GB 表示 DMA 数据传送时，从 I/O 缓冲区地址到系统内存地址或者从系统内存地址到 I/O 缓冲区地址。

③ GC：在 DMA 传送过程中通过 GC 指向的查找表进行转换。

④ BC：字节计数器，当 BC 的值减到 0 时，表示该 DMA 数据传送结束。

⑤ CCW（通道控制字寄存器）：CCW 用来检索和分析所有的 CA 通道。

注意：信号（除了第一个），CCW 字解码来决定通道进行何种操作。例如，修改 PSW，启动执行 I/O 空间的通道程序，启动执行系统空间中的通道程序，暂停运行通道操作，恢复通道操作，停止通道操作，中断控制，总线加载与否等。

说明：CA（通道注意）：系统恢复后接收到的第一个 CA 信号，通过 SEL 引脚告诉 IOP 是主设备还是从设备（0/1 分别代表主/从设备）并且开始初始化的序列。在任何其他的 CA 期间，SEL 表示选择是通道 1 或者通道 2。

⑥ IX（变址寄存器）：IOP 有 1MB 的寻址能力，IX 主要用于寻址时作为索引。

⑦ MC（屏蔽/比较寄存器）：在数据转换时用作屏蔽比较，而且能作为一个终止条件来用。

⑧ PP（参数指针）：指向参数块（信箱）的地址。

⑨ CP（通道控制指针）：指向控制块的地址。

⑩ TP（任务块指针）：指向任务块的地址。当 IOP 不在执行 DMA 周期时，许多寄存器在程序执行时用作通用寄存器。

如图 5.123 所示，通道 0 完成对 I/O 缓冲区的读操作，通道 1 完成对系统内存的写操作。数从 I/O 缓冲区经 DMA 传输到系统内存附加段。

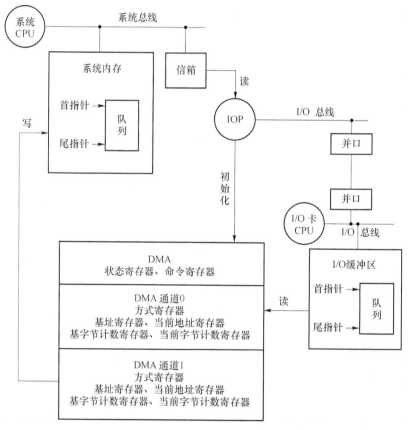

图 5.123　IOP 管 DMA 时的数据传输示意图

当 I/O 卡状态准备好,即数已进入 I/O 缓冲区队列。IOP 查看 DMA 的状态寄存器,读取 DMA 的通道状态。如果 DMA 的通道 0 和 1 没有被占用,IOP 则开始对 DMA 的寄存器初始化赋值,此次进程调度开始执行。

(1) 通道 0 的寄存器

通道 0 的方式寄存器 $D_7 D_6 D_5 D_4 D_3 D_2 D_1 D_0 = 10111000$,表示通道 0 是 DMA 读传输,地址加 1,采用块传输方式。

基地址寄存器由 DCT 表中的元素项——I/O 缓冲区地址赋值,I/O 缓冲区地址指的是 I/O 缓冲区队列的首指针,基地址寄存器此时存放的是源地址。通道 0 中的基地址寄存器对应着 IOP 中的 GA 寄存器。

当前地址寄存器保存 DMA 传送期间所用的地址值,每次 DMA 传输后该寄存器自动加 1。

基字节计数寄存器保存需要传送的字数,此时是 512 个字节,每次传送之后,该值减 1。通道 0 中的基字节计数寄存器对应着 IOP 中的字节计数器 BC。

一个队列是一个数据块,数据块的大小是 512 个字节,数据块的大小要与磁盘扇区相对应。

通道 0 中的基地址寄存器指的是 I/O 缓冲区内队列的首指针,在 DMA 数据传输过程中,基地址寄存器的内容不变,即源地址不变。例如,此次 DMA 传送 8 块,那么,CPU 要对 DMA 内的寄存器赋值 8 次,但是,通道 0 中的基地址寄存器内容是不变的。也就是说,I/O 缓冲区内的队列是在循环使用的。

(2) 通道 1 的寄存器

通道 1 的方式寄存器 $D_7 D_6 D_5 D_4 D_3 D_2 D_1 D_0 = 10000101$,表示通道 1 是 DMA 写传输,地址减 1,采用块传输方式。

基地址寄存器由通道控制表中的元素项—系统内存地址赋值,系统内存地址指的是系统内存队列的尾指针,基地址寄存器此时存放的是目标地址。逻辑块号经 PAT 表转换成系统内存物理地址,并送入通道控制表。通道 1 中的基地址寄存器对应着 IOP 中的 GB 寄存器。

当前地址寄存器保存 DMA 传送期间所用的地址值,每次 DMA 传输后该寄存器自动减 1。当数据块传完后,当前地址寄存器成为系统内存的出口参数,此出口参数指的是系统内存附加段地址。当指令寻址时,告诉指令数放在附加段的地址。同时,当前地址寄存器还要给基地址寄存器赋值,成为下一次 DMA 块传时的目标地址。

如图 5.124 所示,假设此次 DMA 传送 3 个数据块,通道 0 的基地址寄存器由 DCT 表中的元素项——I/O 缓冲区地址赋值后,基地址寄存器之后不变,即源地址不变。DMA 块传 3 次,那么,I/O 缓冲区的队列循环 3 次。

通道 1 的基地址寄存器第一次由通道控制表的元素项—系统内存地址赋值,此地址指的是系统内存队列 1 的尾指针,DMA 传完第一块后,当前地址寄存器的内容给基地址寄存器赋值,开始传送第二块。此时,当前地址寄存器指的是系统内存队列 1 的首指针或者队列 2 的尾指针,队列 1 的首指针和队列 2 的尾指针是相等的。

依此类推,DMA 传完第二块后,当前地址寄存器的内容给基地址寄存器赋值,开始传送第三块。此时,当前地址寄存器指的是系统内存队列 2 的首指针或者队列 3 的尾指针,队列 2 的首指针和队列 3 的尾指针是相等的。

这样,在系统内存附加段中,当前地址寄存器提供的出口参数将三个数据块链接到一起,形成一个链表。

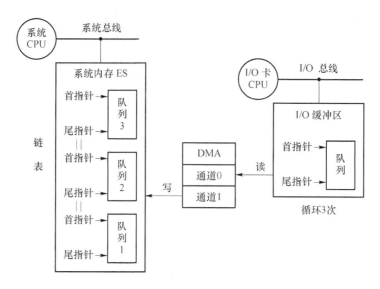

图 5.124　DMA 数据传输示意图

当前地址寄存器的作用有两个：①提供出口参数，出口参数指的是数在系统内存附加段的地址，指令寻址时要用到；②下次要传的数据块的目标地址。

这样，逻辑块号经 PAT 表转换的物理地址成为第一块的目标地址，逻辑块号只需要转换一次即可，后续的目标地址由当前地址寄存器来赋值。

IOP 管理 DMA 时，系统 CPU 将对 DMA 完全初始化寄存器的所有内容放入信箱，IOP 定时将信箱内容取出，完成对 DMA 的初始化并启动 DMA，块大小指的是每个数据块包含多少个字节，用于对 DMA 的基字节计数寄存器赋值。块长度指的是此次 DMA 传送多少块，假如，块长度是 8 块，那么，对 DMA 的初始化次数就是 8 次。进程调度过程中，短则优先策略比较的就是每个进程的块长度。

信箱是表格级的，对信箱的访问都是表格式处理。信箱的存储空间比消息池大，信箱中存放着大量的地址，每个地址中放什么，由谁放（系统 CPU/IOP），哪个时间片下放，系统 CPU 和 IOP 都已经约定好了，这叫通信约定。通信约定是通信机制的最底层。

至此，IOP 管 DMA 时，整个通信路径和调度路径都已经叙述清楚。

5.4　网络操作系统

网络操作系统是控制许多离散的网络设备，为设备打造数据通道，创建数据平台。

拓扑结构是网络操作系统的理论基础，拓扑结构的核心是图论。

拓扑是图论的进一步理论延伸，是网络操作系统设计的基础理论。网络操作系统是并行的、动态的、主从关系时刻变化的、随机的无向图，但在某一时间片内，网络操作系统是静态的、主从关系确定的、结构化的有向图。

➢ 关键词

网架结构、网络通信机制、网络进程调度、拓扑结构。

➢ 主要内容

• 网络操作系统的通信机制和进程调度路线图；

• 网络拓扑结构的规则网络和随机网络。

大数据平台离不开网架结构，核心是 4 096GB 的内存怎么分，内存的分配离不开设备表。

拓扑结构是网络操作系统的理论基础，拓扑结构的核心是图论。

拓扑是图论的进一步理论延伸，是网络操作系统设计的基础理论。网络操作系统是并行的、动态的、主从关系时刻变化的、随机的无向图，但在某一时间片内，网络操作系统是静态的、主从关系确定的、结构化的有向图。

操作系统是控制许多离散设备，为设备打造数据通道，创建数据平台。操作系统设计包括系统结构和网架结构，网架结构是系统结构的拓扑。

当设备和域名较少时，设备的数据通道也比较少，数据平台也比较小，此时采用系统结构就可以解决设备调度问题。系统结构下，每次只能形成一条数据通道，进程间不能并发。

当数据平台上设备和域名较多时，此时，系统结构已经不能满足工程需求，就引入了网架结构，网架结构下，每次能形成多个数据通道，进程间可以并发，提高操作系统的速度。

如图 5.125 所示，网架结构是在系统结构之上的进一步拓扑，设备与网架结构通过网卡相连，网卡归设备管，网卡解决的问题是：设备与网架结构之间的通信和数据调度。

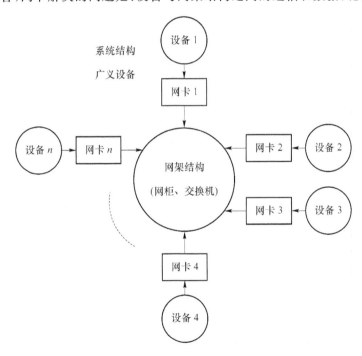

图 5.125　网架结构示意图

对于设备来讲，网架结构也是一台设备，作用是：完成两台设备间的相互调度。网架结构是一个矩阵，允许多条数据通道同时存在，实现了多进程的并发，提供了速度。

挂在网架结构上的每一台设备都是一个广义设备，每台设备都是一个系统结构，每台设备与网架结构之间通过一块网卡相连。

系统结构下,有系统结构的操作系统。网架结构下,有网架结构的操作系统。所有的操作系统都是为了控制离散设备,为设备打造数据通道,创建数据平台。

系统结构下的操作系统是主从式的,以三总线结构为核心。即系统 CPU 使用的是系统总线,I/O 卡 I/O 缓冲区,是设备进入操作系统的 I/O 缓冲区。I/O 卡所配备的总线是 I/O 总线,它和系统 CPU 的系统总线通过 DMA 完成数在系统总线下的系统内存和 I/O 总线下的 I/O 缓冲区之间的相互传送。

I/O 卡通过串行接口上带的外部总线完成与设备的通信和数据调度。设备有自己的设备总线,设备总线通过串行接口挂在外部总线上,设备总线属于外部总线的一种。设备是控制对象,是外部总线,是文件,是操作系统设计的核心。操作系统是为设备打造数据通道,创建数据平台。相应的,设备要想进入操作系统就必须遵守操作系统制定的通信标准。

如图 5.126 所示,当操作系统中,设备和域名较多时,例如,有 200 台设备,1 024 个域名。相应的,系统内存中就有 1 024 个队列,1 024 个消息头。I/O 卡上就有 1 024 个同步字符,1 024 个调子程序,1 024 个初始化程序,I/O 缓冲区中有 1 024 个队列。

此时,系统 CPU 和 I/O 卡的工作量太大,外部总线也无法同时带 200 台设备,同一时间片下,只能执行一个进程,不能实现多个进程的并发。为了减轻系统 CPU 和 I/O 卡的工作量,实现多进程的并发,出现了网架结构。

前面几个章节主要介绍的是系统结构下的操作系统设计过程,本章主要介绍网架结构下的网络操作系统设计。

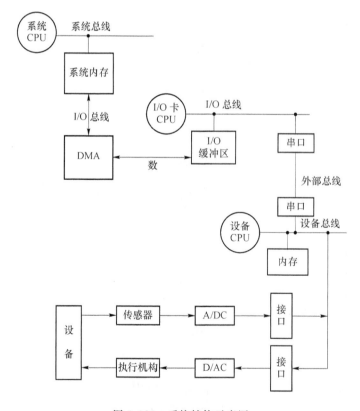

图 5.126　系统结构示意图

网络操作系统定义：控制许多离散的网络设备，为每台网络设备打造数据通道，创建数据平台。

网架结构的功能模块包括主板、网柜、网卡、设备等，下面我们从体系结构的角度简明扼要地概述各个模块的框架结构。

如图 5.127 所示，网柜(智能电子开关)是指利用控制板和电子元器件的组合，以实现电路智能开关控制的单元。网柜上一个开关的闭合代表着一个网络调度，一条扩展的 INT 指令，一条网络数据链。同时，网柜的开关设计也是根据系统工程的需求而设定的。

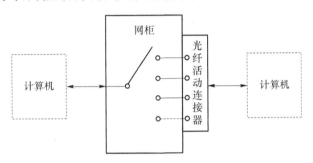

图 5.127　网柜示意图

系统集成包括两个方面，第一个方面是网架结构。第二个方面是设备。系统集成的核心是网架结构，最终目的是定义网架结构的调度机制和通信标准，从而达到控制系统的目的。

如图 5.128 所示，网卡与设备之间是一个网柜(智能电子开关)，通过通信机制选择设备，并将相应的电子开关闭合。此时，网架结构是一个数组，表示的是一个向量。

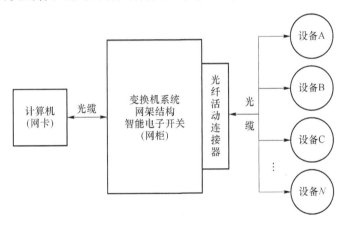

图 5.128　网架结构示意图

如图 5.129 所示，网柜也是一台设备，I/O 卡将设备号和域名广播到外部总线上，设备号进入网柜经过译码选通相应的信道，找到对应的设备。此时，网柜是一个一对多的电子开关，在一个时间片内，只能选通一条数据通道，不能实现进程的并发。

当多块计算机网卡与多台广义设备通过交换机连接时，此时，网架结构是一个矩阵，矩阵中的每个元素项是一个向量，矩阵是多个向量的集合。

如图 5.130 所示，交换机是纵横制的，在一个时间片，多个进程调度可以并发，即网络操作系统数据平台上，可以多条数据通道同时传输数据。

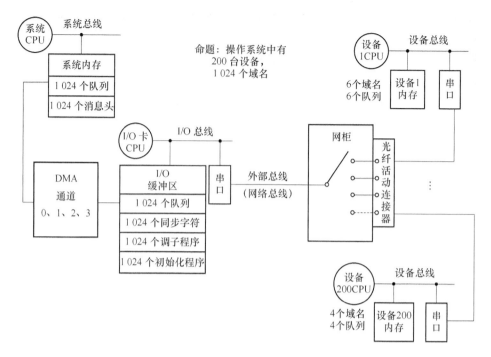

图 5.129 网络设备示意图

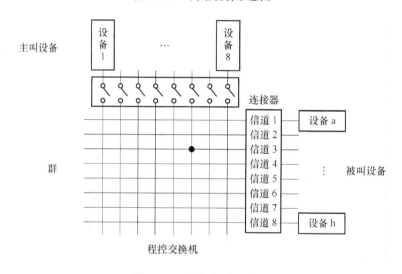

图 5.130 网架矩阵示意图

系统结构下的操作系统设计在前面几个章节已做详细介绍,本节主要介绍网络操作系统的设计。

5.4.1 技术路线

网架结构是在系统结构上的进一步拓扑,网架结构也有自己的网络操作系统,在网络操作系统中,网架结构中的交换机是纵横制的,网络设备之间可以任意的相互调度,此时,网架结构是星型结构。

星型结构是最古老的一种连接方式,大家每天都使用的电话属于这种结构。图 5.131 是一台老式摇号电话机。一般网络环境都被设计成星型拓扑结构。星型网是广泛而又首选使用的网络拓扑设计之一。

星型结构是指各外部设备以星型方式连接成网。网络有中央节点,其他节点(电话、设备、服务器等)都与中央节点直接相连,这种结构以中央节点为中心,因此又称为集中式网络。

星型拓扑结构便于集中控制,因为端设备之间的通信必须经过中心站。由于这一特点,也带来了易于维护和安全等优点。端设备因为故障而停机时也不会影响其他端用户间的通信。同时星型拓扑结构的网络延迟时间较小,系统的可靠性较高。

图 5.131 老式摇号电话机示意图

如图 5.132 所示,在星型拓扑结构中,网络中的各节点通过点到点的方式连接到一个中央节点(又称中央转接站,一般是交换机)上,由该中央节点向目的节点传送信息。中央节点执行集中式通信控制策略,因此中央节点相当复杂,负担比各节点重得多。在星型网中任何两个节点要进行通信都必须经过中央节点控制。

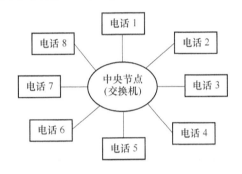

图 5.132 星型网架结构示意图

最早的电话交换机是人工手动插拔式的,如图 5.133 所示,每个要接入交换机的电话都有一个电话号码,电话交换机上有电话号码本,电话号码本里包括了所有的电话号码。

图 5.133 插拔式人工交换机

主叫通过手摇电话机进行摇号并接通电话交换机,接线员收到后询问主叫要接通哪个被叫电话,主叫就告诉接线员找哪台电话,如果被叫此时没有占线,接线员就将线路接到被叫电话。那么,主叫电话和被叫电话就可以进行通话了。

现在的交换机是电子程控交换机(如图5.134所示),程控交换机的信道选择是通过电子自动控制的,通信机制的内容决定将哪路信道的电子开关闭合。

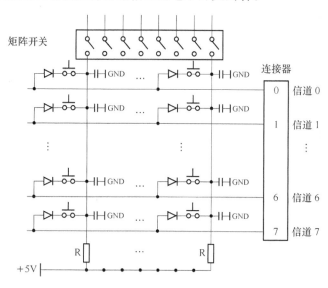

图 5.134   纵横制程控交换机

主叫设备只需要向网架结构(计算机)提供设备号和域名,剩下的过程就由计算机来完成,不再需要人工参与了。

假设操作系统中有200台设备,1 024个域名。每台设备对应一个电话号码,网架CPU中有一个电话号码本,里面有1 024个电话号码。网架结构中有200块I/O卡,每块I/O卡对应一个网卡,对应一台网络设备。每块I/O卡上也有一个电话号码本,此电话号码本中包含着设备作为主叫时会调用的所有被叫设备对应的电话号码。网架CPU相当于接线员。

假设设备1调用设备2时,如图5.135所示,设备1对应着网卡1,对应着I/O卡1,设备2对应着网卡2,对应着I/O卡2。

网架结构中有200块I/O卡,每块I/O卡对应着一台设备,网架CPU与I/O卡的通信机制是消息池,消息池中有200个消息头,与200块I/O卡一一对应。网架CPU使用的是系统总线,I/O卡使用的是I/O总线。

设备1调用设备2的技术路线是:设备2的传感器→域名文件的数据→设备2的内存队列→外部总线→I/O缓冲区→DMA→设备2的系统内存附加段→DMA→网卡2的I/O缓冲区→网架结构上I/O卡2的I/O缓冲区→DMA→网架结构上I/O卡1的I/O缓冲区→网卡1的I/O缓冲区→DMA→设备1的系统内存附加段→串操作指令→设备1的系统内存数据段→设备1的系统CPU。

网架结构的出现是为了解决多个进程的并发问题,不论路径怎么走,网络操作系统一定支持并发。

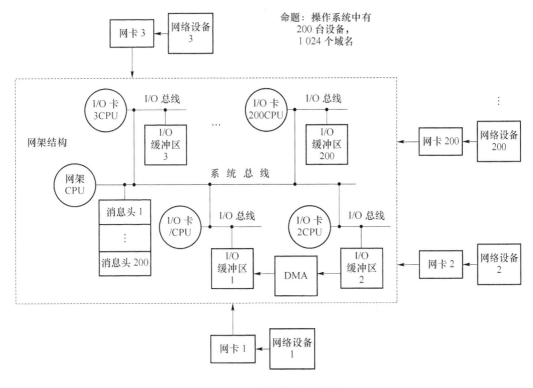

图 5.135　网架结构示意图

5.4.2　网络通信机制

下面以设备 1 调用设备 2 为例,介绍整个网络操作系统通信机制和进程调度路线。

第一步:如图 5.136 所示,设备 1 执行 INT 软中断指令,最终将设备号、域名送入消息池。此消息池指的是设备 1 模块中,系统 CPU 与网卡 1 之间的通信机制。

每台设备对应一条 INT 指令,在设备 1 模块中,系统 CPU 通过 INT 指令,最终转换成设备号和域名并放入消息池。

如图 5.137 所示,操作系统中,200 台设备分别对应 200 条 INT 软中断指令,每条 INT 指令都派生出一个中断类型码,中断类型码成为中断描述符表的入口地址。

中断描述符表有两个功能作用:①断点入栈,保存断点信息;②提供设备表的入口地址。操作系统是控制离散设备,为设备打造数据通道,创建数据平台,所以说,设备表是操作系统设计的核心。

设备 1 通过执行 INT 软中断指令调用设备 2,设备 2 对应的 INT 指令派生出中断类型码,中断类型码成为中断描述符表的入口地址。

将中断描述符表展开后,CS 寄存器中的 TI 位是一个二叉树的选择位,TI=1,选择局部表。局部表给出 ROM BIOS 地址,ROM BIOS 包含三部分内容:①各个表的入口地址以及表展开时各个寄存器的地址;②表中的所有元素项内容;③初始化程序。

此 ROM BIOS 地址指的是设备表的入口地址放在 ROM BIOS 中的地址,设备表的入口地址从 ROM BIOS 中取出,并成为系统设备表的入口地址。

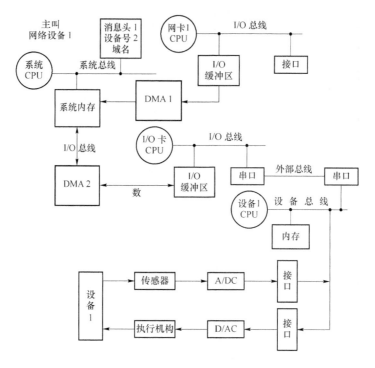

图 5.136　设备 1 与网卡 1 的通信机制示意图

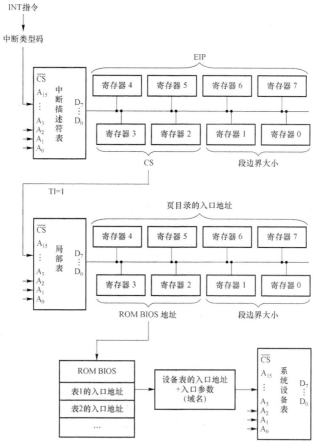

图 5.137　中断描述符表的展开示意图

如图 5.138 所示,系统设备表中的设备类型元素项成为消息头 1 的入口地址,此消息头是系统 CPU 与网卡之间的通信机制。消息头 1 是系统内存的一块共管区,由系统 CPU 和网卡 1 在时间片下对其进行交互访问。

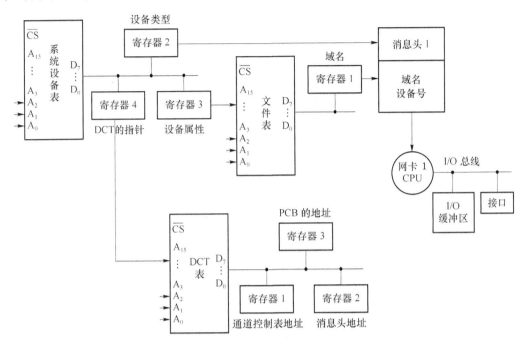

图 5.138　系统设备表的展开示意图

系统设备表中的设备属性元素项成为文件表的入口地址,文件表提供域名,并将域名写入消息头 1。

系统设备表中的 DCT 的指针元素项成为 DCT 表的入口地址,DCT 表提供设备号,并将设备号写入消息头 1。

消息头 1 的内容包括设备号和域名,也即找谁,调用网架结构中的哪台网络设备的哪个域名。当设备 1 作为主叫时,所有被叫设备以及被叫设备上的所有域名都要在设备 1 中的设备表上进行登记注册。

如图 5.139 所示,网卡 1 定时查询消息头 1 的内容,在时间片下将消息头 1 的内容取出,网卡 1 与 I/O 卡 1 之间的通信是接口对接口的,网卡 1 将设备号和域名通过接口发送给 I/O 卡 1。

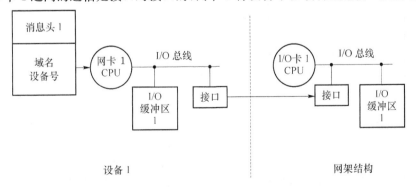

图 5.139　网卡 1 与 I/O 卡 1 之间的通信示意图

每个域名对应一个电话号码,网卡 1 中有一个电话号码本,上面包含所有被叫设备域名对应的电话号码。

如图 5.140 所示,I/O 卡 1 接收到从网卡 1 传来的设备号和域名后,将设备号和域名定时写入消息池中的消息头 1,此消息头 1 指的是网架结构中网架 CPU 与 I/O 卡 1 之间的通信机制。消息头属于网架内存的一块共管区,由网架 CPU 与相应的 I/O 卡对其进行交互访问。

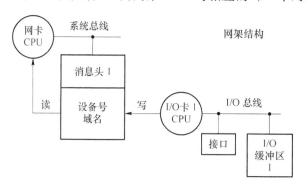

图 5.140　I/O 卡 1 与网架 CPU 之间的通信示意图

网架 CPU 在时间片内,定时将消息头 1 的内容取出。网架 CPU 就相当于插拔式电话交换机中的接线员,操作系统中的 200 台设备,1 024 个域名都要在网架设备表中登记注册。网架 CPU 的功能作用:完成 I/O 卡与网架 CPU 的通信,并将 DMA 完全初始化的所有内容放入消息池,由主叫设备对应的 I/O 卡完成对 DMA 的初始化并启动 DMA。

网架 CPU 将消息头 1 中的域名取出后,与自己的设备域名表内的域名(电话号码)进行比较,相等后,转入调子指令,执行转子程序,开始启动 INT 软中断。

下面详细介绍设备号和域名进入网架 CPU 后,表是如何展开的,通信机制和进程调度路径的形成过程。

操作系统中有 200 台设备,INT 指令表中有 200 台 INT 指令,中断类型码表中有 200 个中断类型码。

如图 5.141 所示,网架 CPU 从消息头 1 中将设备号 2 和域名取出,设备号 2 成为网架 INT 指令表的入口地址,选择相应的 INT 02H。INT 02H 成为中断类型码表的入口地址,选择相应的中断类型码 2。

中断类型码 2 成为中断描述符表的入口地址,将中断描述符表展开,将其各个元素项写入相应的寄存器。中断描述符表有两个功能作用:①断点入栈,保存断点信息;②提供网络设备表的入口地址。网络设备表是网络操作系统设计的核心。

每个中断描述符由 8 个字节组成,共 64 位。图 5.141 中 0～7 是 8 个寄存器,每个寄存器有 8 位,$A_2A_1A_0$ 三根地址线通过地址译码器提供 8 种选择,将 8 个字节的中断描述符内容分别送到 0～7 八个寄存器中,其中寄存器 0 和寄存器 1 组成段长,与段框进行比较,要求用户程序必须在段框内,如果越界就会发生越界中断;寄存器 4 到寄存器 7 四个寄存器为 EIP;寄存器 2 和寄存器 3 组成 CS 代码段寄存器,CS 作为局部表或者全局表的入口地址。

全局表是公用的,是为程序服务的;局部表是私有的,是为数据服务的。CS 寄存器中的 TI 位是一个二叉树的选择位。TI＝1,选择局部表。TI＝0,选择全局表。

如图 5.142 所示,当 CS 寄存器的 TI＝1 时,CS 成为局部表的入口地址,局部表给出网络 ROM BIOS 地址,网络 ROM BIOS 包含三部分内容:①各个表的入口地址以及表展开时各个寄存器的地址;②表中的所有元素项内容;③初始化程序。

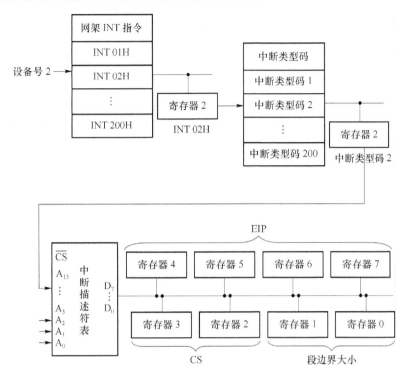

图 5.141 设备号、INT 指令、中断类型码的逻辑关系示意图

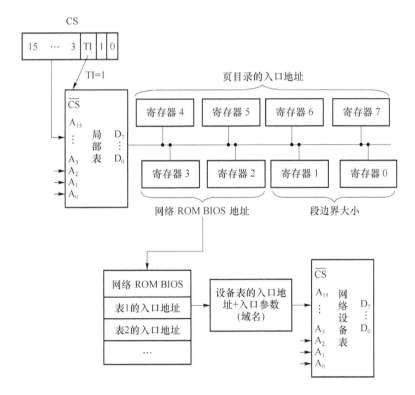

图 5.142 局部表、网络 ROM BIOS、网络设备表的逻辑关系示意图

此网络 ROM BIOS 地址指的是网络设备表的入口地址放在网络 ROM BIOS 中的地址，网络设备表的入口地址从网络 ROM BIOS 中取出，加上入口参数后，成为网络设备表的入口地址。

网架 CPU 有入口地址，开机启动计算机时，网架 CPU 的入口地址是××××××H，此地址是网络 ROM BIOS 的地址。执行引导程序将表中的所有元素项内容从网络 ROM BIOS 读出送入对应的表，完成对表的初始化定义。

网络操作系统设计以网络设备表为核心，网络 ROM BIOS 提供网络设备表的入口地址，所有的网络设备都要在网络设备表中登记注册。

设备号加入口参数成为网络设备表的入口地址，设备表的入口地址相当于基地址，入口参数相当于偏移量，基地址加偏移量相当于域名。

通信机制原语第一层，如图 5.143 所示，第一步将网络设备表的元素项分别送入四个口地址寄存器，四个口地址寄存器分别成为下一个的入口地址。

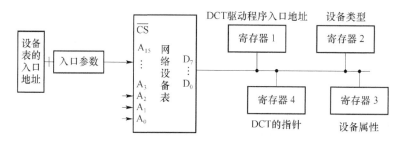

图 5.143　网络设备表的展开示意图

网络设备表有四个元素项：设备类型、设备属性、DCT 驱动程序的入口地址、DCT 的指针。下面按功能模块分别介绍其路径。

通信机制原语第二层。如图 5.144 所示，第一步网络设备表的元素项 DCT 驱动程序的入口地址成为原语存储器的入口地址，原语存储器中包含着一系列的原语，原语中包含着通信机制原语和进程调度原语。

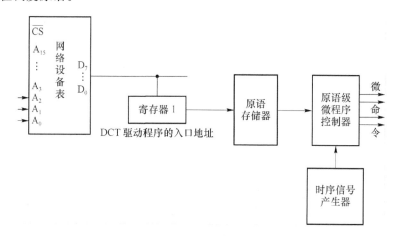

图 5.144　原语控制器示意图

原语级微程序控制器执行一系列原语，产生一系列微命令。通信机制原语完成一系列表的操作。例如，将表中的各个元素项通过数据总线送入各个口地址寄存器。进程调度原语完成一系列的队列操作,例如,就绪原语将 DMA 初始化赋值的所有内容放入就绪队列。队列是一个块,数据队列的一块是 512 个字节。

同时,原语级微程序控制器中有时序信号产生器,时序信号产生器为每一条原语分配时钟周期,决定每条原语执行的先后次序。

通信机制原语第二层。如图 5.145 所示,第二步设备类型的一部分成为消息池中消息头 2 的入口地址,消息头 2 是网架 CPU 与被叫设备 2 对应的 I/O 卡 2 之间的通信机制。第三步设备类型的另一部分成为通道控制表的入口地址。消息头 2 中放着设备号和域名,消息池解决的问题是找谁(哪台设备的哪个域名)。通道控制表中包含完全初始化 DMA 寄存器的所有内容,当主叫设备 1 对应的 I/O 卡 1 管 DMA 时,由 I/O 卡 1 完成对 DMA 的初始化并启动 DMA。

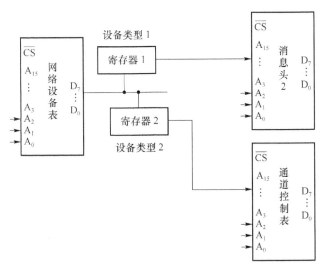

图 5.145　网络设备表的设备类型展开示意图

消息头也是一个表结构,表里放着一系列的地址,这些地址里放什么内容,事先要和 I/O 卡约定好,这是通信机制的最底层。

通信机制原语第二层。如图 5.146 所示,第四步设备属性成为网络文件表的入口地址,第五步将网络文件表的域名和逻辑块号送入两个口地址寄存器,这两个口地址寄存器分别成为下一个表的入口地址。

通信机制原语第三层。第一步网络文件表提供的域名送入消息池中的消息头 2。消息头也是一个表,表中有一系列的地址。每个地址放什么内容,什么时间片下放,由哪些表放,CPU 与 I/O 卡都要事先约定好,这是通信机制的最底层,也是最核心的部分。

通信机制原语第三层。第二步网络文件表提供的逻辑块号成为 PAT 的入口地址,PAT 表将逻辑块号转换成 I/O 缓冲区实际的物理地址,PAT 表提供两个物理地址:一是 I/O 卡 1 的缓冲区地址;二是 I/O 卡 2 的缓冲区地址。进程调度时,用于对 DMA 的源地址 SI/目标地址 DI 寄存器赋值。

传输方向来决定物理地址是源地址还是目标地址。

通信机制原语第四层。第一步将 PAT 表转换的两个物理地址送入通道控制表或者消息池中的消息头 1。

网络文件表提供的逻辑块号解决的问题是:域名文件放在 I/O 缓冲区的哪。逻辑块号转换成的 I/O 卡 1 缓冲区地址用于对 DMA 的通道 0 的基地址寄存器（目标地址）赋值,I/O 卡 2 缓冲区地址用于对 DMA 的通道 1 的基地址寄存器（源地址）赋值。

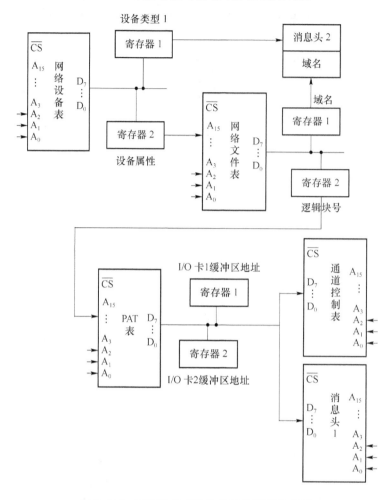

图 5.146　网络设备表的设备属性展开示意图

假设,域名文件中有 8 个数据块,I/O 卡 1 缓冲区地址是第一块在 I/O 卡 1 缓冲区中的地址,此地址用于第一次对 DMA 初始化时的基地址寄存器（目标地址）赋值,剩余的 7 次对 DMA 初始化时,由当前地址寄存器完成对基地址寄存器的赋值。

同理,I/O 卡 2 缓冲区地址是域名文件的第一块在 I/O 卡 2 缓冲区中的地址,此地址用于第一次对 DMA 初始化时的基地址寄存器（源地址）赋值,剩余的 7 次对 DMA 初始化时,由当前地址寄存器完成对基地址寄存器的赋值。

DMA 数据传输过程中,I/O 卡 2 缓冲区中的块长度寄存器不断减 1,从 7 一直减到 0。相应的,I/O 卡 1 缓冲区中的块长度寄存器不断加 1,从 0 一直加到 7。从而完成数从 I/O 卡 2 缓冲区到 I/O 卡 1 缓冲区的传输。

网架 CPU 和 I/O 卡 1 都可以管 DMA,当网架 CPU 管 DMA 时,PAT 转换的两个 I/O 缓冲区地址送通道控制表,网架 CPU 完成对 DMA 的初始化定义并启动 DMA。通道控制表在网架 CPU 内,通道控制表包含着对 DMA 完全初始化寄存器的所有内容。

当主叫 I/O 卡 1 管 DMA 时,PAT 转换的物理地址送消息池中的消息头 1,I/O 卡 1 定时将消息头 1 内容取出,进程调度过程中由 I/O 卡 1 完成对 DMA 的初始化定义并启动 DMA。

通信机制原语第三层。如图 5.147 所示,第三步 DCT 表的通道控制表的入口地址成为通道控制表的入口地址,第四步将通道控制表中的元素项送入三个口地址寄存器。

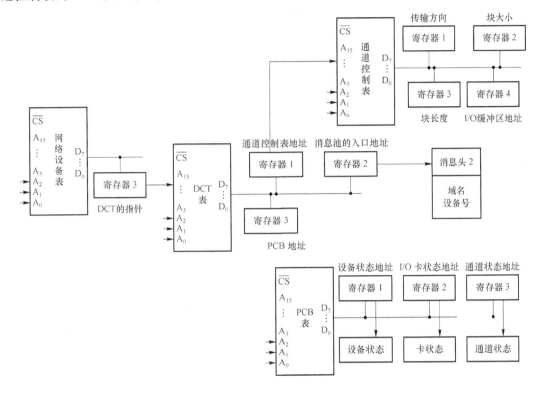

图 5.147　DCT 表的展开示意图

通道控制表中包含四个元素项:传输方向、块大小、块长度、I/O 缓冲区地址。块大小一般是 512 个字节,与磁盘扇区相对应。块长度指的是此次传输几个 512 个字节的块。

通信机制原语第三层。如图 5.148 所示,第五步 DCT 表中的消息池的入口地址表项成为消息池中消息头 2 的入口地址。消息头 2 是网架 CPU 与被叫 I/O 卡 2 之间的通信机制。

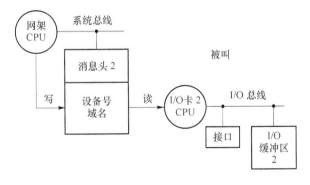

图 5.148　网架 CPU 与 I/O 卡 2 的通信示意图

消息头 2 的内容包括:设备号、域名。

消息头 2 是网架 CPU 与被叫 I/O 卡 2 的通信接口,完成网架 CPU 与被叫 I/O 卡 2 之间的通信。被叫 I/O 卡 2 与被叫设备网卡之间的通信是接口对接口的,通信接口的内容来源于消息头 2。

通信机制原语第三层。第六步 DCT 表中设备号元素项写入消息头 2,消息头 2 的内容包括被叫的设备号和域名,设备号由 DCT 表提供,域名由网络文件表提供。

进程调度原语。第一步 DCT 提供 PCB 表的入口地址,第二步将 PCB 的元素项内容送入三个口地址寄存器,这三个口地址寄存器又成为下一层寄存器的入口地址。

如图 5.149 所示,被叫 I/O 卡 2 监控设备状态和 I/O 卡 2 状态,并返回给消息头 2。主叫 I/O 卡 1 查询通道状态,并返回给消息头 1,通道状态查看的是 DMA 的状态寄存器。

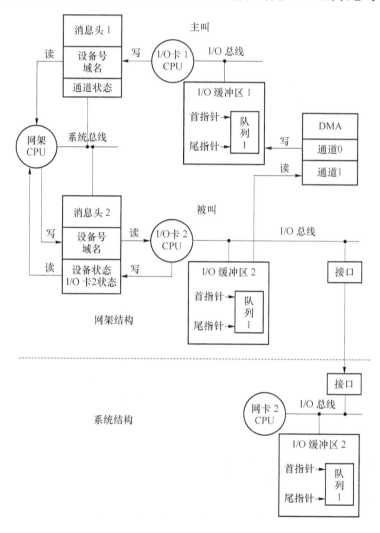

图 5.149　网架 DMA 数据传输示意图

网架 CPU 定时将消息头 1 和消息头 2 中的状态信息读出,并根据三者的状态信息决定进程调度的先后次序,并把对 DMA 初始化的所有内容放入相应的队列,此队列是个循环队列,里面包括就绪队列、等待队列和阻塞队列。

此循环队列中有三个数据块,三个数据块之间是首尾相连的。如果被叫 I/O 卡 2 状态准备好,则执行就绪原语,将 DMA 初始化赋值的所有内容放入就绪队列,此时数在被叫 I/O 卡 2 的 I/O 缓冲区队列中。

一块 DMA 有四路通道,每次 DMA 传输用两路通道,假设数从被叫 I/O 卡 2 的 I/O 缓冲区到主叫 I/O 卡 1 的 I/O 缓冲区。一路对被叫 I/O 卡 2 的 I/O 缓冲区进行读操作,一路对主叫 I/O 卡 1 的 I/O 缓冲区进行写操作。被叫设备域名占用哪两路 DMA 通道都已分配好,I/O 卡 1 查看通道状态时,查的是分配给该设备域名的两路 DMA 通道状态。

如果设备状态准备好,则执行等待原语,将 DMA 初始化赋值的所有内容放入等待队列,此时,数在被叫设备的网卡 2 的缓冲区队列中;如果设备状态没有准备好,则执行阻塞原语,将 DMA 初始化赋值的所有内容放入阻塞队列,此时数在设备传感器上,还没有进入被叫设备的网卡 2 的缓冲区队列。

就绪原语、等待原语、阻塞原语都属于进程调度原语。

网架结构被叫设备对应的 I/O 卡 2 与被叫设备的网卡 2 之间的通信是接口对接口的,I/O 卡 2 将从消息头 2 取出的设备号和域名通过接口发送给网卡 2。此消息头 2 指的是网架结构上网架 CPU 与 I/O 卡 2 之间的通信机制。

之后就进入被叫设备 2 的系统结构。

如图 5.150 所示,被叫设备 2 的网卡 2 将从接口收到的设备号和域名写入消息头 2,此消息头 2 指的是设备 2 的系统 CPU 与网卡 2 之间的通信机制,消息头 2 是系统内存的一块共管区,由系统 CPU 与网卡 2 共同管理。

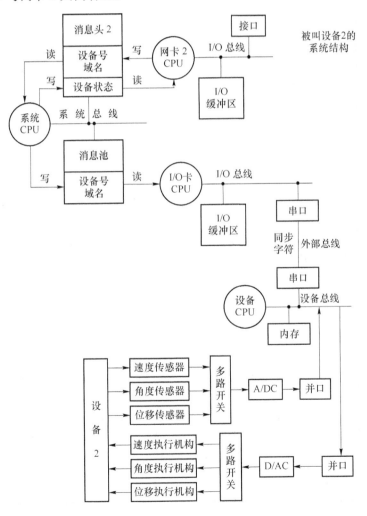

图 5.150 网卡 2 与被叫设备的通信示意图

被叫设备 2 的系统 CPU 将消息头 2 中的设备号、域名取出后,与自己的设备域名表内的域名进行比较,相等后,转入调子指令,执行转子程序,开始启动 INT 软中断。

如图 5.151 所示,系统 CPU 在时间片内,定时将消息头 2 的内容取出,设备号对应着 INT 指令,对应着中断类型码。

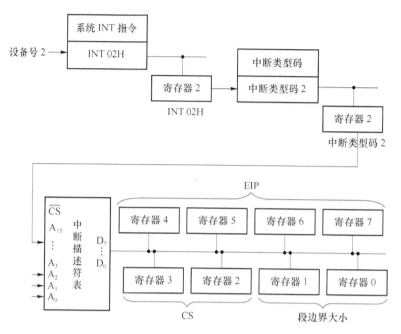

图 5.151　中断描述符表展开示意图

设备号和域名进入系统 CPU 后,开始系统结构下的通信机制和进程调度。系统结构下的通信机制和进程调度过程在 5.1 节 CPU 管理中已详细介绍,在此不再赘述。

至此,网络通信机制的通信路径已经勾画清晰了,下面介绍网络进程调度的数据通道打造过程。

5.4.3　网络进程调度

当设备号和域名进入被叫设备 2 的系统 CPU 后,系统 CPU 开始系统结构下的通信机制和进程调度过程,此过程在 5.1 节 CPU 管理中已做详细介绍,在此不再重复叙述。

当被叫设备 2 的系统结构下的通信机制和进程调度执行完后,此时,数已经到了系统内存附加段。

第一步:设备 2 的速度域名文件中的数从设备 2 的系统内存附加段传送到网卡 2 的 I/O 缓冲区。

如图 5.152 所示,假设设备 1 调用设备 2 的速度传感器域名文件,数从系统内存附加段的队列 1 经 DMA 块传到网卡 2 的 I/O 缓冲区中的队列 1,此时,由网卡 2 管 DMA,系统 CPU 将对 DMA 完全初始化寄存器的所有内容送入消息头 2,网卡 2 定时将消息头 2 中的内容取出,完成对 DMA 的初始化并启动 DMA。

消息头 2 是网卡 2 与系统 CPU 的通信机制,由网卡 2 和系统 CPU 定时交互访问,消息头 2 是系统内存的一块共管区。

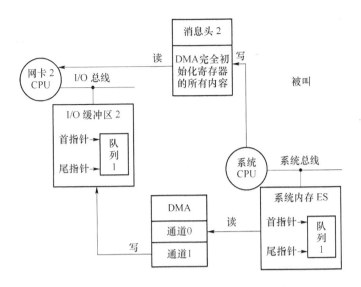

图 5.152　网卡 2 管 DMA 时的数据传输示意图

　　第二步：如图 5.153 所示，网卡 2 通过指令将数从网卡 2 的 I/O 缓冲区队列 1 送入接口 1 的输出缓冲区内。此过程是由程序控制完成的。

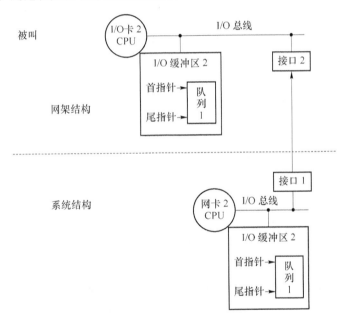

图 5.153　网卡 2 与 I/O 卡 2 的数据传输示意图

　　第三步：数从接口 1 的输出缓冲区传送到接口 2 的输入缓冲区内，接口 1 执行发送程序，接口 2 执行接收程序。

　　第四步：网架结构上的被叫设备对应的 I/O 卡 2 CPU 执行指令，将数从接口 2 的输入缓冲区送入 I/O 卡 2 的 I/O 缓冲区的队列 1 内。

　　当数进入到网架结构上的被叫设备对应的 I/O 卡 2 的 I/O 缓冲区的队列 1 后，网架 CPU 开始进程调度。

　　第五步：如图 5.154 所示，网架 CPU 的网络进程调度，数从被叫 I/O 卡 2 的缓冲区经

DMA 块传到主叫 I/O 卡 1 的缓冲区。

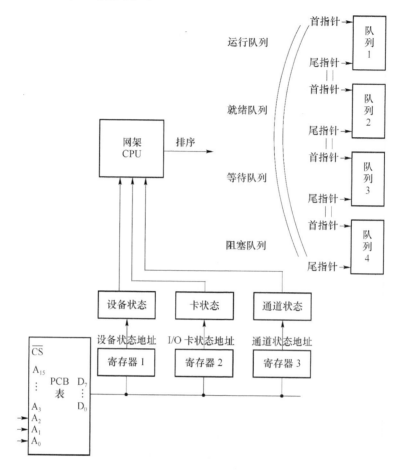

图 5.154　网架进程调度示意图

网架 CPU 根据设备状态、I/O 卡状态和通道状态来决定网络进程调度的先后次序,并将网络进程放入相应的就绪队列、阻塞队列和等待队列。

对于网络进程调度来讲,设备状态指的是被叫设备对应的网卡 2 中 I/O 缓冲区内的队列状态。当队列状态是队满时,即数已经在网卡 2 中 I/O 缓冲区内的队列,网架结构的原语级微程序控制器执行等待原语,将进程放入等待队列;当队列状态是队空时,即数不在网卡 2 中 I/O 缓冲区内的队列,网架原语级微程序控制器执行阻塞原语,将进程放入阻塞队列。

I/O 卡状态指的是网架结构上被叫设备对应的 I/O 卡 2 中 I/O 缓冲区内的队列状态,当队列状态是队满时,即数已经在 I/O 卡 2 中 I/O 缓冲区内的队列,网架结构的原语级微程序控制器执行就绪原语,将进程放入就绪队列。

如图 5.155 所示,通道状态指的是 DMA 状态,此 DMA 完成数从网架结构中的 I/O 卡 2 中 I/O 缓冲区队列到 I/O 卡 1 中 I/O 缓冲区队列的传输。

网络进程调度的三个要素是:①先来先服务调度策略;②短则优先调度策略;③时间片轮转调度策略。

网架 CPU 进程调度根据设备状态、I/O 卡状态和通道状态将相应的进程放入就绪队列、等待队列或者阻塞队列。运行队列、就绪队列、等待队列和阻塞队列是一个首尾相连的循环队列,每个队列里放着该进程调度时用于对 DMA 完全初始化寄存器的所有内容。

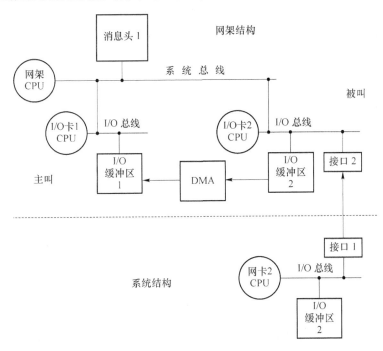

图 5.155　网架 DMA 数据传输示意图

DMA 数据传输过程中,采用的是时间片轮转的调度策略。网络操作系统为每个设备域名的进程分配时间片,每个进程占用的时间片大小是一样的,时间片轮转的调度策略属于公平策略,DMA 支持优先级策略和公平策略。

如图 5.156 所示,假设正在运行队列的进程此次要传送 8 块,当时间片完后,只传送了 5 块,那么,首先原语级的中断服务程序将队列里的断点信息保存到 TSS 表中,之后,执行阻塞原语,插入到阻塞队列中去。

图 5.156　运行队列、阻塞队列的逻辑关系示意图

如图 5.157 所示,时间片完后,如果网络设备进程的数没有传完,则将队列里的断点信息保存到 TSS 表。假如数从 I/O 卡 2 的缓冲区经 DMA 到 I/O 卡 1 的缓冲区,那么 TSS 表中的 I/O 缓冲区地址指的是 I/O 卡 2 缓冲区中队列的首指针,下次要传时的目标地址指的是 DMA 通道中的当前地址寄存器内容,对应着 I/O 卡 1 缓冲区中队列的尾指针。

在网架结构中,网架 CPU 和主叫设备对应的 I/O 卡都可以管 DMA。当网架 CPU 管 DMA 时,队列里的内容来源于通道控制表;当主叫设备对应的 I/O 卡管 DMA 时,网架 CPU 将 DMA 完全初始化寄存器的所有内容放入消息头,I/O 卡将消息头内容取出完成对 DMA 的初始化定义并启动 DMA。

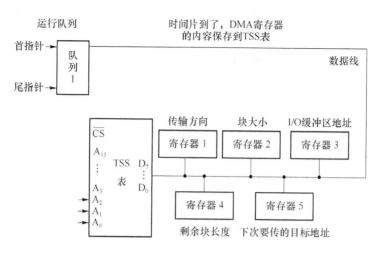

图 5.157　TSS 表的展开示意图

（1）网架 CPU 管 DMA 时的进程调度

进程调度的核心是过桥理论，即如何分配 DMA，完成对 DMA 的初始化并启动 DMA，通道控制表包含完全初始化 DMA 寄存器的所有内容。

如图 5.158 所示，当网架 CPU 管 DMA 时，PAT 表转换成的 I/O 卡 1 缓冲区地址和 I/O 卡 2 缓冲区地址要送入通道控制表，用于对 DMA 的源地址 SI/目标地址 DI 寄存器赋值。

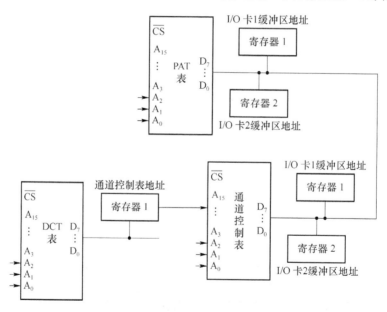

图 5.158　PAT 表与通道控制表的逻辑关系示意图

至此，通道控制表的所有内容已齐全。

如图 5.159 所示，通道控制表中包含五个元素项：传输方向、块大小、块长度、I/O 卡 1 缓冲区地址、I/O 卡 2 缓冲区地址。块大小一般是 512 个字节，与磁盘扇区相对应。块长度指的是此次传输几个 512 个字节的块。

当网架 CPU 管 DMA 时，网架 CPU 完成对 DMA 的初始化定义并启动 DMA，数据中断后，网架 CPU 将进程的断点信息保存到 TSS 表内。

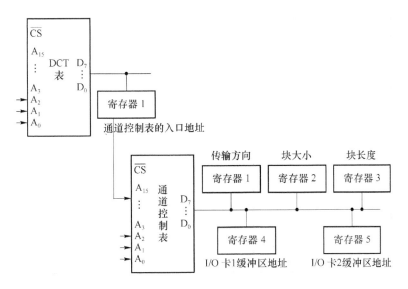

图 5.159　通道控制表结构示意图

在网架结构中,多个进程可以并发,即网架结构中,同一个时间片下,可以存在多条数据通道。此时,网架 CPU 管 DMA 的任务过重,就由主叫的 I/O 卡管 DMA。

(2) 主叫 I/O 卡管 DMA 时的进程调度

在此,重点介绍主叫 I/O 卡管 DMA 时的情况。

如图 5.160 所示,当主叫 I/O 卡 1 管 DMA 时,PAT 表转换成的 I/O 卡 1 缓冲区地址和 I/O 卡 2 缓冲区地址要送入消息头 1,用于对 DMA 的源地址 SI/目标地址 DI 寄存器赋值。

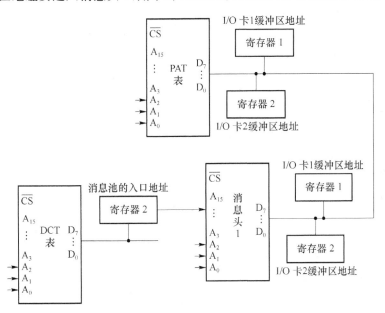

图 5.160　PAT 表与消息头的逻辑关系示意图

消息头 1 是网架 CPU 与 I/O 卡 1 之间的通信机制,属于网架结构中系统内存的一块共管区,由网架 CPU 与 I/O 卡 1 交互访问。

如图 5.161 所示,DCT 表中的通道控制表的入口地址元素项成为通道控制表的入口地址,通道控制表包括三个元素项:传输方向、块大小、块长度。当主叫 I/O 卡 1 管 DMA 时,通道控制表的内容也要写入消息头 1。

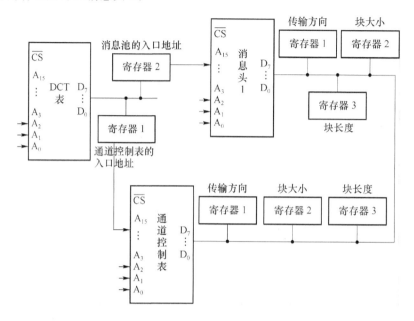

图 5.161　I/O 卡管 DMA 时的消息头内容示意图

至此,消息头 1 中包含了对 DMA 完全初始化寄存器的所有内容:传输方向、块大小、块长度、I/O 卡 1 缓冲区地址、I/O 卡 2 缓冲区地址。

I/O 卡定时将消息头 1 的内容取出,完成对 DMA 的初始化定义并启动 DMA。

如图 5.162 所示,通道 0 完成对 I/O 缓冲区 2 的读操作,通道 1 完成对 I/O 缓冲区 1 的写操作。数从 I/O 缓冲区 2 的队列经 DMA 传输到 I/O 缓冲区 1 的队列。

当 I/O 卡 2 状态准备好,即数已进入 I/O 缓冲区 2 的队列。CPU 从消息池 1 中读取 DMA 的通道状态,DMA 的通道状态由 I/O 卡 1 提供。如果 DMA 的通道 0 和 1 没有被占用,CPU 将对 DMA 完全初始化寄存器的所有内容写入消息头 1,I/O 卡 1 将消息头 1 的内容取出并完成对 DMA 的初始化,启动 DMA。此次进程调度开始执行。

① 通道 0 的寄存器

通道 0 的方式寄存器 $D_7 D_6 D_5 D_4 D_3 D_2 D_1 D_0 = 10111000$,表示通道 0 是 DMA 读传输,地址加 1,采用块传输方式。

基地址寄存器由 PAT 表中的元素项——I/O 卡 2 缓冲区地址赋值,I/O 卡 2 缓冲区地址指的是 I/O 缓冲区 2 中队列 1 的首指针,基地址寄存器此时存放的是源地址。

当前地址寄存器保存 DMA 传送期间所用的地址值,每次 DMA 传输后该寄存器自动加 1。当数据块传完后,当前地址寄存器成为 I/O 缓冲区 2 的入口参数,此入口参数指的是 I/O 缓冲区 2 中队列 1 的尾指针。同时,当前地址寄存器还要给基地址寄存器赋值,成为下一次 DMA 块传时的源地址。

基字节计数寄存器保存需要传送的字数,此时是 512 个字节,每次传送之后,该值减 1。

一个队列是一个数据块,数据块的大小是 512 个字节,数据块的大小要与磁盘扇区相对应。

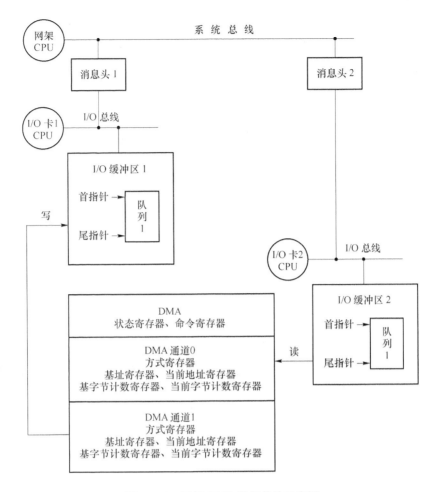

图 5.162　网架 DMA 数据传输示意图

② 通道 1 的寄存器

通道 1 的方式寄存器 $D_7 D_6 D_5 D_4 D_3 D_2 D_1 D_0 = 10000101$，表示通道 1 是 DMA 写传输，地址减 1，采用块传输方式。

基地址寄存器由 PAT 表中的元素项——I/O 卡 1 缓冲区地址赋值，I/O 卡 1 缓冲区地址指的是 I/O 缓冲区 1 中队列 1 的尾指针，基地址寄存器此时存放的是目标地址。逻辑块号经 PAT 表转换成两个物理地址：I/O 卡 1 缓冲区地址和 I/O 卡 2 缓冲区地址，当主叫 I/O 卡 1 管 DMA 时，将这两个物理地址写入消息头 1。

当前地址寄存器保存 DMA 传送期间所用的地址值，每次 DMA 传输后该寄存器自动减 1。当数据块传完后，当前地址寄存器成为 I/O 缓冲区 1 的出口参数，此出口参数指的是 I/O 缓冲区 1 中队列 1 的首指针。当指令寻址时，告诉指令数放在 I/O 缓冲区 1 的地址。同时，当前地址寄存器还要给基地址寄存器赋值，成为下一次 DMA 块传时的目标地址。

如图 5.163 所示，假设此次 DMA 传送 3 个数据块。

通道 0 的基地址寄存器由 PAT 表中的元素项——I/O 卡 2 缓冲区地址赋值，此地址指的是 I/O 缓冲区 2 中队列 1 的首指针，DMA 传完第一块后，当前地址寄存器的内容给基地址寄存器赋值，开始传送第二块。此时，当前地址寄存器指的是 I/O 缓冲区 2 中队列 1 中块 1 的尾指针或者块 2 的首指针，块 1 的尾指针和块 2 的首指针是相等的。

依此类推，DMA 传完第二块后，当前地址寄存器的内容给基地址寄存器赋值，开始传送第三块。此时,当前地址寄存器指的是 I/O 缓冲区 2 中队列 1 中块 2 的尾指针或者块 3 的首指针,块 2 的尾指针和块 3 的首指针是相等的。

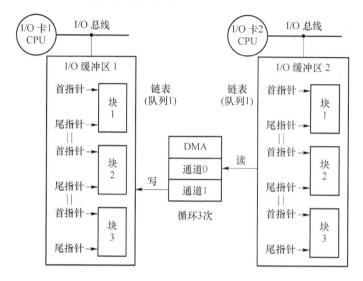

图 5.163　DMA 数据传输示意图

这样,在 I/O 缓冲区 2 中,当前地址寄存器提供的入口参数将三个数据块链接到一起,形成一个链表。此时,队列 1 就是一个链表,由三个数据块首尾链接而成。

通道 0 的当前地址寄存器的作用有两个:①提供入口参数,入口参数指的是数在 I/O 缓冲区 2 的地址;②下次要传的数据块的源地址。

这样,逻辑块号经 PAT 表转换的物理地址——I/O 卡 2 缓冲区地址成为第一块的源地址,逻辑块号只需要转换一次即可,后续的源地址由当前地址寄存器来赋值。

通道 1 的基地址寄存器第一次由 PAT 表中的元素项——I/O 卡 1 缓冲区地址赋值,此地址指的是 I/O 缓冲区 1 中队列 1 的尾指针,DMA 传完第一块后,当前地址寄存器的内容给基地址寄存器赋值,开始传送第二块。此时,当前地址寄存器指的是 I/O 缓冲区 1 中队列 1 中块 1 的尾指针或者块 2 的首指针,块 1 的尾指针和块 2 的首指针是相等的。

依此类推,DMA 传完第二块后,当前地址寄存器的内容给基地址寄存器赋值,开始传送第三块。此时,当前地址寄存器指的是 I/O 缓冲区 1 中队列 1 中块 2 的尾指针或者块 3 的首指针,块 2 的尾指针和块 3 的首指针是相等的。

这样,在 I/O 缓冲区 1 中,当前地址寄存器提供的出口参数将三个数据块链接到一起,形成一个链表。此时,队列 1 就是一个链表,由三个数据块首尾链接而成。

通道 1 的当前地址寄存器的作用有两个:①提供出口参数,出口参数指的是数在 I/O 缓冲区 1 的地址,指令寻址时要用到;②下次要传的数据块的目标地址。

这样,逻辑块号经 PAT 表转换的物理地址——I/O 卡 1 缓冲区地址成为第一块的目标地址,逻辑块号只需要转换一次即可,后续的目标地址由当前地址寄存器来赋值。

网架 CPU 的网络进程调度执行完后数从被叫 I/O 卡 2 的缓冲区队列经 DMA 块传到了主叫 I/O 卡 1 的缓冲区队列。

第六步:I/O 卡 1 CPU 执行传送指令,将数从主叫 I/O 卡 1 的 I/O 缓冲区队列送入接口 2 中的输出队列缓冲区。

第七步:如图 5.164 所示,接口 2 执行发送程序,接口 1 执行接收程序。数从接口 2 的输出队列缓冲区传送到接口 1 的输入队列缓冲区。

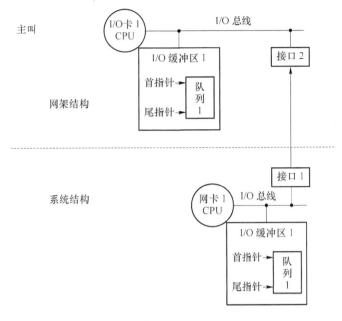

图 5.164 I/O 卡 1 与网卡 1 的数据传输示意图

第八步:主叫设备的网卡 1 CPU 执行传送指令,将数从接口 1 的输入队列缓冲区传送到网卡 1 的 I/O 缓冲区 1 的队列中去。

第九步:如图 5.165 所示,数从主叫网卡 1 的 I/O 缓冲区队列经 DMA 传送到主叫设备的系统内存附加段的队列中去。

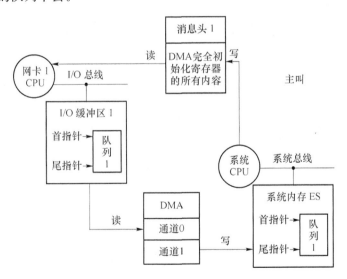

图 5.165 网卡 1 与主叫设备的 DMA 数据传输示意图

此 DMA 归网卡 1 管,主叫设备的系统 CPU 将对 DMA 完全初始化寄存器的所有内容放入消息头 1,网卡 1 定时将消息头 1 的内容取出,完成对 DMA 的初始化定义并启动 DMA。

第十步:如图 5.166 所示,数到了主叫设备系统内存的附加段后,系统 CPU 执行串操作指令,将数从系统内存附加段传送到系统内存数据段。指令寻址时,找的是出口参数。此时,出口参数指的是系统内存附加段的地址,即系统内存附加段中队列1的首指针。

主叫设备的系统结构

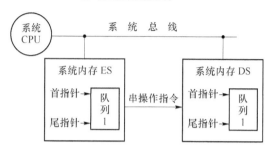

图 5.166　设备内存中的数据传输示意图

第十一步:数到了主叫设备的系统内存数据段后,系统 CPU 可以直接访问数据段,并完成对数的运算处理。

至此,整个网络数据通道打造完成,网络通信机制和进程调度也执行完。

5.4.4　网络操作系统的拓扑结构

拓扑结构:拓扑结构是根据图的节点、链路、映射函数为设备打造数据通道,创建数据平台。

节点指的是操作系统中的各级 CPU 模块,如系统 CPU 模块、I/O 卡模块、设备模块、网柜、交换机等。

链路指的是数据通道。例如,系统 CPU 与 I/O 卡之间的链路是 DMA 块传方式,I/O 卡与设备之间是中断的数据传输方式。

映射函数指的是一系列表的展开过程,如中断向量表、局部表、设备表的展开过程,体现的是系统 CPU 与 I/O 卡之间的映射关系。

拓扑是图论的进一步理论延伸,是网络操作系统设计的最高理论指导。网络操作系统是并行的、动态的、主从关系时刻变化的、随机的无向图,但在某一时间片内,网络操作系统是静态的、主从关系确定的、结构化的有向图。

系统结构下,系统操作系统中,一条 INT 指令代表一条数据通道,系统操作系统是一个规则网络,属于规则网路中的二叉树网络。

网架结构下,网络操作系统中,一条 INT 指令代表了数据通道的一段路径,多条路径多条 INT 指令组成一条数据通道。网络操作系统是在系统操作系统上的进一步拓扑,是一个随机网络。

网架结构的通信机制也称作网络通信协议。通信协议分为七层,物理层、数据链路层和网络层属于网络操作系统级。传输层、会话层、表示层和应用层属于用户级,在此,我们只介绍物理层、数据链路层和网络层。

物理层的核心是网卡,数据链路层的核心是交换机,网络层的核心是路由器。

网络操作系统的拓扑结构包含三个层面,第一层面是同一网络同一交换机上两台设备的数据调度。

例如,操作系统上有 200 台设备,都连接到同一台交互机上,交换机是 200 门的。

如图 5.167 所示,网络操作系统中,每台网络设备对应着一块自己的网卡,每块网卡对应着网架结构上的一块 I/O 卡,网架结构中两块 I/O 卡之间的数据传输是 DMA 方式。此时,网架结构是一个星型网。

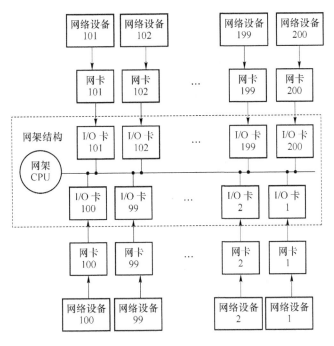

图 5.167　网络设备结构示意图

网络拓扑结构的第二个层面是同一网络不同交换机上两台设备的数据调度。

例如,操作系统上有 200 台设备,有两台交换机,每台交换机连接 100 台设备,每台交换机是 101 门的。

如图 5.168 所示,当网络设备 1 调度网络设备 200 时,就属于同一网络不同交换机上两台设备的数据调度。

网络拓扑结构的第三个层面是不同网络不同交换机上两台设备的数据调度。

例如,操作系统上有 200 台设备,有两台路由器,每台路由器管两台交换机。有四台交换机,每台交换机连接 50 台设备,每台交换机是 51 门的。

假设网络设备 1 调度网络设备 200 时,就属于不同网络不同交换机上两台设备的数据调度。

如图 5.169 所示,网络操作系统中有 200 台设备,每台设备有 2 个域名,一共 400 个域名。有 4 台交换机,每台交换机管 50 台设备,有 2 个路由器,路由器 1 管着交换机 1 和交换机 2,路由器 2 管着交换机 3 和交换机 4。

网络层的核心是路由器,每个路由器代表一个网络。数据链路层的核心是交换机,物理层的核心是网卡。

网络操作系统的核心是网络通信机制和网络通信调度,网络通信机制要解决的问题是:找谁,路径怎么走。

网络通信过程中,找谁的过程是一个 n 叉树结构,图 5.170 中,每台交换机管着 50 台设备,就是一个 50 叉树结构。

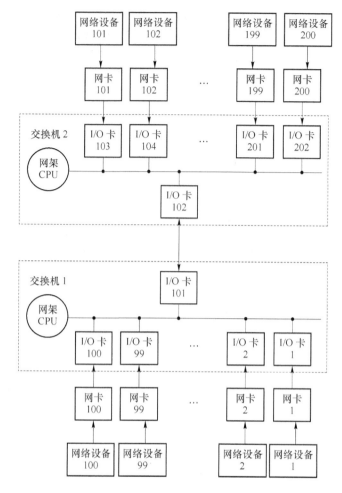

图 5.168　不同交换机上两台设备的数据调度示意图

网络通信机制中，找谁的过程是一个 n 叉树结构，我们以最简单的二叉树为例介绍规则网络中的二叉树网络。根节点指的是找谁，即哪个网络的哪台交换机的哪台设备的哪个域名，叶子节点是域名。

假设操作系统中有 8 台设备，16 个域名。介绍这个二叉树网络。

二叉树网络比线性网络更加有效。线形图用 $(n-1)$ 条链路连接 n 个节点，但是它的平均路径长度为 $O(n)$。线性网络并非链路有效的，因为链路数与它的平均路径长度中的跳数增长一样快。链路更加有效的连通网络拓扑是二叉树，因为随着它的增长，它的平均路径长度增长要比链路数的增长的速度慢得多。

二叉树的过程是一个不断地条件判断，一级一级地选择的过程。根节点的地址最长，根节点的地址是一个大的计数器，地址是分段的。每一段又是一个小的计数器，每一段都处于二叉树中不同的 k 层。

如图 5.171 所示，二叉树递归地定义为一个节点连接到两个也是二叉树的子树。一个节点称为根，它的度为 2 并且连接两个子树，后者同样连接到两个更多的子树上，依此类推。这种递归结束于一组称为叶子节点的节点上，叶子节点的度为 1。所有中间节点经过三条链路连接网络，因此，二叉树包含的节点度仅可能是 1,2,3。

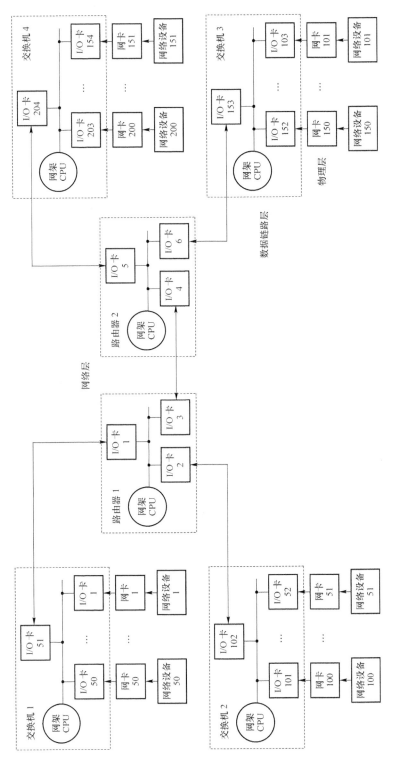

图 5.169 不同网络不同交换机上两台设备的数据调度示意图

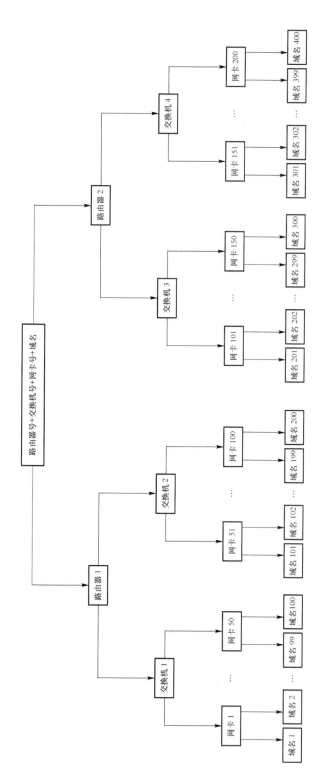

图 5.170 *n* 叉树网络构架示意图

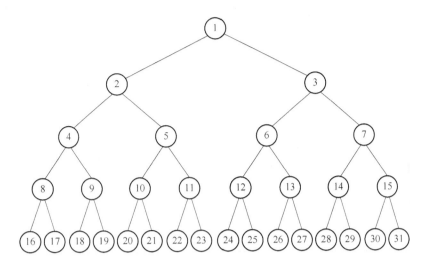

图 5.171　二叉树结构示意图

平衡二叉树包含 k 层,并且刚好具有 $n=2^{k-1}$ 个节点,$m=(n-1)$ 条链路,对于 $k=1,2,\cdots$。根节点位于第 1 层,叶子节点位于第 k 层。每一层对应于从根到叶子节点的路径上的一跳,因此平衡二叉树的直径为 $2(k-1)$ 跳。根节点位于半径 $=(k-1)$ 的平衡二叉树的中心。

图 5.171 是一个平衡二叉树,包含 5 层,每层都是地址。

第 1 层是找谁,是一个地址,即哪个网络的哪台交换机的哪台设备的哪个域名,这些地址都在根节点上。

第 2 层网络号,即路由器号。每台路由器代表了一个网络,每个网络中包含两台交换机。

第 3 层交换机号,每台交换机管着 50 台设备,每台设备对应着自己的一块网卡。

第 4 层网卡号,每块网卡对应着一台设备,对应着网架结构上的一块 I/O 卡,每台设备包含两个域名。

第 5 层域名,域名是叶子节点,找到域名后,网络通信机制结束。

网络操作系统中包含 8 台设备,16 个域名。此平衡二叉树包含 5 层,具有 31 个节点,30 条链路,平衡二叉树的直径为 8 跳,根节点位于半径 $=4$ 的平衡二叉树的中心。

二叉树的创建过程就是为每台设备的域名打造数据通道,创建数据平台的过程,是网络设备在各个表中登记、注册的过程。设备要想进入网络操作系统就必须遵守网络操作系统制定的通信标准。

(1) 二叉树网络的熵

平衡二叉树网络是规则的,但是它的熵不为零。熵是度序列分布的函数,并且二叉树具有不平滑的度序列分布。

图 5.171 中的度序列为 $g=[2,3,3,3,3,3,3,3,3,3,3,3,3,3,3,3,1,1,1,1,1,1,1,1,1,1,1,1,1,1,1,1]$。

g 中包含 16 个度为 1 的节点,1 个度为 2 的节点,14 个度为 3 的节点。

度序列分布 $g'=[16/31,1/31,14/31]\approx[51.61\%,3.23\%,45.16\%]$

这样就得出熵 I 为

$$I(平衡二叉树,k=5)=1.16\text{ bit}$$

当然,不平滑分布的原因在于 31 个节点中有 16 个节点度为 1,1 个节点度为 2,14 个节点度为 3。度序列总是包含三种频率：

$$P_1 = 度为1的节点数/n; 这些是叶子节点$$

$$P_2 = 度为2的节点数/n; 这些是根节点$$

$$P_3 = 度为3的节点数/n; 这些是内部节点$$

接近半数的节点是叶子节点，一个节点为根节点，其余节点是内部节点。平衡二叉树网络几乎都是(但不完全是)规则网络。它在根和叶子节点是不规则的。这些"不规则性"解释了 1 bit 的"随机性"。不规则性随着 n 的增加而减少，该属性在估计一般平衡二叉树网络的平均路径长度时会很有用。

规则网络指的是网络操作系统中，设备的主从关系已经定义好了，主设备就是主设备，从设备就是从设备。

随机性指的是网络操作系统中，有的设备既可以是主设备也可以是从设备，熵将这些设备进行量化，这些设备越多，熵就越大。

(2) 二叉树网络的路径长度

网络的中心是半径为 $r=k-1$ 的根节点，叶子节点位于直径顶端节点上，直径 $D=2(k-1)$ 跳。直径随着网络规模 n 呈对数增长，因为 $k=O(\log_2 n)$。但是平均路径长度也是按对数增长的，因此，二叉树的平均路径长度与它的直径成正比。

$$n=2^{k-1}, \quad D=直径=2(k-1)$$

对于高的 k 值来讲，将平均路径长度和$(D-4)$合并。这样一来，平均路径长度渐近于$(D-4)$：

$$平衡二叉树的平均路径长度=(D-4), \quad k>1$$

$$D=2(k-1)$$

因此，

$$平均路径长度=2k-6=2\log_2(n+1)-6$$

路径长度指的是主叫设备和被叫设备之间的跳数，每一跳代表了两个 CPU 之间的通信。例如，路由器与交换机之间的通信，交换机与网卡之间的通信等。

在网络通信机制中，每一跳代表了一次地址比较过程，由比较电路实现。例如，第一跳比较的是路由器号，选择是哪台路由器的网络。第二跳比较的是交换机号，选择的是哪台交换机。

路径长度越长，根节点的地址计数器分段就越多，二叉树的半径是多少，根节点的地址就要分成多少个段，每段对应着二叉树中的不同的 k 层。

(3) 二叉树网络的链路效率

既然我们知道平衡二叉树的平均路径长度的方程，我们可以将它插入到链路效率的方程中，并加以简化。平衡二叉树具有 $m=n-1$ 条链路。"大的"平衡二叉树的链路效率可以简化为

$$E(平衡二叉树)=1-\frac{D-4}{m}=1-\frac{(2k-1)-4}{n-1}, \quad k>9$$

$$E=1-\frac{2\log_2(n+1)-6}{n-1} \quad (因为 k=\log_2(n+1))$$

假定 $n \gg 1$，因此$(n+1)$和$(n-1)$都接近于 n，链路效率近似为

$$E(平衡二叉树)=1-\frac{2\log_2 n}{n}, \quad k>9$$

例如，如果 $n=127$，那么近似地 $E=0.890$，但是实际的链路效率为 0.934。但是如果 $n=2\,047$，近似公式得出 $E=0.990$，实际的链路效率为 0.992，实际和近似效率仅有 0.2% 的差异。对于大的 n，这种差异几乎不存在。

随着 n 无限地增长，二叉树链路效率接近 100%。

二叉树平均路径长度在很大程度上是由从根节点到它的叶子节点的距离的对数增长所决定的。为了从一个叶子节点到达另外一个叶子节点，信息必须沿着树到达它的根，然后再向下到达目的地。两个叶子节点越远，路径就越有可能通过树根。

例如，当同一交换机上磁盘设备扇区的数要放入显示器的内存时，数经过交换机后直接送入显示器即可。

当同一网络不同交换机上磁盘设备扇区的数要放入显示器的内存时，数的路径是：数→交换机 1→路由器 1→交换机 2→显示器。

或许通过在二叉树同一层节点之间插入横向链路，可以减少平均路径长度。这些捷径将不需要遍历所有的路径到根节点，而是简单地从树的一侧到达另外一侧。但是，增加链路会降低链路效率。因此，在不增加更多的链路时如何缩短路径？

我们引入另外一种拓扑结构——超环形网络，该网路设计是在网格状的拓扑中将一半链路分给水平连接，另外一半分配给垂直连接。换句话讲，假设映射函数连接直接前驱和后继节点，另外一个映射连接节点 v 到另外一个距离为 $+$ 根号 n 和 $-$ 根号 n 跳的节点，这种网格似的到节点的链路映射使用少量的链路，同时降低了节点间的距离。这导致了曼哈顿似的网格。

不论是二叉树网络，还是超环形网络、超立方网络，这些拓扑结构都是在为设备域名打造数据通道，创建大数据平台。拓扑结构不同，数据通道不同，数据通道的路径长度不同，数据传输过程中的链路效率不同。根据系统工程的需求来选择不同属性的设备，根据设备的属性、因果关系来选择相应的拓扑结构，以便使操作系统的性能达到最佳效果。

无论拓扑结构怎么变，它最终要解决的问题是：找谁，数放在哪（内存地址），谁的，数据通道如何打通。拓扑结构是在数据求通的基础之上，来分析、计算如何布局这些数据通道的效率是最高的、最安全的。

拓扑结构包含规则网络和随机网络，以上介绍的二叉树网络、超环形网络和超立方网络都属于规则网络，下面介绍一下随机网络。

随机网络中，设备的主从关系是时刻变化的。对于大的 n，随机网络用泊松度序列分布来描述，而对于小的 n 则用二项式分布来描述。如"随机拓扑"导致高熵，这是随机网络的一个标志性属性。

为了提高网架结构的安全性，引入冗余设计，即主叫设备和被叫设备之间包含多条数据通道，这些数据通道已经在网络操作系统设计中提前设定好了，当一条数据通道拥堵、断路后，可以绕过该条数据通道，选择其他的数据通道。

如图 5.172 所示，网架结构中，有 200 台设备，每台交换机是 50 门，管 50 台设备，需要四台交换机即可。每台路由器管两台交换机，需要两台路由器即可。

为了提高网架的稳定性，采用冗余设计。网架结构中有三台路由器，其中一台是备用的。交换机有六台，其中两台也是备用的。

在网架结构中，交换机和路由器属于关键设备，是数据通道上的关键节点，当网架结构出现故障时，冗余的路由器或交换机介入工作，承担已损失的路由器或交换机的功能，为网络系统提供服务，减少宕机事件的发生。

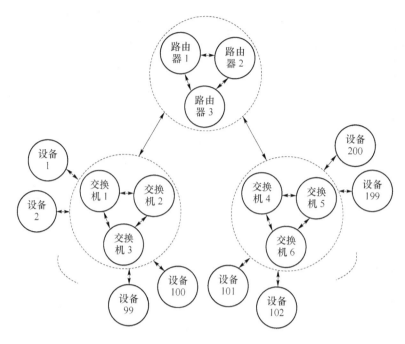

图 5.172　网架冗余设计示意图

5.5　网架结构的逻辑电路设计与实现

　　大数据平台离不开网架结构,网架结构支持多进程、多条数据通道的并发。

　　网络操作系统包括外围机操作系统和网架操作系统,其中,外围机操作系统管数的录入过程,即数从网络设备到网络磁盘(大数据平台);网架操作系统管数的调出过程,即数从网络磁盘(大数据平台)到网络设备。

　　外围机操作系统和网架操作系统都是双进程的。

> 关键词

　　网架结构、计数器、外围机操作系统、网架操作系统、网络通信机制、网络进程调度、拓扑结构。

> 主要内容

- 大数据平台中计数器的设计;
- 外围机操作系统的通信机制和进程调度路线图;
- 网架操作系统的通信机制和进程调度路线图。

　　操作系统是控制许多离散设备,打造数据通道,创建大数据平台。大数据平台离不开网架结构,关键是 4 096GB 大内存怎么分,把 4 096GB 的大内存分好了,操作系统中的 200 台设备,1 024 个域名的网架结构也就说清了。

　　在大数据平台上,每台网络设备的地址空间都已经分配好了,谁的就是谁的,其逻辑电路的实现最终是计数器的设计。

大数据平台的划分是一个树型结构,地址是一级一级的分配,树有多少层,地址就分了多少级,每一级都用一个计数器来描述。域名地址是一个大的计数器,由多个计数器组成,各级计数器之间是串的,计数器内是并的。

如图 5.173 所示,网架结构是 4 096GB,操作系统中包含 200 台设备,1 024 个域名,每个域名占用 4GB 大小的网架存储空间。例如,设备 1 包含 5 个域名,每个域名占用 4GB 的存储空间,那么,设备 1 就占用 20GB 的网架存储空间。

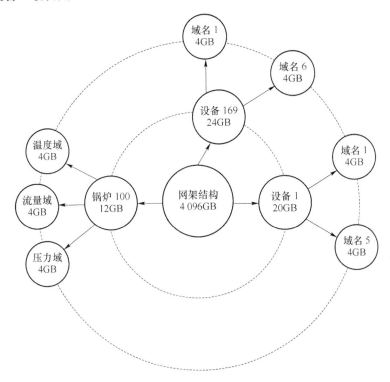

图 5.173 网架结构数据平台示意图

例如,锅炉是操作系统中的第 100 号设备,锅炉包括三个域名:温度域、流量域和压力域,每个域名占用 4GB 的存储空间,那么,锅炉设备文件的大小是 12GB。

网架结构是分布式的,分布式操作系统是从高端地址开始,为 200 台设备,1 024 个域名分配这 4 096GB 的网架存储空间,每个域名占用 4GB,最终是计数器的设计。

没有网架结构就无法管理众多的离散设备,就无法形成大数据平台,大数据平台的构建离不开网架结构。

如图 5.174 所示,网架结构上的 4 096GB 的存储空间被 200 台设备所公用,1 024 个域名中,每个域名私有占用 4GB 的网架存储空间。

网架结构的存储空间是由八台磁盘组成,每台磁盘是 512GB,总共是 4 096GB,即大数据平台是 4 096GB,由 42 根地址线表示。

网架磁盘地址计数器包含 6 部分,由 6 个计数器组成:台号计数器、组号计数器、段号计数器、页号计数器、块号计数器、块内地址计数器。每个计数器内部是并联,6 个计数器之间是串联。

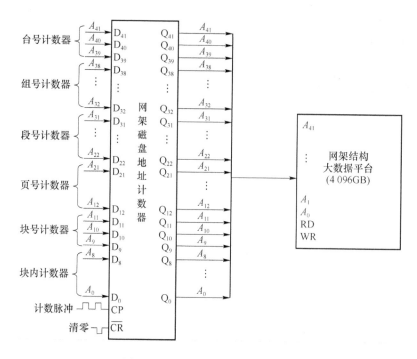

图 5.174 大数据平台结构示意图

如图 5.175 所示，台号计数器表示 $A_{41}A_{40}A_{39}$，由 3 位组成，$A_{41}A_{40}A_{39}$ 从全 0 变到全 1 时，选择 8 台磁盘中的哪一台，即台号计数器将网架的 4 096GB 大数据平台分成了 8 个 512GB 的存储单元。

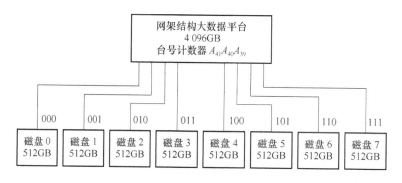

图 5.175 大数据平台中台号计数器结构示意图

如图 5.176 所示，组号计数器表示 $A_{38} \sim A_{32}$，共 7 位，将每块磁盘的 512GB 分成了 128 个 4GB，每个 4GB 对应着一个域名文件。例如，当台号计数器 $A_{41}A_{40}A_{39} = 111$，组号计数器 $A_{38} \sim A_{32} = 1111\,110$ 时，第 7 台磁盘中的第 126 组的 4GB 存储空间对应着 1 024 个域名中的第 1 022 个域名。

如图 5.177 所示，号计数器表示 $A_{31} \sim A_{22}$，共 10 位，将每组的 4GB 空间分成 1 024 个段，每个段大小是 4 MB。例如，当台号计数器 $A_{41}A_{40}A_{39} = 111$，组号计数器 $A_{38} \sim A_{32} = 1111\,110$ 不变，段号计数器变化时，选择的是第 7 台磁盘中的第 126 组的 4GB 中的哪一个段，如果段号计数器 $A_{31} \sim A_{22} = 0000\,0001\,11$ 时，选择的是第 7 个段，段的大小是 4MB。

如图 5.178 所示，页号计数器表示 $A_{21} \sim A_{12}$，共 10 位，将每段的 4 MB 空间分成 1 024 个页，每个页大小是 4KB。例如，当台号计数器 $A_{41}A_{40}A_{39} = 111$，组号计数器 $A_{38} \sim A_{32} = 1111\,110$，段号

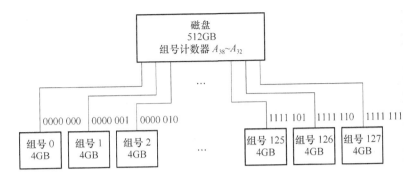

图 5.176 大数据平台中组号计数器结构示意图

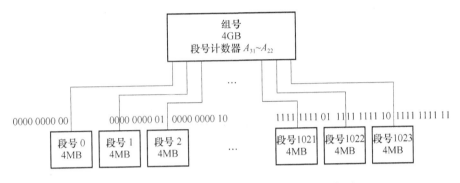

图 5.177 大数据平台中段号计数器结构示意图

计数器 A_{31}～A_{22}＝0000 0001 11 不变时，页号计数器变化时，选择的是第 7 台磁盘中的第 126 组中的第 7 个段中的哪一个页，如果页号计数器 A_{21}～A_{12}＝0000 0011 11 时，选择的是第 15 个页，页的大小是 4KB。

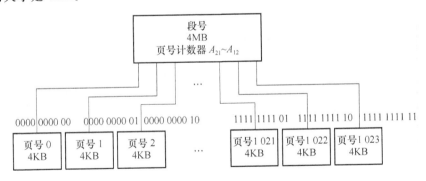

图 5.178 大数据平台中页号计数器结构示意图

如图 5.179 所示，块号计数器表示 $A_{11}A_{10}A_9$，共 3 位，将每页的 4KB 空间分成 8 个块，每个块的大小是 512 个字节。例如，当台号计数器 $A_{41}A_{40}A_{39}$＝111，组号计数器 A_{38}～A_{32}＝1111 110，段号计数器 A_{31}～A_{22}＝0000 0001 11，页号计数器 A_{21}～A_{12}＝0000 0011 11 不变时，块号计数器变化时，选择的是第 7 台磁盘中的第 126 组中的第 7 个段中的第 15 个页中的哪一块，如果块号计数器 $A_{11}A_{10}A_9$＝101 时，选择的是第 5 个块，块的大小是 512 个字节。

块内地址计数器表示 A_8～A_0，共 9 位，当块内地址计数器变化时，选择的是 512 个字节中哪一个字节。512 个字节的数据块是操作系统中最小的存储单元，对应着磁盘上的一个扇区，扇区的大小也是 512 个字节。

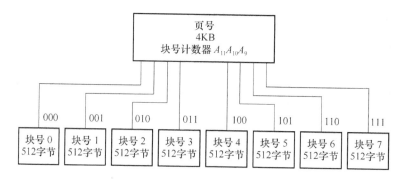

图 5.179　大数据平台中块号计数器结构示意图

网架结构的大数据平台是一个树型结构,数据文件是从高端地址向低端地址划分,最终找到对应设备域名的 512 个字节基本存储块的起始地址,用于对 DMA 的基址寄存器赋值。DMA 只对数据有效,不对程序有效。而中断只对程序有效,不对数据有效。

图 5.180 所示为网架结构示意图,此网架结构的大数据平台是 4 096GB 的存储空间,由 8 台磁盘组成,每台磁盘的大小是 512GB,8 台磁盘挂在外部总线(IDE 总线)上,每台磁盘都有自己的 CPU、内存等,假设每台磁盘设备的内存是 4 MB。

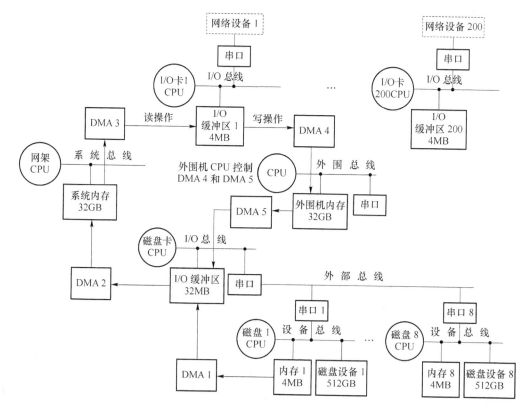

图 5.180　网架结构示意图

磁盘卡使用的是 I/O 总线,磁盘总线是高速总线,磁盘卡有自己的 I/O 缓冲区,磁盘设备的内存与磁盘卡的 I/O 缓冲区之间是 DMA 数据传输。此时,DMA 1 归磁盘卡管,磁盘有自己的磁盘操作系统。

DMA 2 将系统总线和磁盘卡的 I/O 总线连接到一起,完成数在磁盘卡的 I/O 缓冲区与系统内存之间的相互传输。此时,DMA 2 归网架 CPU 管。

DMA 3 将 I/O 卡的 I/O 总线和系统总线连接到一起,完成数在 I/O 卡的 I/O 缓冲区和系统内存之间的相互传输。此时,DMA 3 归网架 CPU 管,每块 I/O 卡对应着一台外部设备,操作系统中有 200 台设备,那么,网架结构上就有 200 块 I/O 卡与这 200 台设备一一对应。

DMA 4 归外围机 PPU 管,将外围设备对应 I/O 卡的 I/O 总线和外围机的外围总线(系统总线)连接到一起,完成数从 I/O 卡的 I/O 缓冲区到外围机的系统内存的传输。

DMA 5 归外围机 PPU 管,将外围机的外围总线(系统总线)和磁盘卡的 I/O 总线连接到一起,完成数从外围机的系统内存到磁盘卡的 I/O 缓冲区的传输。外围机有自己的操作系统,有自己的 CPU、内存和接口,外围机只管数据的录入。

下面介绍网架结构上的数据通道。

1. 数从外围设备到网架磁盘(即设备数据的录入过程)

以操作系统中的第 100 台设备——锅炉为例,介绍锅炉上的流量传感器的数如何从锅炉送入网架结构上的磁盘内。

如图 5.181 所示,对于锅炉设备的系统结构下,数从流量传感器到网卡的 I/O 缓冲区的路径是:流量传感器→A/DC→接口→锅炉设备的内存→串口→外部总线→串口→I/O 卡的 I/O 缓冲区→DMA2→系统内存→DMA1→网卡的 I/O 缓冲区→串口→外部总线→网架结构上锅炉设备对应的 I/O 卡的 I/O 缓冲区。

上述路径在上节已详细介绍,本节主要介绍网架结构上的通信机制和进程调度过程。

第一步:锅炉设备执行 INT 软中断指令,最终将设备号、域名送入消息池中的消息头 100。此消息头 100 指的是锅炉设备上系统内存的一块共管区,是系统 CPU 与网卡 100 之间的通信机制。

如图 5.182 所示,锅炉设备的系统 CPU 定时将锅炉的设备号 100 和域名(流量域)写入消息头 100 内,锅炉设备对应的网卡 100 定时将消息头 100 中的内容取出,完成对网卡自己的接口的初始化。

每个域名相当于一个电话号码,网卡 100 上有一个电话号码本,电话号码本里放着所有与该锅炉设备有调度关系的所有被调设备域名的电话号码。

如图 5.183 所示,网卡 100 定时查询消息头 100 的内容,在时间片下将消息头 100 的内容取出,网卡 100 与 I/O 卡 100 之间的通信是接口对接口的,网卡 100 将设备号和域名通过接口发送给网架结构上锅炉对应的 I/O 卡 100。

如图 5.184 所示,I/O 卡 100 接收到从网卡 100 传来的设备号和域名后,将设备号和域名定时写入消息池中的消息头 100,此消息头 100 指的是网架结构中外围机 CPU 与 I/O 卡 100 之间的通信机制。此时,消息头属于网架结构中外围机的系统内存的一块共管区,由外围机 CPU 与相应的 I/O 卡对其进行交互访问。

在网架结构中,外围机管理 200 块 I/O 卡时,只管数的录入,即数从 I/O 卡的 I/O 缓冲区经 DMA 4 到外围机的系统内存,再从外围机的系统内存经 DMA 5 到磁盘卡的 I/O 缓冲区。

外围机 CPU 将消息头 100 中的域名取出后,与自己的设备域名表内的域名(电话号码)进行比较,相等后,转入调子指令,执行转子程序,开始启动 INT 软中断。

外围机上有自己的 CPU、内存和接口,外围机上有自己的操作系统,外围机的 CPU 上有一系列的表展开过程,支持原语操作。

下面详细介绍设备号和域名进入外围机 CPU 后,表是如何展开的,通信机制和进程调度路径的形成过程。

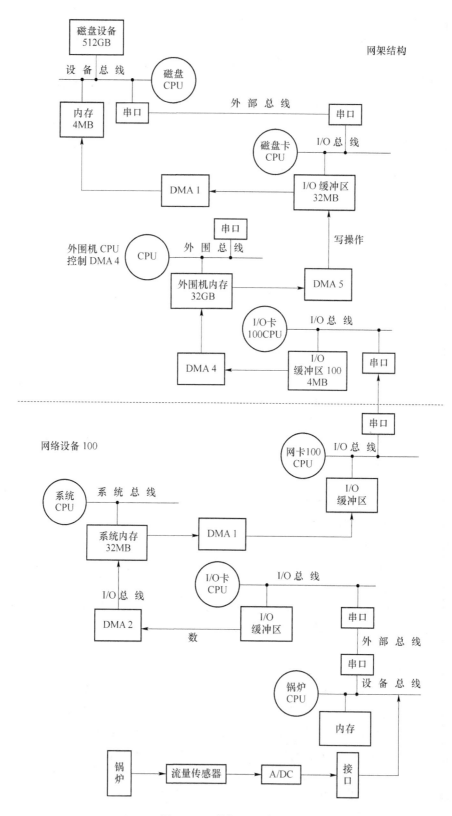

图 5.181　数据录入路线图

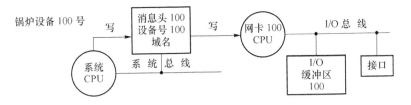

图 5.182　锅炉系统 CPU 与网卡的通信机制示意图

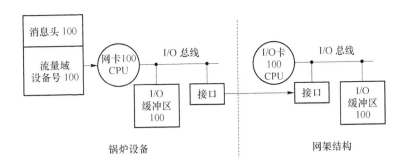

图 5.183　网卡与 I/O 卡的通信示意图

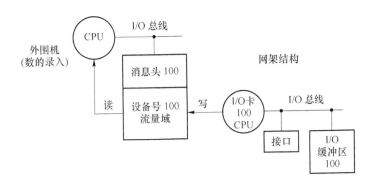

图 5.184　I/O 卡与外围机的通信示意图

如图 5.185 所示,操作系统中有 200 台设备,INT 指令表中有 200 台 INT 指令,中断类型码表中有 200 个中断类型码。

外围机 CPU 从消息头 100 中将设备号 100 和流量域取出,设备号 100 成为网架 INT 指令表的入口地址,选择相应的 INT 64H。INT 64H 成为中断类型码表的入口地址,选择相应的中断类型码 100。

中断类型码 100 成为中断描述符表的入口地址,对中断描述符表进行读操作,将中断描述符表展开,将其各个元素项写入相应的 8 个寄存器。

如图 5.186 所示,当 CS 寄存器的 TI＝1 时,CS 成为局部表的入口地址,局部表给出外围机 ROM BIOS 地址,外围机 ROM BIOS 包含三部分内容:①各个表的入口地址以及表展开时各个寄存器的地址;②表中的所有元素项内容;③初始化程序。

此外围机 ROM BIOS 地址指的是外围机设备表的入口地址放在外围机 ROM BIOS 中的地址,外围机设备表的入口地址从外围机 ROM BIOS 中取出,并成为外围机设备表的入口地址。

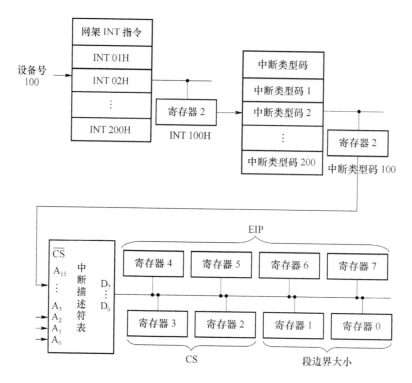

图 5.185　INT 软中断示意图

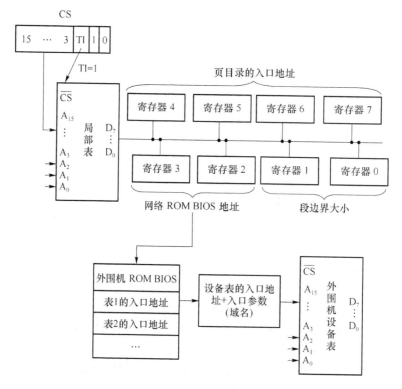

图 5.186　局部表展开意图

外围机 CPU 有入口地址,开机启动计算机时,外围机 CPU 的入口地址是 XXXXXH,此地址是外围机 ROM BIOS 的地址。执行引导程序将表中的所有元素项内容从外围机 ROM BIOS 读出,送入对应的表,完成对表的初始化定义。

外围机操作系统设计以外围机设备表为核心,外围机 ROM BIOS 提供外围机设备表的入口地址,所有的网络设备都要在外围机设备表中登记注册。

如图 5.187 所示,ROM BIOS 提供的设备表的入口地址作为基地址,入口参数作为偏移量,设备表的入口地址加上入口参数成为外围机设备表的入口地址,对应一个域名。

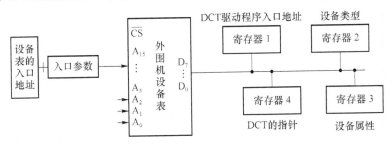

图 5.187 外围机设备表展开示意图

通信机制原语第一层,第一步将外围机设备表的元素项分别送入四个口地址寄存器,四个口地址寄存器分别成为下一个的入口地址。

通信机制原语第二层。如图 5.188 所示,第一步外围机设备表的元素项 DCT 驱动程序的入口地址成为原语存储器的入口地址,原语存储器中包含着一系列的原语,原语中包含着通信机制原语和进程调度原语。

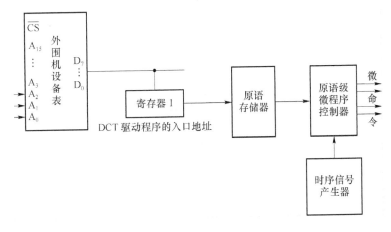

图 5.188 外围机原语控制器结构示意图

通信机制原语第二层。如图 5.189 所示,第二步设备类型的一部分成为消息池中消息头 100 的入口地址,消息头 100 是外围机 CPU 与网络设备锅炉对应的 I/O 卡 100 之间的通信机制。第三步设备类型的另一部分成为磁盘消息头的入口地址,磁盘消息头是外围机 CPU 与网架上磁盘卡之间的通信机制。

消息头也是一个表结构,表里放着一系列的地址,这些地址里放什么内容,外围机 CPU 事先要和 I/O 卡和磁盘卡约定好,这是通信机制的最底层。

通信机制原语第二层。如图 5.190 所示,第四步设备属性成为外围机文件表的入口地址,第五步将外围机文件表的域名和逻辑块号送入两个口地址寄存器,这两个口地址寄存器分别成为下一个表的入口地址。

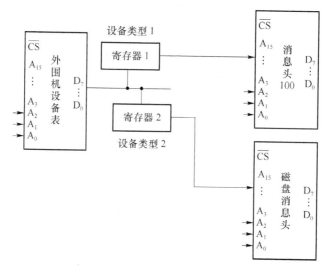

图 5.189　外围机设备表的设备类型展开示意图

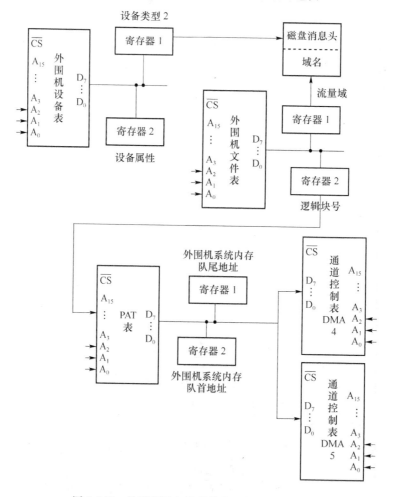

图 5.190　外围机设备表的设备属性展开示意图

通信机制原语第三层。第一步外围机文件表提供的域名送入消息池中的磁盘消息头。磁盘消息头也是一个表,表中有一系列的地址。每个地址放什么内容,什么时间片下放,由哪些表放,外围机 CPU 与磁盘卡都要事先约定好,这是通信机制的最底层,也是最核心的部分。

通信机制原语第三层。第二步外围机文件表提供的逻辑块号成为 PAT 的入口地址,PAT 表将逻辑块号转换成外围机系统内存实际的物理地址,PAT 表提供两个物理地址:一是外围机系统内存的队尾地址,此地址用于对 DMA 4 的目标地址寄存器 DI 赋值;二是外围机系统内存的队首地址,此地址用于对 DMA 5 的源地址寄存器 SI 赋值。

通信机制原语第四层。第一步将 PAT 表转换的两个物理地址分别送入通道控制表 DMA 4 和通道控制表 DMA 5。

如图 5.191 所示,锅炉设备的流量域的数据录入过程中,外围机 CPU 包含两个进程调度,进程 1 分配的是 DMA 4,完成数从 I/O 卡 100 的 I/O 缓冲区内存经 DMA 4 到外围机的系统内存。进程 2 分配的是 DMA 5,完成数从外围机的系统内存经 DMA 5 到网架结构上磁盘卡的 I/O 缓冲区。进程调度 1 的优先级高于进程调度 2 的优先级。

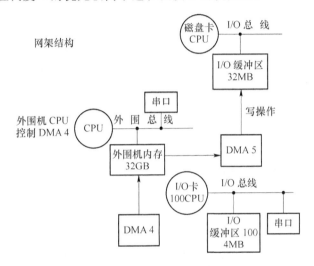

图 5.191 外围机结构示意图

我们首先介绍进程调度 1 的过程。

通信机制原语第三层。如图 5.192 所示,第三步 DCT 表的通道控制表的入口地址成为通道控制表(DMA 4)的入口地址,第四步将通道控制表中的元素项送入四个口地址寄存器。

通道控制表(DMA 4)中包含五个元素项:传输方向、块大小、块长度、I/O 卡 100 的 I/O 缓冲区地址、外围机系统内存的队尾指针。外围机系统内存的队尾指针由 PAT 表提供并写入通道控制表。块大小一般是 512 个字节,与磁盘扇区相对应。块长度指的是此次传输几个512 个字节的块。

通信机制原语第三层。第五步 DCT 表中的消息池的入口地址表项成为消息池中磁盘消息头的入口地址。磁盘消息头是外围机 CPU 与磁盘卡之间的通信机制。

消息头 100 是外围机 CPU 与锅炉设备对应的 I/O 卡 100 的通信机制,完成外围机 CPU 与 I/O 卡 100 之间的通信。

通信机制原语第三层。如图 5.193 所示,第六步 DCT 表中设备号元素项写入消息头100,消息头 100 的内容包括锅炉设备号 100 和域名(流量域),设备号由 DCT 表提供,域名由外围机文件表提供。

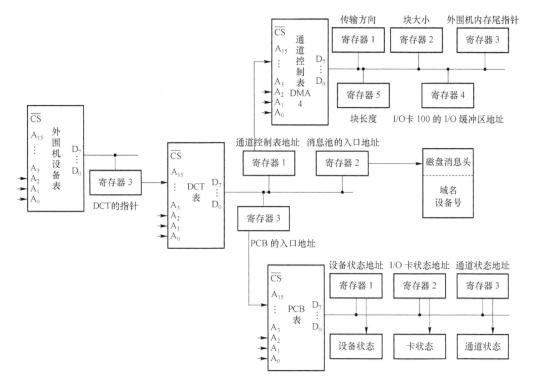

图 5.192 DCT 表展开示意图

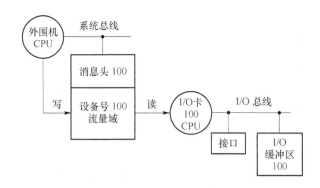

图 5.193 外围机与 I/O 卡的通信示意图

进程调度原语。第一步 DCT 提供 PCB 表的入口地址,第二步将 PCB 的元素项内容送入三个口地址寄存器,这三个口地址寄存器又成为下一层寄存器的入口地址。

I/O 卡 100 监控设备状态和 I/O 卡状态,并返回给消息头 100。外围机 CPU 查询通道状态,通道状态查看的是 DMA 4 的状态寄存器。

外围机 CPU 定时将消息头 100 的状态信息读出,并根据三者的状态信息决定进程调度的先后次序,并把对 DMA 4 初始化的所有内容放入相应的队列,此队列是个循环队列,里面包括运行队列、就绪队列、等待队列和阻塞队列。

此循环队列中有四个数据块,四个数据块之间是首尾相连的。如果锅炉设备 100 的状态准备好,则执行就绪原语,将 DMA 4 初始化赋值的所有内容放入就绪队列,此时数在 I/O 卡

100 的 I/O 缓冲区队列 100 中。

一块 DMA 有四路通道,每次 DMA 传输用两路通道,假设数从 I/O 卡 100 的 I/O 缓冲区到外围机 CPU 的系统内存。一路对 I/O 卡 100 的 I/O 缓冲区进行读操作,一路对外围机 CPU 的系统内存进行写操作。锅炉设备的流量域占用哪两路 DMA 通道都已分配好,外围机 CPU 查看通道状态时,查的是分配给该设备域名的两路 DMA 通道状态。

如图 5.194 所示,如果锅炉设备状态准备好,则执行等待原语,将 DMA 4 初始化赋值的所有内容放入等待队列,此时,数在锅炉设备的内存中;如果锅炉设备状态没有准备好,则执行阻塞原语,将 DMA 4 初始化赋值的所有内容放入阻塞队列,此时数还没有进入锅炉设备内存的队列中。

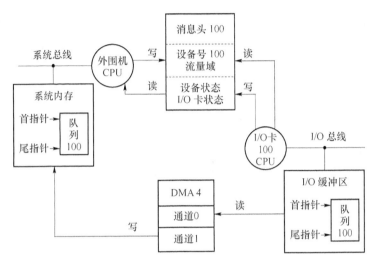

图 5.194　DMA 4 的数据传输示意图

运行原语、就绪原语、等待原语、阻塞原语都属于进程调度原语。

如图 5.195 所示,外围机 CPU 根据设备状态、I/O 卡状态和 DMA 4 通道状态来决定外围机进程调度的先后次序,并将外围机进程放入相应的就绪队列、阻塞队列和等待队列。

对于外围机进程调度来讲,设备状态指的是锅炉设备对应的网卡 100 的 I/O 缓冲区中的队列状态,当队列状态是队满时,即数已经在网卡 100 的 I/O 缓冲区队列,外围机的原语级微程序控制器执行等待原语,将进程放入等待队列;当队列状态是队空时,即数不在网卡 100 的 I/O 缓冲区队列,外围机的原语级微程序控制器执行阻塞原语,将进程放入阻塞队列。

I/O 卡状态指的是网架结构上锅炉设备 100 对应的 I/O 卡 100 的 I/O 缓冲区内的队列状态,当队列状态是队满时,即数已经在 I/O 卡 100 的 I/O 缓冲区队列,外围机的原语级微程序控制器执行就绪原语,将进程放入就绪队列。

通道状态指的是 DMA 4 状态,此 DMA 4 完成数从网架结构中 I/O 卡 100 中 I/O 缓冲区队列到外围机 CPU 系统内存中队列的传输。

外围机进程调度的三个要素是:①先来先服务调度策略;②短则优先调度策略;③时间片轮转调度策略。

外围机 CPU 进程调度根据设备状态、I/O 卡状态和通道状态将相应的进程放入就绪队列、等待队列或者阻塞队列。运行队列、就绪队列、等待队列和阻塞队列是一个首尾相连的循环队列,每个队列里放着该进程调度时用于对 DMA 4 完全初始化寄存器的所有内容。

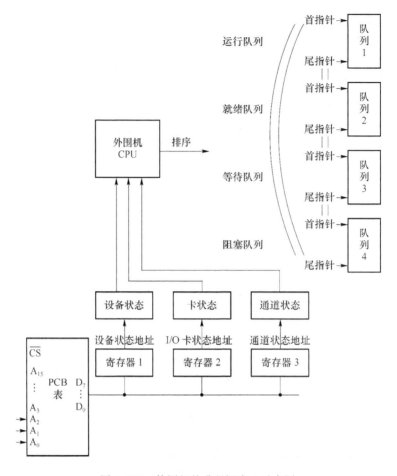

图 5.195　外围机的进程调度 1 示意图

DMA 数据传输过程中,采用的是时间片轮转的调度策略。网络操作系统为每个设备域名的进程分配时间片,每个进程占用的时间片大小是一样的,时间片轮转的调度策略属于公平策略,DMA 支持优先级策略和公平策略。

如图 5.196 所示,假设正在运行队列的进程此次要传送 8 块,当时间片完后,只传送了 5 块,那么,首先原语级的中断服务程序将队列里的断点信息保存到 TSS 表中,之后,执行阻塞原语,插入到阻塞队列中去。

图 5.196　运行队列、阻塞队列的逻辑关系示意图

如图 5.197 所示,时间片完后,如果外围机设备进程的数没有传完,则将队列里的断点信息保存到 TSS 表,假如数从 I/O 卡 100 的缓冲区经 DMA 4 到外围机 CPU 的系统内存,那么,TSS 表中的 I/O 缓冲区地址指的是 I/O 卡 100 的 I/O 缓冲区中队列的首指针,下次要传时的目标地址指的是 DMA 通道中的当前地址寄存器内容,对应着外围机 CPU 系统内存中队列的尾指针。

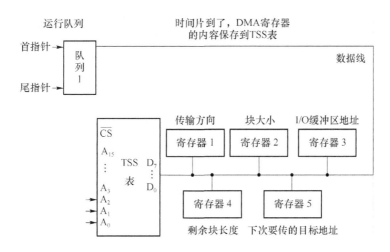

图 5.197 TSS 表的展开示意图

在网架结构中,外围机 CPU 管 DMA 4。当外围机 CPU 管 DMA 4 时,队列里的内容来源于通道控制表(DMA 4)。

如图 5.198 所示,通道 0 完成对 I/O 卡 100 的 I/O 缓冲区队列的读操作,通道 1 完成对外围机 CPU 系统内存队列的写操作。数从 I/O 卡 100 的 I/O 缓冲区队列 100 经 DMA 4 传输到外围机 CPU 系统内存队列 100。

当 I/O 卡状态准备好,即数已进入 I/O 卡 100 的 I/O 缓冲区队列 100。外围机 CPU 查询 DMA 4 的通道状态,如果 DMA 4 的通道 0 和 1 没有被占用,外围机 CPU 完成对 DMA 4 的初始化并启动 DMA 4。此次进程调度开始执行。

① 通道 0 的寄存器

通道 0 的方式寄存器 $D_7 D_6 D_5 D_4 D_3 D_2 D_1 D_0 = 10\,111\,000$,表示通道 0 是 DMA 读传输,地址加 1,采用块传输方式。

基地址寄存器由通道控制表(DMA 4)中的元素项——I/O 缓冲区地址赋值,I/O 缓冲区地址指的是 I/O 卡 100 的 I/O 缓冲区中队列 100 的首指针,基地址寄存器此时存放的是源地址。

当前地址寄存器保存 DMA 传送期间所用的地址值,每次 DMA 传输后该寄存器自动加 1。同时,当前地址寄存器还要给基地址寄存器赋值,成为下一次 DMA 块传时的源地址。

基字节计数寄存器保存需要传送的字数,此时是 512 个字节,每次传送之后,该值减 1。

一个队列是一个数据块,数据块的大小是 512 个字节,数据块的大小要与磁盘扇区相对应。

② 通道 1 的寄存器

通道 1 的方式寄存器 $D_7 D_6 D_5 D_4 D_3 D_2 D_1 D_0 = 10\,000\,101$,表示通道 1 是 DMA 写传输,地址减 1,采用块传输方式。

基地址寄存器由通道控制表(DMA 4)中的元素项——外围机内存队尾指针赋值,外围机内存队尾指针指的是外围机 CPU 系统内存中队列 100 的尾指针,基地址寄存器此时存放的是目标地址。

当前地址寄存器保存 DMA 传送期间所用的地址值,每次 DMA 传输后该寄存器自动减 1。同时,当前地址寄存器还要给基地址寄存器赋值,成为下一次 DMA 块传时的目标地址。

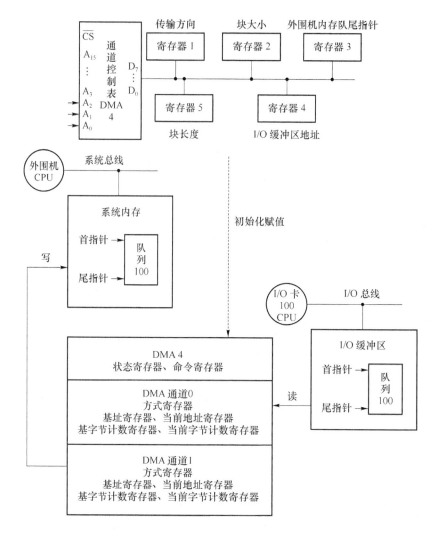

图 5.198　通道控制表与 DMA 4 的关系示意图

至此,外围机 CPU 的进程调度 1 执行完,完成数从 I/O 卡 100 的 I/O 缓冲区经 DMA 4 到外围机 CPU 系统内存的传输。

下面我们介绍外围机进程调度 2 的过程。

通信机制原语第三层。如图 5.199 所示,第三步 DCT 表的通道控制表的入口地址成为通道控制表(DMA 5)的入口地址,第四步将通道控制表中的元素项送入四个口地址寄存器。

通道控制表(DMA 5)中包含五个元素项:传输方向、块大小、块长度、磁盘卡的 I/O 缓冲区地址、外围机 CPU 系统内存的队首指针。外围机 CPU 系统内存的队首指针由 PAT 表提供并写入通道控制表。块大小一般是 512 个字节,与磁盘扇区相对应。块长度指的是此次传输几个 512 个字节的块。

通信机制原语第三层。第五步 DCT 表中的消息池的入口地址表项成为消息池中磁盘消息头的入口地址。磁盘消息头是外围机 CPU 与磁盘卡之间的通信机制。

磁盘消息头的内容包括:设备号 100、流量域。

磁盘消息头是外围机 CPU 与磁盘卡的通信机制,完成外围机 CPU 与磁盘卡之间的通信。

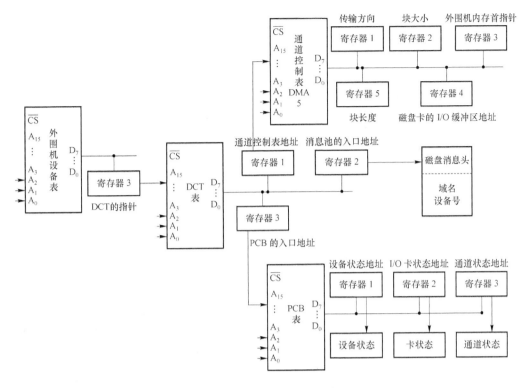

图 5.199 DCT 表的展开示意图

进程调度原语。第一步 DCT 提供 PCB 表的入口地址,第二步将 PCB 的元素项内容送入三个口地址寄存器,这三个口地址寄存器又成为下一层寄存器的入口地址。

磁盘卡监控 I/O 卡状态,并返回给磁盘消息头。外围机 CPU 查询通道状态,通道状态查看的是 DMA 5 的状态寄存器。

外围机 CPU 定时将磁盘消息头的状态信息读出,并根据三者的状态信息决定进程调度的先后次序,并把对 DMA 5 初始化的所有内容放入相应的队列,此队列是个循环队列,里面包括运行队列、就绪队列、等待队列和阻塞队列。

此循环队列中有四个数据块,四个数据块之间是首尾相连的。如果锅炉设备 100 的状态准备好,则执行就绪原语,将 DMA 5 初始化赋值的所有内容放入就绪队列,此时数在外围机 CPU 系统内存的队列 100 中。

一块 DMA 有四路通道,每次 DMA 传输用两路通道,假设数从外围机 CPU 的系统内存经 DMA 5 到磁盘卡的 I/O 缓冲区。一路对外围机 CPU 的系统内存进行读操作,一路对磁盘卡的 I/O 缓冲区进行写操作。锅炉设备的流量域占用哪两路 DMA 通道都已分配好,外围机 CPU 查看通道状态时,查的是分配给该设备域名的两路 DMA 通道状态。

如图 5.200 所示,外围机 CPU 将锅炉设备的设备号和域名写入磁盘消息头,同时,磁盘卡将 I/O 状态写入磁盘消息头,外围机 CPU 定时将磁盘消息头中的 I/O 卡状态内容取出。

进程调度 2 完成数从外围机 CPU 系统内存经 DMA 5 到磁盘卡的 I/O 缓冲区的传输。

如图 5.201 所示,外围机 CPU 根据设备状态、磁盘卡状态和 DMA 5 通道状态来决定外围机进程调度的先后次序,并将外围机进程放入相应的就绪队列、阻塞队列和等待队列。

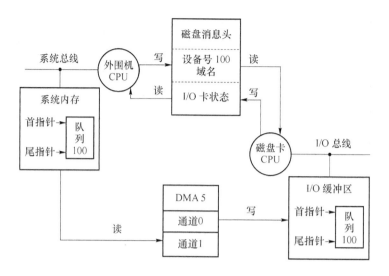

图 5.200　DMA 5 的数据传输示意图

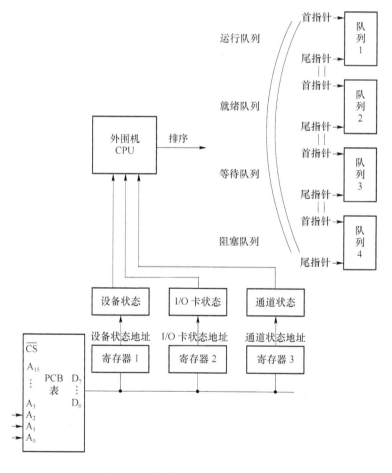

图 5.201　外围机的进程调度 2 示意图

对于外围机进程调度来讲,设备状态指的是锅炉设备 100 对应的网架结构上 I/O 卡 100 中 I/O 缓冲区的队列状态,当队列状态是队满时,即数已经在 I/O 卡 100 中 I/O 缓冲区的队列,外围机的原语级微程序控制器执行等待原语,将进程放入等待队列;当队列状态是队空时,即数不在 I/O 卡 100 中 I/O 缓冲区的队列,外围机的原语级微程序控制器执行阻塞原语,将进程放入阻塞队列。

I/O 卡状态指的是网架结构上磁盘卡的 I/O 缓冲区内的队列状态。

通道状态指的是 DMA 5 状态,此 DMA 5 完成数从网架结构中外围机 CPU 系统内存的队列到磁盘卡的 I/O 缓冲区中队列的传输。

外围机进程调度的三个要素是:①先来先服务调度策略;②短则优先调度策略;③时间片轮转调度策略。

外围机 CPU 进程调度根据设备状态、I/O 卡状态和通道状态将相应的进程放入就绪列、等待队列或者阻塞队列。运行队列、就绪队列、等待队列和阻塞队列是一个首尾相连的循环队列,每个队列里放着该进程调度时用于对 DMA 5 完全初始化寄存器的所有内容。

DMA 数据传输过程中,采用的是时间片轮转的调度策略。外围机操作系统为每个设备域名的进程分配时间片,每个进程占用的时间片大小是一样的,时间片轮转的调度策略属于公平策略,DMA 支持优先级策略和公平策略。

如图 5.202 所示,假设正在运行队列的进程此次要传送 8 块,当时间片完后,只传送了 5 块,那么,首先原语级的中断服务程序将队列里的断点信息保存到 TSS 表中,之后,执行阻塞原语,插入到阻塞队列中去。

图 5.202 运行队列、阻塞队列的逻辑关系示意图

如图 5.203 所示,时间片完后,如果外围机设备进程的数没有传完,则将队列里的断点信息保存到 TSS 表,假如数从外围机 CPU 系统内存经 DMA 5 到磁盘卡的 I/O 缓冲区,那么,TSS 表中的外围机内存队首地址指的是外围机 CPU 系统内存中队列 100 的首指针,下次要传时的目标地址指的是 DMA 通道中的当前地址寄存器内容,对应着磁盘卡的 I/O 缓冲区中队列 100 的尾指针。

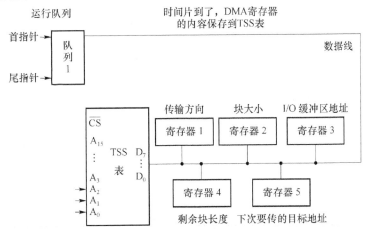

图 5.203 TSS 表的展开示意图

在网架结构中,外围机 CPU 管 DMA 5。当外围机 CPU 管 DMA 5 时,队列里的内容来源于通道控制表(DMA 5)。

如图 5.204 所示,通道 0 完成对外围机 CPU 系统内存中队列 100 的读操作,通道 1 完成对磁盘卡的 I/O 缓冲区中队列 100 的写操作。数从外围机 CPU 系统内存中队列 100 经 DMA 5 传输到磁盘卡的 I/O 缓冲区中队列 100。

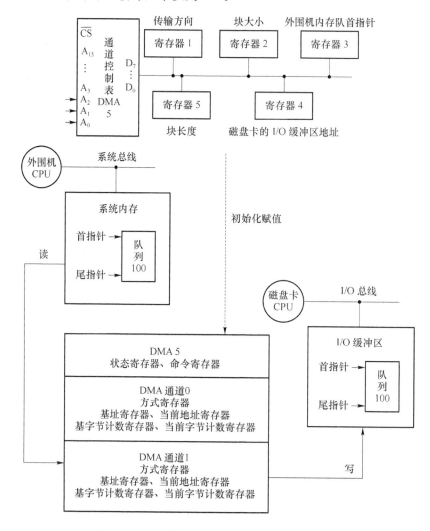

图 5.204 通道控制表与 DMA 5 的关系示意图

当进程 1 执行完后,设备状态准备好,即数已进入外围机 CPU 系统内存中队列 100。外围机 CPU 查询 DMA 5 的通道状态,如果 DMA 5 的通道 0 和 1 没有被占用,外围机 CPU 完成对 DMA 5 的初始化并启动 DMA 5。此次进程 2 调度开始执行。

① 通道 0 的寄存器

通道 0 的方式寄存器 $D_7 D_6 D_5 D_4 D_3 D_2 D_1 D_0 = 10111000$,表示通道 0 是 DMA 读传输,地址加 1,采用块传输方式。

基地址寄存器由通道控制表(DMA 5)中的元素项——外围机内存队首指针赋值,外围机内存队首指针指的是外围机 CPU 系统内存中队列 100 的首指针,基地址寄存器此时存放的是源地址。

当前地址寄存器保存 DMA 传送期间所用的地址值,每次 DMA 传输后该寄存器自动加 1。同时,当前地址寄存器还要给基地址寄存器赋值,成为下一次 DMA 块传时的源地址。

基字节计数寄存器保存需要传送的字数,此时是 512 个字节,每次传送之后,该值减 1。

一个队列是一个数据块,数据块的大小是 512 个字节,数据块的大小要与磁盘扇区相对应。

② 通道 1 的寄存器

通道 1 的方式寄存器 $D_7 D_6 D_5 D_4 D_3 D_2 D_1 D_0 = 10000101$,表示通道 1 是 DMA 写传输,地址减 1,采用块传输方式。

基地址寄存器由通道控制表(DMA 5)中的元素项—磁盘卡的 I/O 缓冲区地址赋值,磁盘卡的 I/O 缓冲区地址指的是磁盘卡中 I/O 缓冲区队列 100 的尾指针,基地址寄存器此时存放的是目标地址。

当前地址寄存器保存 DMA 传送期间所用的地址值,每次 DMA 传输后该寄存器自动减 1。同时,当前地址寄存器还要给基地址寄存器赋值,成为下一次 DMA 块传时的目标地址。

至此,外围机 CPU 的进程调度 2 执行完,完成数从外围机 CPU 系统内存经 DMA 5 到磁盘卡的 I/O 缓冲区的传输。

上面我们介绍了数的录入过程,其中,外围机 CPU 是双进程的。下面我们介绍数的读出过程,此时,网架 CPU 也是双进程的。

2. 数从被叫设备的网架磁盘地址空间到主叫设备(即被叫设备数据的读出过程)

下面介绍数的读出路径,假设设备 68 是主叫设备,现从网架磁盘上读取数据。

如图 5.205 所示,数据通道是:磁盘→磁盘内存→DMA 1→磁盘卡的 I/O 缓冲区→DMA 2→网架 CPU 的系统内存→DMA 3→I/O 卡 68 的 I/O 缓冲区→I/O 卡的串口→网卡 68 的串口→网卡 68 的 I/O 缓冲区→DMA 1→设备 68 的系统内存。

磁盘有磁盘自己的操作系统,外围机有外围机自己的操作系统,网架 CPU 有网架自己的操作系统。数从磁盘到磁盘内存再经 DMA 1 到磁盘卡的 I/O 缓冲区的过程属于磁盘操作系统的内容,磁盘操作系统在 5.2 节操作系统的内存管理中已详细介绍,在此不再详细叙述。

本节主要介绍网架的网络操作系统。假设主叫设备是第 68 号设备,被叫设备是第 50 号设备。

第一步:锅炉设备执行 INT 软中断指令,最终将设备号、域名送入消息池中的消息头 100。此消息头 100 指的是锅炉设备上系统内存的一块共管区,是系统 CPU 与网卡 100 之间的通信机制。

如图 5.206 所示,主叫设备的系统 CPU 定时将被叫设备号 50 和域名写入消息头 68 内,主叫设备对应的网卡 68 定时将消息头 68 中的内容取出,完成对网卡自己的接口的初始化。

每个域名相当于一个电话号码,网卡 68 上有一个电话号码本,电话号码本里放着所有与该主叫设备有调度关系的所有被调设备域名的电话号码。

如图 5.207 所示,网卡 68 定时查询消息头 68 的内容,在时间片下将消息头 68 的内容取出,网卡 68 与 I/O 卡 68 之间的通信是接口对接口的,网卡 68 将设备号和域名通过接口发送给网架结构上主叫设备对应的 I/O 卡 68。

如图 5.208 所示,I/O 卡 68 接收到从网卡 68 传来的设备号和域名后,将设备号和域名定时写入消息池中的消息头 68,此消息头 68 指的是网架结构中网架 CPU 与 I/O 卡 68 之间的通信机制。消息头属于网架内存的一块共管区,由网架 CPU 与相应的 I/O 卡对其进行交互访问。

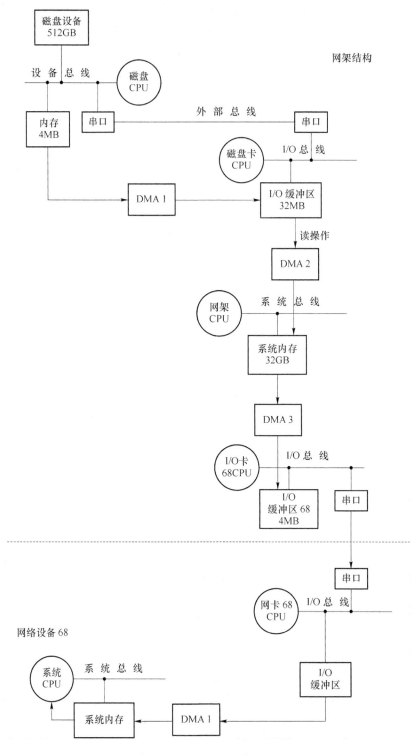

图 5.205 **数据读出路线图**

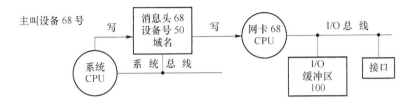

图 5.206 主叫系统 CPU 与网卡的通信示意图

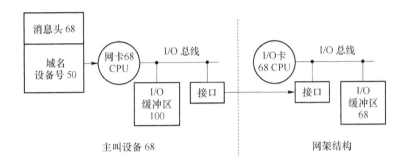

图 5.207 网卡与 I/O 卡的通信示意图

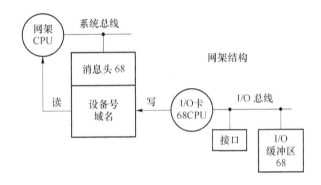

图 5.208 I/O 卡与网架 CPU 的通信示意图

网架 CPU 在时间片内,定时将消息头 68 的内容取出。网架 CPU 就相当于插拔式电话交换机中的接线员,操作系统中的 200 台设备,1 000 个域名都要在网架设备表中登记注册。网架 CPU 的功能作用:完成 I/O 卡与网架 CPU 的通信,对 DMA 初始化并启动 DMA。

网架 CPU 将消息头 68 中的域名取出后,与自己的设备域名表内的域名(电话号码)进行比较,相等后,转入调子指令,执行转子程序,开始启动 INT 软中断。

当设备 68 调用设备 50 时,每台设备对应一条 INT 指令,对应一个中断类型码。设备号相当于基地址,入口参数相当于偏移量,域名对应一个电话号码。

下面详细介绍设备号和域名进入网架 CPU 后,表是如何展开的,通信机制和进程调度路径的形成过程。

如图 5.209 所示,操作系统中有 200 台设备,INT 指令表中有 200 台 INT 指令,中断类型码表中有 200 个中断类型码。

网架 CPU 从消息头 68 中将设备号 50 和域名取出,设备号 50 成为网架 INT 指令表的入口地址,选择相应的 INT 32H。INT 32H 成为中断类型码表的入口地址,选择相应的中断类型码 50。

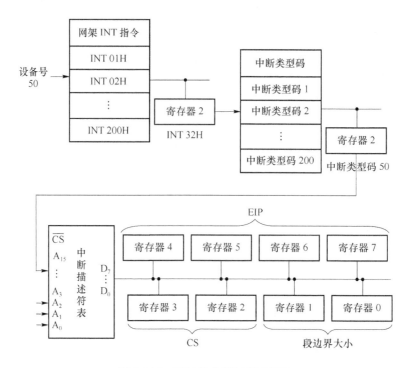

图 5.209　INT 软中断展开示意图

如图 5.210 所示,当 CS 寄存器的 TI＝1 时,CS 成为局部表的入口地址,局部表给出网络 ROM BIOS 地址,网络 ROM BIOS 包含三部分内容:①各个表的入口地址以及表展开时各个寄存器的地址;②表中的所有元素项内容;③初始化程序。

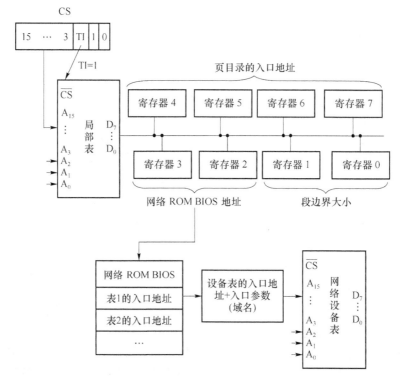

图 5.210　局部表展开示意图

此网络 ROM BIOS 地址指的是网络设备表的入口地址放在网络 ROM BIOS 中的地址，网络设备表的入口地址从网络 ROM BIOS 中取出，成为网络设备表的入口地址。

网架 CPU 有入口地址，开机启动计算机时，网架 CPU 的入口地址是××××××H，此地址是网络 ROM BIOS 的地址。执行引导程序将表中的所有元素项内容从网络 ROM BIOS 读出送入对应的表，完成对表的初始化定义。

网络操作系统设计以网络设备表为核心，网络 ROM BIOS 提供网络设备表的入口地址，所有的网络设备都要在网络设备表中登记注册。

如图 5.211 所示，设备号加入口参数成为网络设备表的入口地址，选择对应的 DCT 表，每个域名对应一个 DCT 表。

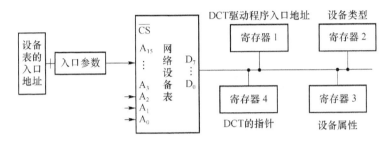

图 5.211　网络设备表展开示意图

通信机制原语第一层，第一步将网络设备表的元素项分别送入四个口地址寄存器，四个口地址寄存器分别成为下一个的入口地址。

网络设备表有四个元素项：设备类型、设备属性、DCT 驱动程序的入口地址、DCT 的指针。下面按功能模块分别介绍其路径。

通信机制原语第二层。如图 5.212 所示，第一步网络设备表的元素项 DCT 驱动程序的入口地址成为原语存储器的入口地址，原语存储器中包含着一系列的原语，原语中包含着通信机制原语和进程调度原语。

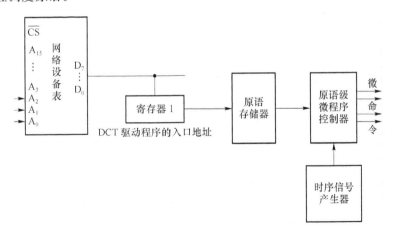

图 5.212　网架原语控制器结构示意图

原语级微程序控制器执行一系列原语，产生一系列微命令。通信机制原语完成一系列表的操作。例如，将表中的各个元素项通过数据总线送入各个口地址寄存器。进程调度原语完成一系列的队列操作。例如，就绪原语将 DMA 初始化赋值的所有内容放入就绪队列。队列是一个块,数据队列的一块是 512 个字节。

同时,原语级微程序控制器中有时序信号产生器,时序信号产生器为每一条原语分配时钟周期,决定每条原语执行的先后次序。

如图 5.213 所示,通信机制原语第二层。第二步设备类型的一部分成为消息池中消息头 68 的入口地址,消息头 68 是网架 CPU 与主叫设备对应的 I/O 卡 68 之间的通信机制。第三步设备类型的另一部分成为磁盘消息头 68 的入口地址,磁盘消息头 68 是网架 CPU 与网架上磁盘卡之间的通信机制。

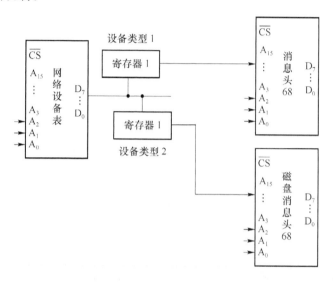

图 5.213　网络设备表的设备类型展开示意图

消息头也是一个表结构,表里放着一系列的地址,这些地址里放什么内容,外围机 CPU 事先要和 I/O 卡和磁盘卡约定好,这是通信机制的最底层。

如图 5.214 所示,通信机制原语第二层。第四步设备属性成为网络文件表的入口地址,第五步将网络文件表的域名和逻辑块号送入两个口地址寄存器,这两个口地址寄存器分别成为下一个表的入口地址。

通信机制原语第三层。第一步网络文件表提供的域名送入消息池中的磁盘消息头 68。磁盘消息头 68 也是一个表,表中有一系列的地址。每个地址放什么内容,什么时间片下放,由哪些表放,网架 CPU 与磁盘卡都要事先约定好,这是通信机制的最底层,也是最核心的部分。

通信机制原语第三层。第二步网络文件表提供的逻辑块号成为 PAT 的入口地址,PAT 表将逻辑块号转换成网架系统内存实际的物理地址,PAT 表提供两个物理地址:一是网架系统内存的队尾地址,此地址用于对 DMA 2 的目标地址寄存器 DI 赋值;二是网架系统内存的队首地址,此地址用于对 DMA 3 的源地址寄存器 SI 赋值。

通信机制原语第四层。第一步将 PAT 表转换的两个物理地址分别送入通道控制表 DMA 2 和通道控制表 DMA 3。

如图 5.214 所示,主叫设备 68 调用被叫设备 50 的域名文件时,网架 CPU 包含两个进程调度,进程 1 分配的是 DMA 2,完成数从网架结构上磁盘卡的 I/O 缓冲区队列 50 经 DMA 2 到网架 CPU 的系统内存队列 50。进程 2 分配的是 DMA 3,完成数从网架 CPU 的系统内存队列 50 经 DMA 3 到主叫设备 68 对应的 I/O 卡 68 的 I/O 缓冲区队列 50。进程调度 1 的优先级高于进程调度 2 的优先级。

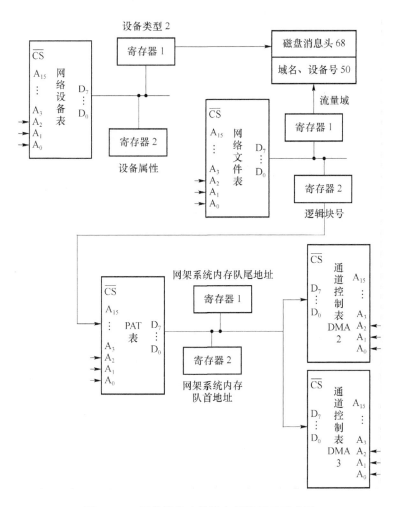

图 5.214 网络设备表的设备属性展开示意图

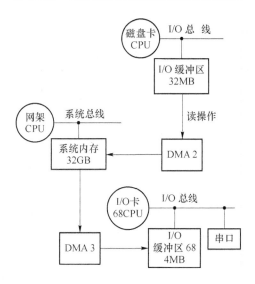

图 5.215 网络设备表的设备属性展开示意图

我们首先介绍进程调度 1 的过程。

通信机制原语第三层。如图 5.216 所示,第三步 DCT 表的通道控制表的入口地址成为通道控制表(DMA 2)的入口地址,第四步将通道控制表中的元素项送入四个口地址寄存器。

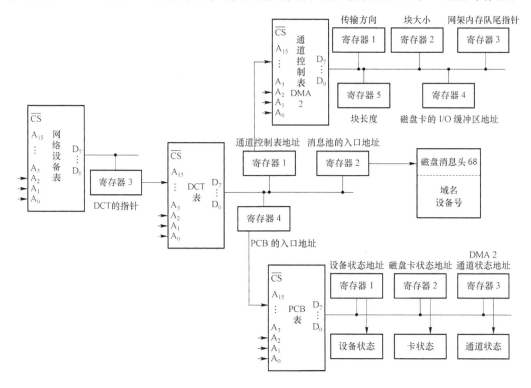

图 5.216　DCT 表展开示意图

通道控制表(DMA 2)中包含五个元素项:传输方向、块大小、块长度、磁盘卡的 I/O 缓冲区地址、网架 CPU 系统内存的队尾指针。网架 CPU 系统内存的队尾指针由 PAT 表提供并写入通道控制表。块大小一般是 512 个字节,与磁盘扇区相对应。块长度指的是此次传输几个 512 个字节的块。

通信机制原语第三层。第五步 DCT 表中的消息池的入口地址表项成为消息池中磁盘消息头 68 的入口地址。磁盘消息头是网架 CPU 与磁盘卡之间的通信机制。

磁盘消息头 68 的内容包括:设备号 50、域名。磁盘消息头 68 是网架 CPU 与磁盘卡的通信机制,完成网架 CPU 与磁盘卡之间的通信。

通信机制原语第三层。如图 5.217 所示,第六步 DCT 表中设备号元素项写入磁盘消息头 68,磁盘消息头 68 的内容包括被叫的设备号 50 和域名,设备号由 DCT 表提供,域名由网络文件表提供。

进程调度原语。第一步 DCT 提供 PCB 表的入口地址,第二步将 PCB 的元素项内容送入三个口地址寄存器,这三个口地址寄存器又成为下一层寄存器的入口地址。

磁盘卡监控设备状态和磁盘卡状态,并返回给磁盘消息头 68。网架 CPU 查询通道状态,通道状态查看的是 DMA 2 的状态寄存器。

网架 CPU 定时将磁盘消息头 68 的状态信息读出,并根据三者的状态信息决定进程调度的先后次序,并把对 DMA 2 初始化的所有内容放入相应的队列,此队列是个循环队列,里面包括运行队列、就绪队列、等待队列和阻塞队列。

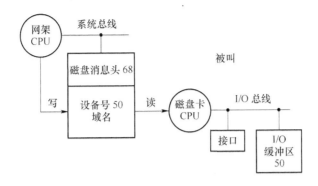

图 5.217 网架 CPU 与磁盘卡的通信示意图

　　此循环队列中有四个数据块,四个数据块之间是首尾相连的。如果被叫设备 50 的状态准备好,则执行就绪原语,将 DMA 2 初始化赋值的所有内容放入就绪队列,此时数在磁盘卡的 I/O 缓冲区队列 50 中。

　　一块 DMA 有四路通道,每次 DMA 传输用两路通道,假设数从磁盘卡的 I/O 缓冲区到网架 CPU 的系统内存。一路对磁盘卡的 I/O 缓冲区进行读操作,一路对网架 CPU 的系统内存进行写操作。被叫设备域名占用哪两路 DMA 通道都已分配好,网架 CPU 查看通道状态时,查的是分配给该设备域名的两路 DMA 通道状态。

　　如图 5.218 所示,如果磁盘设备状态准备好,则执行等待原语,将 DMA 2 初始化赋值的所有内容放入等待队列,此时,数在磁盘设备的内存中;如果磁盘设备状态没有准备好,则执行阻塞原语,将 DMA 2 初始化赋值的所有内容放入阻塞队列,此时数在磁盘设备上,还没有进入磁盘设备内存的队列中。

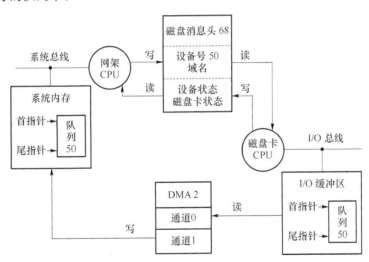

图 5.218 DMA 2 的数据传输示意图

　　运行原语、就绪原语、等待原语、阻塞原语都属于进程调度原语。

　　当被叫设备号 50 和域名进入磁盘卡的 CPU 后,磁盘开始磁盘操作系统下的通信机制和进程调度过程,此过程在 5.2 节操作系统的内存管理中已详细介绍,在此不再重复叙述。

　　当磁盘卡的磁盘操作系统的通信机制和进程调度执行完后,此时,数已经到了磁盘卡 I/O 缓冲区的队列 50 内。

如图 5.219 所示,网架 CPU 根据设备状态、磁盘卡状态和 DMA 2 通道状态来决定网络进程调度的先后次序,并将网络进程放入相应的就绪队列、阻塞队列和等待队列。

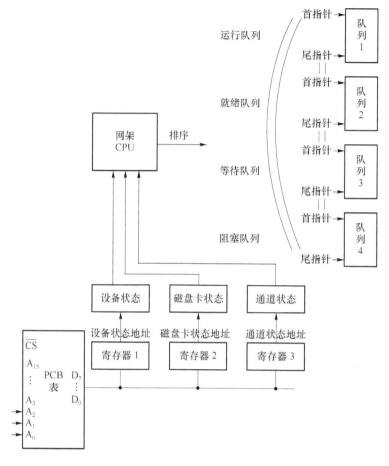

图 5.219　网架 CPU 的进程调度 1 示意图

对于网络进程调度来讲,设备状态指的是被叫设备 50 对应的网架结构上磁盘设备内存中的队列状态,当队列状态是队满时,即数已经在磁盘设备的内存队列,网架结构的原语级微程序控制器执行等待原语,将进程放入等待队列;当队列状态是队空时,即数不在磁盘设备的内存队列,网架原语级微程序控制器执行阻塞原语,将进程放入阻塞队列。

磁盘卡状态指的是网架结构上被叫设备 50 对应的磁盘卡中 I/O 缓冲区内的队列状态,当队列状态是队满时,即数已经在磁盘卡中 I/O 缓冲区内的队列,网架结构的原语级微程序控制器执行就绪原语,将进程放入就绪队列。

通道状态指的是 DMA 2 状态,此 DMA 2 完成数从网架结构中的磁盘卡中 I/O 缓冲区队列到网架 CPU 系统内存中队列的传输。

网络进程调度的三个要素是:①先来先服务调度策略;②短则优先调度策略;③时间片轮转调度策略。

网架 CPU 进程调度根据设备状态、磁盘卡状态和通道状态将相应的进程放入就绪队列、等待队列或者阻塞队列。运行队列、就绪队列、等待队列和阻塞队列是一个首尾相连的循环队列,每个队列里放着该进程调度时用于对 DMA 2 完全初始化寄存器的所有内容。

DMA 数据传输过程中,采用的是时间片轮转的调度策略。网络操作系统为每个设备域名的进程分配时间片,每个进程占用的时间片大小是一样的,时间片轮转的调度策略属于公平策略,DMA 支持优先级策略和公平策略。

如图 5.220 所示,假设正在运行队列的进程此次要传送 8 块,当时间片完后,只传送了 5 块,那么,首先原语级的中断服务程序将队列里的断点信息保存到 TSS 表中,之后,执行阻塞原语,插入到阻塞队列中去。

图 5.220　运行队列、阻塞队列的逻辑关系示意图

如图 5.221 所示,时间片完后,如果网络设备进程的数没有传完,则将队列里的断点信息保存到 TSS 表,假如数从磁盘卡的缓冲区经 DMA 2 到网架 CPU 的系统内存,那么,TSS 表中的 I/O 缓冲区地址指的是磁盘卡 I/O 缓冲区中队列的首指针,下次要传时的目标地址指的是 DMA 通道中的当前地址寄存器内容,对应着网架 CPU 系统内存中队列的尾指针。

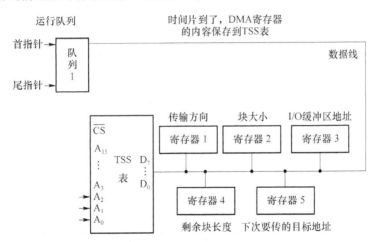

图 5.221　TSS 表的展开示意图

在网架结构中,网架 CPU 管 DMA 2。当网架 CPU 管 DMA 2 时,队列里的内容来源于通道控制表(DMA 2)。

如图 5.222 所示,通道 0 完成对磁盘卡 I/O 缓冲区队列 50 的读操作,通道 1 完成对网架 CPU 系统内存队列 50 的写操作。数从磁盘卡 I/O 缓冲区队列 50 经 DMA 2 传输到网架 CPU 系统内存队列 50。

当磁盘卡状态准备好,即数已进入磁盘卡 I/O 缓冲区队列 50。网架 CPU 查询 DMA 2 的通道状态,如果 DMA 2 的通道 0 和 1 没有被占用,网架 CPU 完成对 DMA 2 的初始化并启动 DMA 2。此次进程调度开始执行。

① 通道 0 的寄存器

通道 0 的方式寄存器 $D_7 D_6 D_5 D_4 D_3 D_2 D_1 D_0 = 10111000$,表示通道 0 是 DMA 读传输,地址加 1,采用块传输方式。

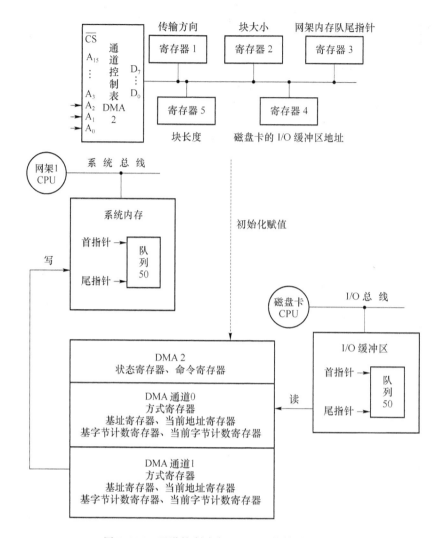

图 5.222　通道控制表与 DMA 2 的关系示意图

基地址寄存器由通道控制表(DMA 2)中的元素项——磁盘卡的 I/O 缓冲区地址赋值,磁盘卡的 I/O 缓冲区地址指的是 I/O 缓冲区中队列 50 的首指针,基地址寄存器此时存放的是源地址。

当前地址寄存器保存 DMA 传送期间所用的地址值,每次 DMA 传输后该寄存器自动加 1。当数据块传完后,当前地址寄存器成为网架 CPU 系统内存的入口参数,此入口参数指的是系统内存中队列 50 的尾指针。同时,当前地址寄存器还要给基地址寄存器赋值,成为下一次 DMA 块传时的源地址。

基字节计数寄存器保存需要传送的字数,此时是 512 个字节,每次传送之后,该值减 1。

一个队列是一个数据块,数据块的大小是 512 个字节,数据块的大小要与磁盘扇区相对应。

② 通道 1 的寄存器

通道 1 的方式寄存器 $D_7 D_6 D_5 D_4 D_3 D_2 D_1 D_0 = 10000101$,表示通道 1 是 DMA 写传输,地址减 1,采用块传输方式。

基地址寄存器由通道控制表(DMA 2)中的元素项——网架系统内存队尾地址赋值,网架系统内存队尾地址指的是系统内存中队列 50 的尾指针,基地址寄存器此时存放的是目标地址。

当前地址寄存器保存 DMA 传送期间所用的地址值,每次 DMA 传输后该寄存器自动减 1。当数据块传完后,当前地址寄存器成为系统内存的出口参数,此出口参数指的是系统内存中队列 50 的首指针。当指令寻址时,告诉指令数放在网架 CPU 系统内存的地址。同时,当前地址寄存器还要给基地址寄存器赋值,成为下一次 DMA 块传时的目标地址。

至此,网架 CPU 的进程调度 1 执行完,完成数从磁盘卡的 I/O 缓冲区经 DMA 2 到网架 CPU 系统内存的传输。

下面我们介绍进程调度 2 的过程。

如图 5.223 所示,通信机制原语第三层。第三步 DCT 表的通道控制表的入口地址成为通道控制表(DMA 3)的入口地址,第四步将通道控制表中的元素项送入四个口地址寄存器。

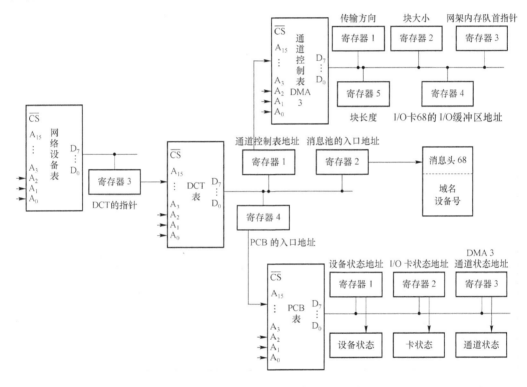

图 5.223　DCT 表的展开示意图

通道控制表(DMA 3)中包含五个元素项:传输方向、块大小、块长度、I/O 卡 68 的 I/O 缓冲区地址、网架 CPU 系统内存的队首指针。网架 CPU 系统内存的队首指针由 PAT 表提供并写入通道控制表。块大小一般是 512 个字节,与磁盘扇区相对应。块长度指的是此次传输几个 512 个字节的块。

通信机制原语第三层。第五步 DCT 表中的消息池的入口地址表项成为消息池中消息头 68 的入口地址。消息头 68 是网架 CPU 与 I/O 卡 68 之间的通信机制。

消息头 68 的内容包括:设备号 50、域名。

消息头 68 是网架 CPU 与磁盘卡的通信机制,完成网架 CPU 与 I/O 卡 68 之间的通信。

进程调度原语。第一步 DCT 提供 PCB 表的入口地址,第二步将 PCB 的元素项内容送入三个口地址寄存器,这三个口地址寄存器又成为下一层寄存器的入口地址。

I/O 卡 68 监控 I/O 卡状态,并返回给消息头 68。网架 CPU 查询通道状态,通道状态查看的是 DMA 3 的状态寄存器。

网架 CPU 定时将消息头 68 的状态信息读出,并根据三者的状态信息决定进程调度的先后次序,并把对 DMA 3 初始化的所有内容放入相应的队列,此队列是个循环队列,里面包括运行队列、就绪队列、等待队列和阻塞队列。

此循环队列中有四个数据块,四个数据块之间是首尾相连的。如果被叫设备 50 的状态准备好,则执行就绪原语,将 DMA 3 初始化赋值的所有内容放入就绪队列,此时数在网架 CPU 系统内存的队列 50 中。

一块 DMA 有四路通道,每次 DMA 传输用两路通道,假设数从网架 CPU 的系统内存经 DMA 3 到 I/O 卡 68 的 I/O 缓冲区。一路对网架 CPU 的系统内存进行读操作,一路对 I/O 卡 68 的 I/O 缓冲区进行写操作。被叫设备域名占用哪两路 DMA 通道都已分配好,网架 CPU 查看通道状态时,查的是分配给该设备域名的两路 DMA 通道状态。

如图 5.224 所示,I/O 卡 68 将被叫设备的设备号和域名写入消息头 68,同时也将 I/O 状态写入消息头 68,网架 CPU 定时将消息头 68 的内容取出。

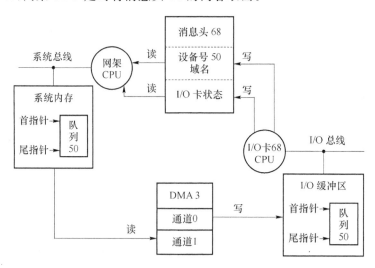

图 5.224 DMA 3 的数据传输示意图

进程调度 2 完成数从网架 CPU 系统内存经 DMA 3 到 I/O 卡 68 的 I/O 缓冲区的传输。

如图 5.225 所示,网架 CPU 根据设备状态、I/O 卡 68 状态和 DMA 3 通道状态来决定网络进程调度的先后次序,并将网络进程放入相应的就绪队列、阻塞队列和等待队列。

对于网络进程调度来讲,设备状态指的是被叫设备 50 对应的网架结构上网络系统内存中的队列状态,当队列状态是队满时,即数已经在网架 CPU 系统内存的队列,网架结构的原语级微程序控制器执行等待原语,将进程放入等待队列;当队列状态是队空时,即数不在网架 CPU 系统内存的队列,网架原语级微程序控制器执行阻塞原语,将进程放入阻塞队列。

I/O 卡状态指的是网架结构上主叫设备 68 对应的 I/O 卡 68 中 I/O 缓冲区内的队列状态,当队列状态是队满时,即数已经在 I/O 卡 68 中 I/O 缓冲区内的队列,网架结构的原语级微程序控制器执行就绪原语,将进程放入就绪队列。

通道状态指的是 DMA 3 状态,此 DMA 3 完成数从网架结构中网架 CPU 系统内存的队列到 I/O 卡 68 的 I/O 缓冲区中队列的传输。

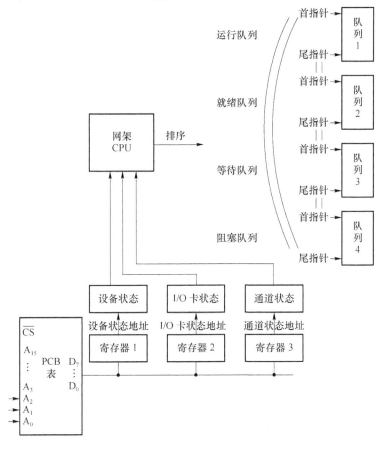

图 5.225 网架 CPU 的进程调度 2 示意图

网络进程调度的三个要素是:①先来先服务调度策略;②短则优先调度策略;③时间片轮转调度策略。

网架 CPU 进程调度根据设备状态、I/O 卡状态和通道状态将相应的进程放入就绪队列、等待队列或者阻塞队列。运行队列、就绪队列、等待队列和阻塞队列是一个首尾相连的循环队列,每个队列里放着该进程调度时用于对 DMA 3 完全初始化寄存器的所有内容。

DMA 数据传输过程中,采用的是时间片轮转的调度策略。网络操作系统为每个设备域名的进程分配时间片,每个进程占用的时间片大小是一样的,时间片轮转的调度策略属于公平策略,DMA 支持优先级策略和公平策略。

如图 5.226 所示,假设正在运行队列的进程此次要传送 8 块,当时间片完后,只传送了 5 块,那么,首先原语级的中断服务程序将队列里的断点信息保存到 TSS 表中,之后,执行阻塞原语,插入到阻塞队列中去。

图 5.226 运行队列、阻塞队列的逻辑关系示意图

如图 5.227 所示,时间片完后,如果网络设备进程的数没有传完,则将队列里的断点信息保存到 TSS 表,假如数从网架 CPU 系统内存经 DMA 3 到 I/O 卡 68 的 I/O 缓冲区,那么,TSS 表中的网架内存队首地址指的是网架 CPU 系统内存中队列 50 的首指针,下次要传时的目标地址指的是 DMA 通道中的当前地址寄存器内容,对应着 I/O 卡 68 的 I/O 缓冲区中队列 50 的尾指针。

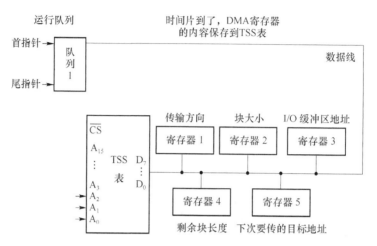

图 5.227 TSS 表的展开示意图

在网架结构中,网架 CPU 管 DMA 3。当网架 CPU 管 DMA 3 时,队列里的内容来源于通道控制表(DMA 3)。

如图 5.228 所示,通道 0 完成对网架 CPU 系统内存中队列 50 的读操作,通道 1 完成对 I/O 卡 68 的 I/O 缓冲区中队列 50 的写操作。数从网架 CPU 系统内存中队列 50 经 DMA 3 传输到 I/O 卡 68 的 I/O 缓冲区中队列 50。

当进程 1 执行完后,设备状态准备好,即数已进入网架 CPU 系统内存中队列 50。网架 CPU 查询 DMA 3 的通道状态,如果 DMA 3 的通道 0 和 1 没有被占用,网架 CPU 完成对 DMA 3 的初始化并启动 DMA 3。此次进程 2 调度开始执行。

① 通道 0 的寄存器

通道 0 的方式寄存器 $D_7 D_6 D_5 D_4 D_3 D_2 D_1 D_0 = 10111000$,表示通道 0 是 DMA 读传输,地址加 1,采用块传输方式。

基地址寄存器由通道控制表(DMA 3)中的元素项——网架内存队首指针赋值,网架内存队首指针指的是网架 CPU 系统内存中队列 50 的首指针,基地址寄存器此时存放的是源地址。

当前地址寄存器保存 DMA 传送期间所用的地址值,每次 DMA 传输后该寄存器自动加 1。同时,当前地址寄存器还要给基地址寄存器赋值,成为下一次 DMA 块传时的源地址。

基字节计数寄存器保存需要传送的字数,此时是 512 个字节,每次传送之后,该值减 1。

一个队列是一个数据块,数据块的大小是 512 个字节,数据块的大小要与磁盘扇区相对应。

② 通道 1 的寄存器

通道 1 的方式寄存器 $D_7 D_6 D_5 D_4 D_3 D_2 D_1 D_0 = 10000101$,表示通道 1 是 DMA 写传输,地址减 1,采用块传输方式。

基地址寄存器由通道控制表(DMA 3)中的元素项——I/O 卡 68 的 I/O 缓冲区地址赋值,

I/O 卡 68 的 I/O 缓冲区地址指的是 I/O 卡 68 中 I/O 缓冲区队列 50 的尾指针,基地址寄存器此时存放的是目标地址。

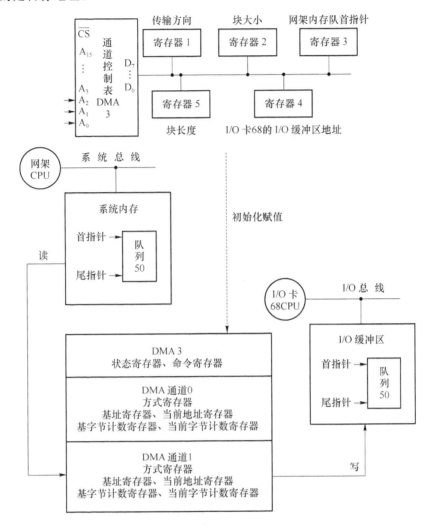

图 5.228 通道控制表与 DMA 3 的关系示意图

当前地址寄存器保存 DMA 传送期间所用的地址值,每次 DMA 传输后该寄存器自动减 1。同时,当前地址寄存器还要给基地址寄存器赋值,成为下一次 DMA 块传时的目标地址。

至此,网架 CPU 的进程调度 2 执行完,完成数从网架 CPU 系统内存经 DMA 3 到 I/O 卡 68 的 I/O 缓冲区的传输。

如图 5.229 所示,当被叫设备的域名数据传到 I/O 卡 68 的 I/O 缓冲区后,I/O 卡 68 的 CPU 执行传送指令,将数从 I/O 卡 68 的 I/O 缓冲区送入 I/O 卡 68 的接口 2 中的输出队列缓冲区。

接口 2 执行发送程序,接口 1 执行接收程序。数从接口 2 的输出队列缓冲区传送到接口 1 的输入队列缓冲区。

主叫设备的网卡 68 CPU 执行传送指令,将数从接口 1 的输入队列缓冲区传送到网卡 68 的 I/O 缓冲区的队列中去。

网架结构

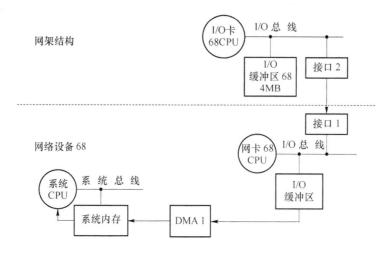

图 5.229　网架 I/O 卡与设备间的数据传输示意图

如图 5.230 所示,数从主叫网卡 68 的 I/O 缓冲区队列经 DMA 1 传送到主叫设备的系统内存附加段的队列中去。

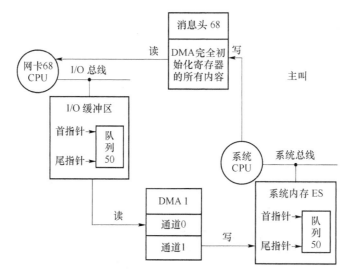

图 5.230　DMA 1 的数据传输示意图

此 DMA 1 归网卡 68 管,主叫设备的系统 CPU 将对 DMA 1 完全初始化寄存器的所有内容放入消息头 68,网卡 68 定时将消息头 68 的内容取出,完成对 DMA 1 的初始化定义并启动 DMA 1。

如图 5.231 所示,数到了主叫设备 68 系统内存的附加段后,系统 CPU 执行串操作指令,将数从系统内存附加段传送到系统内存数据段。指令寻址时,找的是出口参数。此时,出口参数指的是系统内存附加段的地址,即系统内存附加段中队列 50 的首指针。

数到了主叫设备的系统内存数据段后,系统 CPU 可以直接访问数据段,并完成对数的运算处理。

至此,整个网络数据通道打造完成,网络通信机制和进程调度也执行完。

CPU 设计必须要满足操作系统给其的功能定义:即与所管设备之间的通信机制以及设备数据的进程调度。

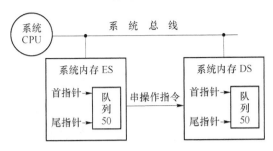

图 5.231 设备系统内存的数据传输示意图

脱离了操作系统的 CPU 设计,没有任何物理意义。

在本章节中,笔者将完成一套包含 200 台设备、1 024 个域名的操作系统模型机的理论设计,此模型机是以航空母舰战斗群为背景,涉及多个子系统的大数据平台,主要要完成三方面的任务:

(1) 改造大型实时数据库的底层数据参数和数据接口,完成数据库与我们自己改造后的微软操作系统的对接;

(2) 改造微软的操作系统,扩展微软的设备表(扩展 BIOS),建立大型数据库的底层,解决网络信息安全问题;

(3) 在改造微软的操作系统过程中,我们自己设计 IOP 卡、网卡和网络架构,并自己定义 IOP 卡、网卡和网络架构的功能,即它们分别要干什么。

大型数据库的设计离不开数,离不开操作系统底层数据的支持,离不开设备,脱离了操作系统的大型数据库设计没有任何实际的物理意义。

操作系统是一个控制系统,目的是控制设备,是通过 CPU 来控制设备的,CPU 不等于运算器。

CPU 设计必须要满足操作系统给其的功能定义:即与所管设备之间的通信机制以及设备数据的进程调度。

脱离了操作系统的 CPU 设计,是伪命题。

命题:以航空母舰战斗群为背景,如何通过改造微软的操作系统,来创建航母战斗群的大数据平台,为卫星、导弹、火炮、雷达、战斗机、预警机等各类设备打造数据通道,分配各级内存空间和磁盘空间。

在整个航母战斗群中,对卫星、导弹、雷达等的控制是各不相同的,需要根据它们的特点设计不同的计算机硬件结构和与之配套的专用操作系统,以发挥这些设备的最佳性能,使其达到最高的使用效率。例如,天上的卫星是如何与地面的基站进行通信的,通信标准是什么,涉及哪些表,表的内容包含什么,进程调度的数据路径是怎么走的,路径上包含哪些结点等一系列问题,都属于航母操作系统设计中要解决的问题。因此,航母战斗群的大数据平台设计必须是具有完全自主知识产权的系统开发。

根据航母战斗群的需要,设计完全自主知识产权的航母控制系统的大数据平台,其中包括 CPU、IOP 卡、网卡、网络架构、通信系统等的自主研发。

航母战斗群是一个大的系统工程,下面包含多个子系统,如导弹控制系统主要包括三部分：与卫星的通信、飞行轨迹的调整和飞行路径的计算。在设计该控制系统之初从 CPU 开始就紧密围绕这三部分进行设计，重点加强这三部分功能，将其他非必须部件删除，以达到最高的使用效率。

又如火炮防空系统主要由雷达系统和火控系统两部分组成，系统硬件设计的目的是只处理雷达数据和火炮反馈的信息，发出控制火炮的方位和仰角的信号，进行防控拦截，控制系统的指令、中断和通信格式等都是专门为该系统设计的。

在此，重申只是对技术路线进行研讨、论证，不涉及其他任何方面的任何因素。

(1) 改造航母战斗群的大型实时数据库的底层数据参数和数据接口，完成大型实时数据库与操作系统的对接。

我们首先介绍数据库的定义。

数据库：数据库是按行业需求定制的，用户根据自己系统工程的需求，即不同系统需要不同的设备支持，同时，操作系统提供底层设备数据支持，以此建立的大型数据的管理平台。

航母的大型数据库离开了航母操作系统底层军工设备数据的支持将毫无意义。航母的大型数据库离不开数，数来源于军工设备，需要卫星、雷达、预警机、导弹、火炮等的底层军工设备支持。航母数据库离不开指令，有自己专门的一套指令系统，航母数据库与航母操作系统的接口是各种军工设备对应的 INT 指令，数据库通过函数最终来调用 INT 指令。

如图 6.1 所示，出口参数来源于数据库中控制文件的参数表，出口参数是操作系统中进程调度执行完后，由 DMA 的当前地址寄存器给出，出口参数指的是数在系统内存中的地址。参数表中的内容来源于操作系统中的设备表、文件表、通道控制表等。

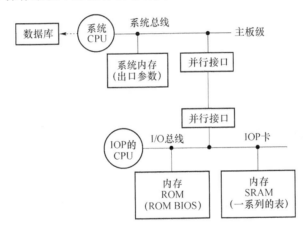

图 6.1　数据库与操作系统的对接示意图

具体实施步骤：

① 数据库执行一条 OUT 指令，OUT 一个地址，该地址的作用相当于 INT 指令。

② 系统 CPU 通过并行接口将该地址发送给 IOP 卡，在 CPU 体外设计法中，IOP 卡完成通信机制和进程调度过程。此地址成为中断向量表的入口地址，开始通信机制中一系列表的展开过程，通信机制和进程调度过程在《操作系统设计》一书中有详细介绍，在此不再叙述。(CPU 体外设计法在下文有详细介绍)

③ OUT 一个地址的执行过程就相当于 INT 指令的执行过程，就是通信机制和进程调度的执行过程。当该指令执行完后，此时对应设备域名的数据已经送到系统内存中，DMA 给出出口参数供数据库的指令来调用。

④ 数据库通过指令的寻址方式来找到数,将数从系统内存取出,通过用户编程来运算、处理这些数据,处理完后再返回给相应的执行机构,完成对设备的控制。

首先,航母操作系统设计是一个大的系统工程,下设多个子系统,每个子系统的功能定义不同。例如,它包括:a. 动力保障系统,该子系统又包含锅炉、蒸汽轮机、发电机等专属设备;b. 指挥决策系统;c. 后勤保障系统;d. 通信和监视、观测系统;e. 武器库(远程制导等)以及其他子系统等。航母数据库的网架结构如图 6.2 所示。

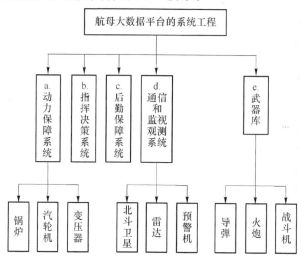

图 6.2　航母数据库的网架结构示意图

航母操作系统的设计归根到底是网络架构设计,网络架构设计的依据是设备之间的因果关系,该因果关系来源于此航母系统工程中不同子系统之间的拓扑关系以及每个子系统内部各设备之间的主从、逻辑关系。

每个子系统都有自己的一个网络架构,所有子系统的网络架构都要挂在航母这个最大的网络架构上。

如图 6.3 所示,以航母操作系统中动力保障系统为例,动力系统中的设备通过外部总线挂在网柜上,I/O 卡又与网柜相连,此时的 I/O 卡指的是网卡,I/O 卡属于 I/O 总线的范畴。

主板级是系统总线,DMA 完成数在 I/O 缓冲区和系统内存之间的相互传输,并将 I/O 总线和系统总线连接到一起。

大型数据库离不开网络架构,航母的数据库是作用于航母操作系统之上的,航母网络架构上的所有设备数据库(如锅炉、蒸汽轮机、北斗卫星、雷达等)要想进入航母这个大数据库中来,必须要在航母的数据库中进行登记、注册,之后,用户(客户端)才能调用、访问该设备数据库。

网络架构的功能:a. 证明数据库要有自己底层设备的支持,设备通过外部总线挂在网络架构上;b. 系统工程中设备间的因果关系决定了网络架构的性质,因果关系的具体物理体现以及硬件产品就是网络架构。

在图 6.3 中的被控设备 1 的温度域、压力域、流量域要在航母操作系统中的设备表中登记、注册,航母操作系统为它们分配各级内存空间和磁盘空间。

航母操作系统分别为被控对象 1 的温度域、压力域、流量域,被控对象 50 的角度域、速度域和位移域打造好了数据通道,DMA 通道、内存空间、表空间、磁盘空间等都已经分配好了,即底层数据已经准备好了,用户只需通过指令来调用这些数据即可,至于如何处理这些数据,是用户自己编程的事。

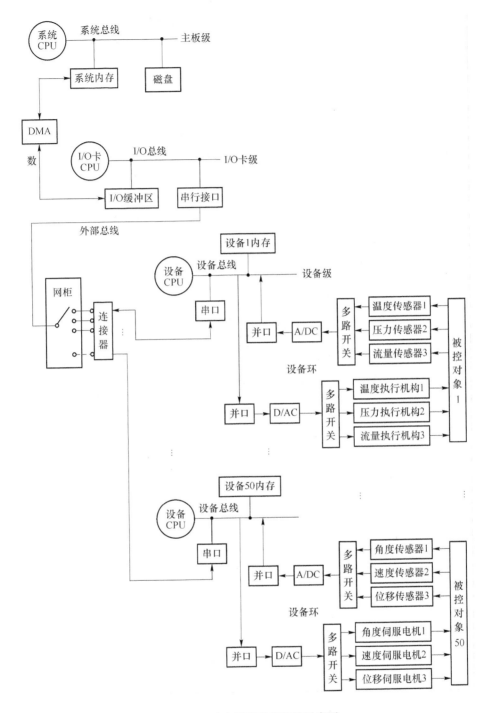

图 6.3 动力保障系统结构示意图

如图 6.4 所示,数据库包含两部分内容:控制文件和数据文件。控制文件的主要内容是参数表,每台设备都对应一个参数表,参数表的内容主要包括设备号、域名、出口参数、块大小、块长度等。

航母数据库的控制文件包含所有设备的参数表,参数表包含所有设备的基本参数信息。

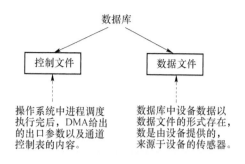

图 6.4　数据库结构示意图

控制文件：操作系统中进程调度执行完后，DMA给出的出口参数以及通道控制表的内容。

数据文件：数据库中设备数据以数据文件的形式存在，数是由设备提供的，来源于设备的传感器。

用户访问航母数据库，OUT 一个地址，开始调用某台设备的数据。首先启动数据库中对应设备的控制文件，将控制文件中的参数表展开，参数表提供出口参数，即内存地址。之后，通过数据库的指令系统将数从内存中调出来，即调用其对应的数据文件。

数据库本身有自己的一套指令，属于指令系统的一部分，是一个数据管理系统。当操作系统将每台设备的数都准备好后，数据库解决的是如何调用、处理这些数。

数据库要想调用数，必须作用于操作系统之上，即操作系统将大数据平台搭建好后，数据库在此数据平台上进行操作。

（2）改造微软的操作系统，扩展微软的设备表（扩展 BIOS），建立大型数据库的底层，解决网络信息安全问题。

改造微软操作系统的核心是扩展 BIOS，将扩展的 BIOS 不再放入 CPU 内部，而是放在 IOP 卡上，IOP 卡完成通信机制和进程调度的过程。

如图 6.5 所示，北斗卫星、导弹、预警机等军工设备分别对应一个设备号，每个设备号都对应一个地址，该地址相当于一条 INT 指令，并派生出中断类型码。系统 CPU 首先 OUT 一个地址通过并口送入 IOP 卡，通信机制中一系列表的展开过程和进程调度对 DMA 初始化的过程都在 IOP 卡上完成。（CPU 体外设计法）

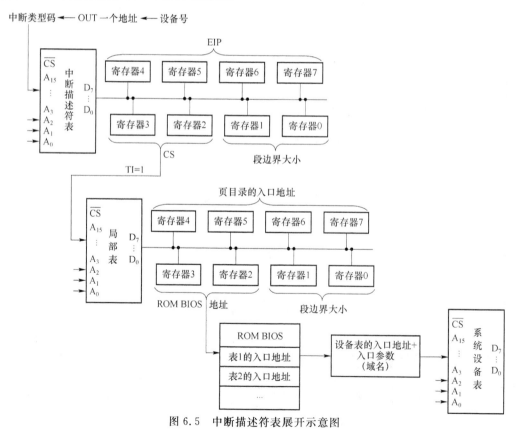

图 6.5　中断描述符表展开示意图

航母大数据平台上的每台设备都有一个设备号,设备号对应一条 OUT 指令、一个中断类型码。每台设备包含多个域名(如压力域、温度域、流量域),每个域名对应一个入口参数、一个局部表、一个设备表、一个文件表、一个消息头、一个 PAT 表、一个 DCT 表、一个 PCB 表、一个 TSS 表、一个通道控制表。航母操作系统中一系列表如图 6.6 所示。

航母大数据平台上的每台设备的每个域名都要在这些表中进行扩展,并完成登记、注册,航母操作系统为每个域名分配各级内存空间和磁盘空间,打造数据通道。

航母操作系统已经将底层设备的数都准备好了,如何保障这些数的安全,也就是我们所说的网络信息安全问题。

网络信息安全问题

我们首先介绍网络安全的定义。

网络安全:网络安全归根到底是信息安全,即数的安全,核心在于网络架构的设计。所有要进入该网络架构的设备,要在网络设备表中登记、注册,之后,该设备才能与网络架构上的其他设备相互调度。如果设备不在网络设备表中登记、注册,该设备就无法与网络架构进行数据传输,无法进入该网络架构中来。这样,就从根源上解决了数据外流的问题。

所有的网络设备都要在网络设备表中登记、注册,网络操作系统为每台网络设备分配各级内存空间和网络磁盘空间。设备登记、注册后,就可以与网络架构进行信息交互,如数的读出或写入。而没有登记、注册的设备就相当于黑户,不被该网络架构所认可,也就无法与该网络架构进行信息交互,即设备无法接入该网络架构中。

网络架构只与在网络设备表中登记、注册过的设备进行信息交互,这样,就从根源上杜绝了后门的产生,因为,我们自己不会给自己设置后门。

现今所说的后门,因为底层数据、底层设备、操作系统等都是国外的,设备表中的注册项并没有告诉我们,在设备表中肯定存在一些测控、监视的设备域名,无论何时何地操作系统的设计者只需要启动、调用该设备域名,就能查看我们的网络数据并盗走他们所需的关键、核心信息。

加密算法、设置防火墙等一系列措施并不能从根本上解决数据外流的问题,因为这些监控域名已经在设备表中登记、注册了,在操作系统这个大数据平台上已经为该监控域名分配好了内存空间和磁盘空间,为其打造好了数据通道。在最底层的数据平台上,它已经实实在在地存在了,任何作用于此数据平台之上的防护措施都不能从根源上解决数据的流失、被盗问题。

所以,要想从根源解决网络安全问题,我们必须要设计我们自己的网络架构、自己的操作系统,自己为所需的网络设备分配各级内存空间和磁盘空间,自己建立设备表、文件表、DCT 表、PAT 表等,自己设定各个表的表项、地址、内容。

只有这样,底层的数据平台才会是我们自己的。网络架构的标准是我们自己设定的,才能从根源上解决网络安全问题,从底层设备上解决数据安全问题,使设备由我们自己所控制,不受其他国家的干扰。使其在安全性、稳定性、可控性、保密性上有一个质的飞跃,这才是真正完全的自主知识产权。

假设航母操作系统中有 200 台设备,1 024 个域名,网络架构是一台 200 门的程控交换机,每台设备对应着网络架构上的一块 I/O 卡,设备与 I/O 卡之间是接口对接口的。网络架构如图 6.7 所示。

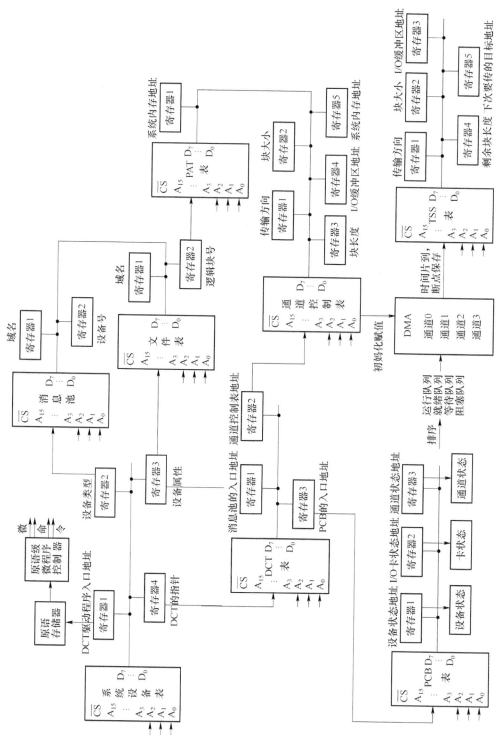

图 6.6 航母操作系统中一系列表的展开示意图

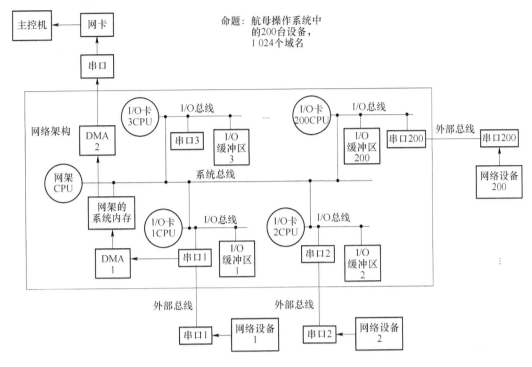

图 6.7 网络架构示意图

每块网卡、I/O 卡、网络架构等都有自己的 CPU、自己的内存、自己的接口。网络架构是面向工程、面向设备的系统工程,不同的网络架构其需求、要求、侧重点、设备属性、设备的功能各不相同。因此,其网络架构也不同,数据通道的路径也会不同,设计出的网络架构会千变万化,不过,万变不离其宗,网络架构的根本是为设备打造数据通道,创建数据平台,分配内存空间。

(3) 在改造微软的操作系统过程中,我们自己设计 IOP 卡、网卡和网络架构,并自己定义 IOP 卡、网卡和网络架构的功能,即它们分别要干什么。

我们首先介绍操作系统的定义。

操作系统定义:构建离散设备的数据通道,并为该系统工程提供大数据平台。

我们从整个学科上介绍了什么是操作系统,操作系统的功能作用是什么。

解决了如下问题:

① IOP 卡、网卡、网架结构均已设计完毕,可以完成大型数据库的底层数据支持;

② 网络安全问题也已经解决,能够从根本上解决数据外流、泄露的问题。

指令系统和操作系统(数)的接口是 INT 指令,指令系统是如何处理这些数,先有数,再有指令,指令是为数服务的。离开数的指令系统是没有意义的,所以说,怎么去找数是非常关键的。

数从哪来的,是哪台设备的,对哪台设备的哪个域名进行控制,放在内存的哪,数据通道如何形成等一系列问题,都是由操作系统中的通信机制和进程调度原语来保障实施的。

CPU 设计就是围绕指令、数、运算器三者之间的关系来展开设计的。数的核心是通信机制和进程调度,指令是调用这些底层设备数据,运算器是对数进行运算、处理。

操作系统是体系结构的设计理念,操作系统只能用体系结构来描述。站在体系结构的角度,将操作系统分为如图 6.8 所示的五大功能模块:系统板、IOP 卡、网卡、网络架构和设备。

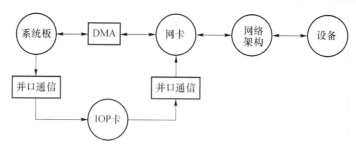

图 6.8　操作系统的体系结构示意图

为了避免开发周期过长,我们采用 CPU 的体外设计法,即选用相应的单片(如 ARM 系列)在 CPU 外部来设计描述通信机制和进程调度的过程,以此来搭建一个操作系统的体系架构,其中包括网络架构设计。体系结构如图 6.9 所示。这样,能够快速、及时地应用于具体的工程中,解决我国现今存在的一些客观的、急需解决的问题。

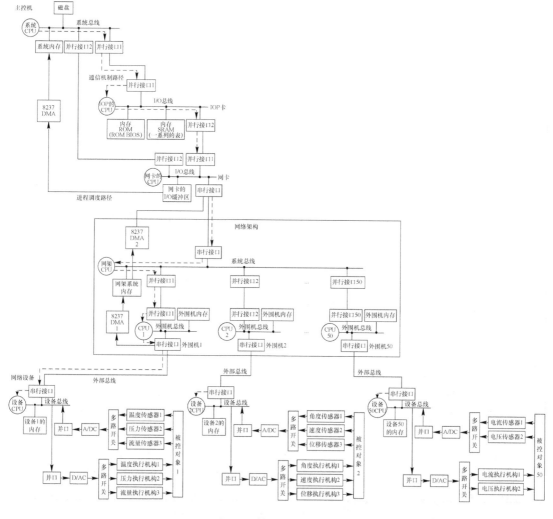

图 6.9　体系结构示意图

CPU 体外设计法是在总线架构下对外部设备的控制模块,利用相应的单片来设计、定义其通信机制和进程调度的具体约定。此过程是操作系统的体系结构化的过程。

在总线架构下,这种方案是切实可行的,因为操作系统的来龙去脉、到底是怎么回事已经介绍得很清楚了,我们只要设计出这些功能模块就可以。这样,我们没有改变 Intel 的芯片架构,仍然支持作用于 Intel 之上的各种应用软件。

我们先分别介绍这五大模块的功能作用是什么,它们分别要解决哪些问题,每个模块主要做什么。

① 系统板

根据系统工程的需求,系统板(主控机)可直接调用各离散设备的数据,为大型数据库的运行提供各种设备的底层数据,打造一个大数据平台,安排好设备底层数据的物理空间。这样,就有了自己的大型数据库,有了自己的底层数据。同时,根据系统工程的需求,数据库可直接调用各台网络设备,通过数据库语言完成对设备数据的运算、处理。

在如图 6.10 所示系统板上,中断产生后,系统 CPU 执行中断服务程序,通过 OUT 指令送一个地址到并口上,系统板与 IOP 之间是接口对接口的,OUT 的一个地址通过并口送到 IOP 上。因为,我们采用的是 CPU 体外设计法,OUT 的一个地址相当于把信箱的内容转化出来。

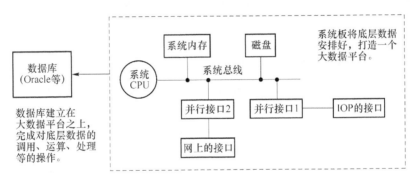

图 6.10　系统板结构示意图

系统板的另一个功能是解决系统板内存和系统磁盘之间的映射关系,把设备的底层数据放到系统磁盘上。

② IOP

IOP 的功能定义:完成通信机制和进程调度的过程,通信机制的核心是找谁,主要是一系列表的展开过程。进程调度的核心是如何管理 DMA,主要是一系列的队列操作。IOP 卡的结构如图 6.11 所示。

CPU 设计我们采用的是体外设计法,因此,IOP 的功能作用非常重要。首先,ROM 存储器中存放着所有表的内容,已经提前固化到了 ROM 内存中。ROM BIOS 完成对一系列表的初始化定义,在通信机制原语作用下,将表按格式展开,此结构是表架结构。

在体外设计法中,通信机制和进程调度都由 IOP 完成。通信机制的目的是找谁,将系统板 OUT 的一个地址转换成是哪台设备的哪个域名。过程是一系列表的展开,由通信机制原语保障完成,最终体现是一系列的微操作,即打开哪个门,关闭哪个门等。

IOP 卡接收到系统板 OUT 的一个地址后,此地址派生出中断类型码,中断类型码成为中断描述符表的入口地址,之后一系列表的展开过程都在 IOP 卡上完成。

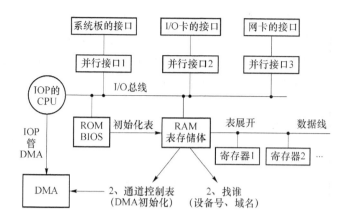

图 6.11　IOP 卡的结构示意图

进程调度的过程也在 IOP 卡上完成,进程调度的最终目的是完成对 DMA 的初始化定义,在此过程中伴随着一系列的队列操作,如插入、删除、修改等,由进程调度原语保障完成。DMA 完成数在网卡的 I/O 缓冲区与系统板内存之间的相互传输,最终为设备打造数据通道。

对于每次设备调用,IOP 一定有一个入口参数和一个出口参数,当进程执行完后,出口参数由 DMA 的当前地址寄存器给出,即数放在系统板内存的地址。

假设航母操作系统中有 200 台设备,1 024 个域名。系统设备表占用 8KB,文件表占用 4KB,PAT 表占用 4KB,消息池占用 8KB,DCT 表占用 8KB,通道控制表占用 8KB,PCB 表占用 6KB,TSS 表占用 8KB,总共占用 54KB 存储空间。

假设我们选用一块 27C512 64K×8EPROM 的芯片,将设备表、文件表、PAT 表等一系列表的内容写入该芯片内。当开机启动 IOP 时,给出 IOP CPU 的入口地址,将表的内容从该 ROM 芯片读出,完成对设备表、文件表、PAT 表等的初始化定义。IOP 卡的 ROM 结构如图 6.12 所示。

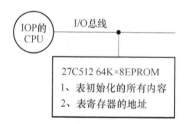

图 6.12　IOP 卡的 ROM 结构示意图

扩展的 ROM BIOS 的表内容都要提前写入 ROM 芯片内,同时,ROM 内还有每个表展开时的所有寄存器的地址。

表是一块特殊的存储空间,表由存储体和计数器组成。假设我们选用一块型号为 628128 的 SRAM 芯片,此芯片的内容包括系统设备表、DCT 表、文件表、PAT 表等操作系统中一系列的表。开机启动 CPU 后,从 ROM 芯片中将表的内容读出,并对 SRAM 中的表进行写操作,完成对表的初始化定义。

是表都需要展开,通信机制原语保障表的展开过程。当系统调用某台设备的某个控制参数时,系统板 OUT 一个地址通过接口发送给 IOP,此地址成为 SRAM 中系统设备表的一个入口地址,之后,就是通信机制中一系列表的展开过程。

以系统设备表为例,系统设备表中包含四个元素项:DCT 驱动程序的入口地址、设备类型、设备属性、DCT 的指针。每个元素项占用两个字节,总共是 8 个字节,对应着 8 个寄存器,每个寄存器都有一个地址。

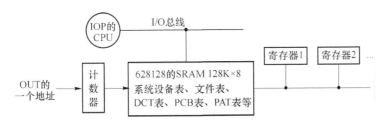

图 6.13 IOP 卡的 RAM 结构示意图

③ 网卡

网卡的功能定义:a. 将消息头内容转换成满足通信机制和进程调度所需要的信息;b. 为设备分配缓冲区空间。

网卡是 I/O 缓冲区,是设备进入网络操作系统的 I/O 缓冲区。网卡起到承上启下的作用,向上完成与 IOP 的通信,返回状态信息。向下完成与网络架构的通信,将主控机连接到网络上。

IOP 的通信机制经过一系列表的展开,最终文件表给出设备号和域名,IOP 将设备号和域名通过并行接口发送给网卡。

假设网络架构是一台 50 门的交换机,可以接入 50 台网络设备,主控机上有一块网卡,网卡上有一个电话号码本,电话号码本里有 50 个电话号码,每台设备对应一个电话号码。

域名在网卡上完成电话号码的转换,即域名成为电话号码本的入口地址并选择相应的电话号码,此电话号码就是网络地址。

网卡将此网络地址通过串行接口发送给网络架构,网架 CPU 完成对外围机的查找。

网卡的结构如图 6.14 所示。

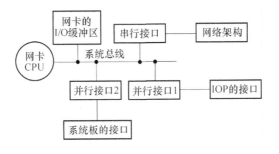

图 6.14 网卡的结构示意图

④ 网络架构

网络架构的功能定义:a. 构通设备与主控机的数据通道;b. 满足主控设备的通信机制和进程调度,所以制定行业的通信标准是操作系统设计的第一要务,脱离了操作系统的 CPU 设计是伪命题。

假设网络架构中有 50 台外围机,每台外围机都有 CPU、内存和接口,每台网络设备都对应一台外围机,每台设备通过串行接口网络架构的类型有好多种,根据实际的工程需求的不同,选择相应的、与之匹配的网络架构。

下面介绍一种主从式的网络数据传输路线,如图 6.15 所示。

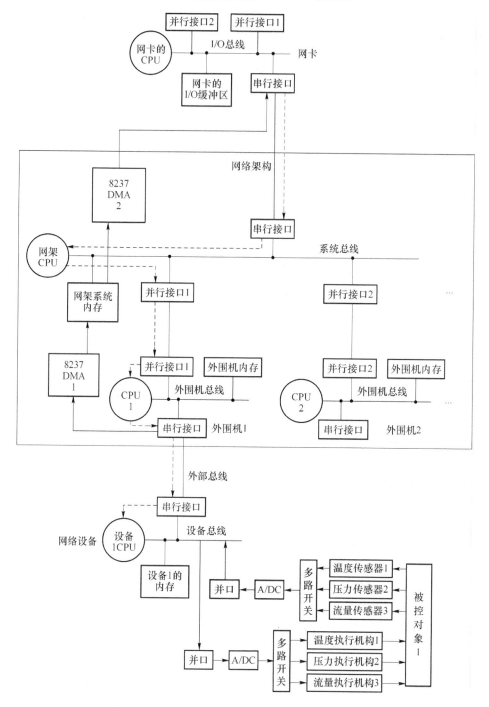

图 6.15　网络架构技术路线图

网卡将域名转换成电话号码并通过串口发送到网络架构上,网架 CPU 通过电话号码找到对应设备的外围机,外围机将电话号码转换成设备号、域名,并通过串口发送到设备上。之后,设备完成对相应域名的数据采集并送入设备内存。

设备 CPU 将数从设备取出并通过接口、外部总线送入外围机的串口内。网络操作系统是双进程的,进程 1 完成数从外围机接口经 DMA 1 到网架系统内存的传输。之后,进程 2 完成数从网架系统内存经 DMA 2 到主控机网卡的接口的传输。

之后,数从网卡的接口经 I/O 总线送入网卡的缓冲区内。

主控机上操作系统的进程调度完成数从网卡的 I/O 缓冲区经 DMA 到系统内存的传输,之后,系统 CPU 通过指令将从系统内存取出,完成对数的运算、处理,如图 6.16 所示。

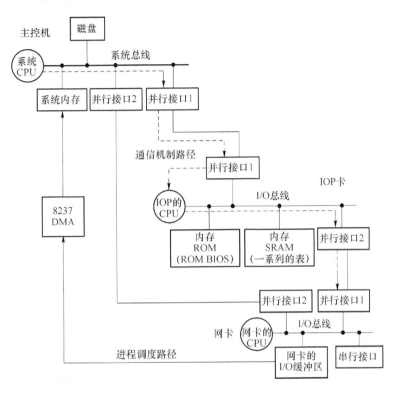

图 6.16 主控机的 DMA 数据传输示意图

⑤ 设备

在主从式的网络架构中,设备通过串行接口连接到网络架构上。数来源于设备,航母数据库和航母大数据平台都离不开相应的军工设备的支持。

如图 6.17 所示,被控对象 1 包括三个传感器:温度传感器、压力传感器和流量传感器,每个传感器对应一个域名温度域、压力域和流量域,每个域名对应一个设备环温度环、压力环和流量环。此时,该系统是一个多环多回路的控制系统。

锅炉、燃气轮机、变压器、电动机等都属于中国的造船行业所必需的支持设备,属于动力系统的范畴。

对于设备自身来讲,设备有自己的设备总线,自己的 CPU,自己的内存,自己的接口,自己的中断。

设备是控制对象,是外部总线,是文件,是操作系统设计的核心,文件是数据结构重要的表现形式。

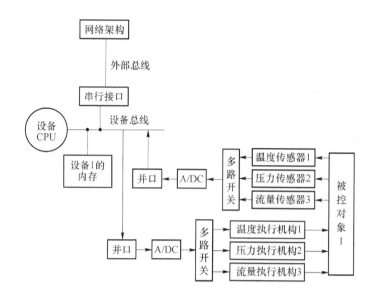

图 6.17　设备模块的结构示意图

CPU 体外设计法与微软 Intel 的兼容性问题探讨

上述的 CPU 体外设计法与微软的 Windows 系统以及 Intel 的芯片都是兼容的,因为,体外设计法并没有改变 Intel CPU 芯片的内部架构,支持 Intel 系列的指令系统,也支持作用于 Intel 芯片之上的微软的 Windows 系统。

CPU 体外设计法是在 Intel 芯片架构上的进一步扩展,此时,由扩展的 IOP 管 DMA,通信机制中一系列表的展开过程以及进程调度中 DMA 的初始化过程都由 IOP 完成,通信机制原语和进程调度原语也在 IOP 上。

IOP 卡上有自己的 CPU,自己的内存,自己的接口,IOP 向上完成与系统板的通信,向下完成与网卡和设备控制卡的通信,起到承上启下的作用,IOP 卡的设计是 CPU 体外设计法的核心。IOP 的结构如图 6.18 所示。

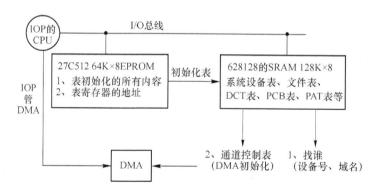

图 6.18　CPU 体外设计法中 IOP 的结构示意图

如图 6.13 所示,在 IOP 卡上,扩展的 ROM 芯片中存放着该操作系统中所有表的内容以及每个表展开时各个寄存器的地址,表包括设备表、文件表、DCT 表、PAT 表、通道控制表等。

在 IOP 卡上,扩展的 SRAM 芯片中存放着操作系统中一系列的表,如设备表、文件表、

DCT 表、PAT 表、通道控制表等都在 SRAM 上。表是由存储体和计数器组成，表中存放的是下一级表的入口地址，表都需要展开，将表中每个表项通过数据线写入该表的寄存器内。

CPU 体外设计法并没有改变 Intel 芯片的内部架构，因此，指令系统、汇编语言、高级语言、人机界面系统（微软的 Windows 系统）等它都支持，另外，它也支持其他各类数据库，支持数据库语言（如 SQL 语言）。

由此可见，CPU 体外设计法是一种行之有效的设计方案，它利用现有的一些可用资源，以《操作系统 BIOS 设计》为理论指导，能够在相对较短的时间内设计出一套机器模型，即模型机，使之应用于具体的工程项目中，解决一些实际问题，满足某种工程需求。

致谢

  笔者追踪、钻研"操作系统设计"这个项目已经 10 余年，具有了相对成熟的理论基础，并提出了一套操作系统设计的技术路线方案。

  在此，笔者诚邀各行各业专家、同仁、有志之士，集思广益、精诚合作、群策群力，提出宝贵意见，共同为我国操作系统的发展做出应有的贡献，期待您的参与。

  本书在编写的过程中得到了多位同仁的指导和帮助，在此表示衷心感谢。由于编者水平有限，书中难免有疏漏、不足之处，敬请各界同仁批评指正。

  邮箱：2037785202@qq.com

作　者